原油管道调控运行技术与应用

《原油管道调控运行技术与应用》编委会 编

石油工业出版社

内 容 提 要

本书结合具体实例系统介绍了原油管道调控运行关键技术，主要内容包括：原油管道基础知识、原油管道调控运行技术、原油管道投产技术及应用、调度管理、运行管理、原油管道扫线技术及应用等。

本书可供从事原油管道调度的技术人员、管理人员及研究人员参考使用，也可供高等院校相关专业师生参考阅读。

图书在版编目（CIP）数据

原油管道调控运行技术与应用/《原油管道调控运行技术与应用》编委会编. -- 北京：石油工业出版社，2022.1
ISBN 978-7-5183-5212-8

Ⅰ. ①原… Ⅱ. ①原… Ⅲ. ①原油管道-油气输送 Ⅳ. ①TE832

中国版本图书馆 CIP 数据核字（2022）第 015138 号

出版发行：石油工业出版社
（北京安定门外安华里 2 区 1 号楼　100011）
网　　址：www.petropub.com
编辑部：（010）64523687　图书营销中心：（010）64523633
经　　销：全国新华书店
印　　刷：北京中石油彩色印刷有限责任公司

2022 年 1 月第 1 版　2022 年 1 月第 1 次印刷
787×1092 毫米　开本：1/16　印张：17.5
字数：435 千字

定价：90.00 元
（如出现印装质量问题，我社图书营销中心负责调换）
版权所有，翻印必究

《原油管道调控运行技术与应用》
编 委 会

主　　编：张世斌
副 主 编：宋　飞　陶江华
编　　委：徐海洋　何　磊　刘　祁　郭霄杰　王　建
　　　　　朱　跃　李国辰　杨璧泽　谢红鹏　严佳伟
　　　　　王金汉　张新林　牟　楠　王梓鉴　谢　辰

前 言

东北原油管网始建于20世纪70年代，经过不断地发展建设形成了以林源为龙头，铁岭为枢纽，纵贯东北三省，独具四大特色的原油输送管网。首先其输送介质丰富、输油体量大。管输原油主要为大庆原油、俄罗斯原油、吉林原油和海上进口原油，原油年输量达5000×10^4t，占国内原油长输管道总量的20%。其次其地缘区域优势明显。东北原油管网产运协调、储销匹配，规模框架较为成熟稳定，管输原油基本用于东北地区各炼厂的原油供给。再者其输送工艺复杂、关联度高。点多、线长、面广，各条管线间相互连通；正输、反输、顺序输送、掺混输送多种工艺并存使得管网油流调配灵活，同时一个站场的运行调整往往也会涉及整个管网的系统调整。最后其涉及高凝、高黏大庆、吉林原油的加热输送，使得东北原油管网的热油管道运行方面存在一定的热力风险。

沈阳调度中心作为国家管网集团北方管道有限责任公司的直属机构，负责东北原油管网的集中调控指挥，50年来，其在运行技术与管理方面不断积累与创新，使得东北原油管网调控技术不断提升，管理制度不断规范，异常工况处置手段不断丰富，管道投产及扫线方案不断完善，整体运行水平处于国内较为先进的行列。

为了提高原油管道调控运行从业人员的调控水平，沈阳调度中心以东北原油管网50年运行管理经验为背景，撰写了《原油管道调控运行技术与应用》一书，以期为原油管道运行管理及技术人员提供参考。

本书共分为八章，重点介绍了原油管道调控关键技术，包括原油管道的运行及控制、异常事件处置、调度运行与应急管理、运行优化技术、非计划停输分析、减阻剂和降凝剂使用、管道投产与扫线技术应用与实践等。本书在编写过程中，参考了相关著作、论文、企业科研成果和企业体系文件等材料，并得到了有关单位和部门的大力支持，在此一并表示感谢。

由于编者水平有限，书中难免存在错误和纰漏，恳请广大读者批评指正，以便修订完善。

目 录

第一章 概述 ·· 1
第一节 东北原油管道概述 ··· 1
第二节 原油管道调控运行概述 ·· 4

第二章 原油管道输送基础知识 ·· 8
第一节 工程流体力学基础 ··· 8
第二节 原油管道输送关键设备 ·· 17
第三节 SCADA 系统 ·· 50

第三章 原油管道输送调控运行技术 ··· 61
第一节 等温输油管道的工艺计算 ··· 61
第二节 加热原油管道的工艺计算 ··· 73
第三节 原油管道的调控运行技术 ··· 79

第四章 原油管道投产技术及应用 ·· 120
第一节 原油管道投产技术 ·· 120
第二节 东北原油管网管道投产案例 ··· 125

第五章 调度管理 ·· 149
第一节 生产运行调度程序 ·· 149
第二节 东北原油管网调度运行管理规定 ·································· 155

第六章 运行管理 ·· 166

· I ·

第一节　清蜡管理 …………………………………………………… 166
　　第二节　运行规程 …………………………………………………… 186

第七章　应急管理 …………………………………………………………… 215
　　第一节　应急处置程序 ……………………………………………… 215
　　第二节　东北原油管网运行异常典型案例 ………………………… 231

第八章　原油管道扫线技术及应用 ………………………………………… 250
　　第一节　原油管道扫线技术 ………………………………………… 250
　　第二节　东北原油管网停运管道扫线案例 ………………………… 253

参考文献 ……………………………………………………………………… 269

第一章　概述

本章主要介绍了东北原油管网各管线的基本概况，以及原油管道的输送工艺、工艺流程和运行方式等内容。

第一节　东北原油管道概述

东北原油管网主要包括大庆至铁岭三线原油管道、大庆至铁岭四线原油管道、长春至吉林原油管道、铁岭至锦西原油管道、铁岭至大连（复线）原油管道、铁岭至抚顺原油管道。其中大庆至铁岭三线原油管道2013年投产，管线长度为546km，管线直径为813mm，全线设有输油站场9座；大庆至铁岭四线原油管道2014年投产，管线长度为548.5km，管线直径为711mm，设有输油站场9座；铁岭至锦西原油管道2015年投产，管线干线长度为407.86km，其中，铁岭—松山段长度349.7km，松山—葫芦岛长度58.16km，设有输油站场9座；铁岭至抚顺原油管道2015年投产，管线长度为73.1km，其中，铁岭—抚顺管段长度为45.5km，管道直径为711mm，抚顺—前甸管段长度为19.6km，前甸—东洲管段长度为8km，抚顺—东洲管段管道直径为508mm，设有输油站场4座；铁岭至大连（复线）原油管道2017年投产，管线长度为580.4km（其中，铁岭—辽阳管段208.4km，辽阳—大连管段372km），管线直径分711mm和813mm两种规格，设有输油站场7座；长春至吉林原油管道2005年投产，管线长度为166km，管线直径为508mm，设有输油站场4座。

沈阳调度中心直接负责管理以上原油管线，管理模式均为"中控"管理。目前，沈阳调度中心调度室直接管理的运行管道全长2380km，热泵站28座，原油计量站（点）13座。储油库有大型储油库3座，其中，林源储油库容量$210 \times 10^4 m^3$、铁岭储油库容量$116 \times 10^4 m^3$、垂杨储油库容量$8 \times 10^4 m^3$。

一、大庆至铁岭三线原油管道

大庆至铁岭三线原油管道（简称庆铁三线）线路全长546km，管道规格为D813mm×8.7(9.5)mm，设计压力为6.3MPa，三层PE防腐，强制电流阴极保护，全线采用常温密闭输送工艺，设计输量$(2900\sim3000) \times 10^4 t/a$，庆铁三线全线共设9座站场：林源首站、太阳升分输泵站、新庙泵站、牧羊泵站、农安泵站、垂杨分输泵站、梨树泵站、昌图泵站、铁岭输油站。另外庆铁三线全线共设有21座线路截断阀室（监控阀室8座、单向阀室3座、手动阀室10座）。

庆铁三线采用SCADA系统完成管道全线输送工艺过程的数据采集与控制、水击保护、压力保护与调节、设备保护等。庆铁三线调控中心设在沈阳调控中心，在林源、太阳升、新庙、牧羊、农安、垂杨、梨树、昌图和铁岭分别设站控系统,庆铁三线各监控阀室分别设阀室监控系统。

庆铁三线全线采用调控中心控制、站场控制和就地控制的三级控制方式。在正常情况下,由调控中心对全线进行监视和控制。调度人员在调控中心通过 SCADA 系统完成对全线的监视、操作。在通常情况下,沿线各站无须人工干预,各站的站控系统在调控中心的统一指挥下完成各自的工作。调控中心与站控系统可以进行控制切换,双方均能主动获得控制权,切换采用手动方式,经调控中心授权后,才允许站场操作人员通过站控系统,对各站进行授权范围内的工作,由站控系统完成对本站的监视控制。当进行设备检修或紧急停车时,可采用就地控制。

二、大庆至铁岭四线原油管道

大庆至铁岭四线原油管道(简称庆铁四线)线路全长 548.5km,管道规格为 D711mm×8mm L450M,设计压力为 6.3MPa,三层 PE 防腐,强制电流阴极保护。庆铁四线输送庆吉油,全线采用加热密闭输送工艺,设计输量 $(1500\sim2000)\times10^4$ t/a,庆铁四线全线共设 9 座站场:林源首站、太阳升注入热站、新庙热泵站、牧羊热泵站、农安分输热泵站、垂杨分输热泵站、梨树热泵站、昌图加热站、铁岭输油站。另外庆铁四线全线共设 22 座线路截断阀室,其中监控阀室 12 座,手动阀室 10 座。

庆铁四线采用 SCADA 系统完成管道全线输送工艺过程的数据采集与控制、水击保护、压力保护与调节、设备保护等。庆铁四线调控中心设在沈阳调控中心,在林源、太阳升、新庙、牧羊、农安、垂杨、梨树、昌图和铁岭分别设站控系统,庆铁四线各监控阀室分别设阀室监控系统。

庆铁四线全线采用调控中心控制、站场控制和就地控制的三级控制方式。在正常情况下,由调控中心对全线进行监视和控制。

三、铁岭至锦西原油管道

铁岭至锦西原油管道(简称铁锦线)管输原油为庆吉原油和俄罗斯原油的混合原油,经铁岭站、法库站、兴沈站、新民站、黑山站、凌海站、松山站、葫芦岛站输送至锦西石化。其中,经兴沈站分输至沈阳蜡化,经松山站分输至锦州石化和锦州港。

铁岭—松山段 349.7km 保温管道,设计输量 $(900\sim1000)\times10^4$ t/a,松山—葫芦岛段 58.16km 保温管道,设计输量 350×10^4 t/a,构成铁锦线干线,支线为松山—锦州港段 38.0km 保温管道(设计输量 268×10^4 t/a)。

干线铁岭—松山段设计压力为 8.0MPa,管道规格为 D508mm×7.1(8.0)mm L450M 螺旋缝(直缝)埋弧焊钢管;松山—葫芦岛段设计压力为 8.0MPa,管道规格为 D355.6mm×6.3(7.1)mm L415M 直缝高频电阻焊钢管。支线松山—锦州港段设计压力为 8.0MPa,管道规格为 D273mm×5.6(6.3)mm L415M 直缝高频电阻焊钢管。

铁锦线全线共设置 9 座输油站场:铁岭首站、法库热泵站、兴沈分输站、新民热泵站、黑山热泵站、凌海热泵站、松山分输热泵站、葫芦岛末站(干线末站),以及锦州港末站(支线末站)。另外铁锦线全线共设 23 座线路截断阀室,其中 9 座监控阀室、7 座单向阀室、7座手动阀室。

铁锦线采用SCADA系统对全线的运行进行自动监控和统一调度管理,铁锦线SCADA系统具有三级控制功能(中心控制、站场控制、就地控制),完成对管道的监视、控制和管理。在正常情况下,由调控中心对全线进行监视和控制。

四、铁岭至抚顺原油管道

铁岭至抚顺原油管道(简称铁抚线)管输原油为大庆原油,经铁岭站、抚顺站、前甸分输站、东洲计量站输送至抚顺石油二厂。其中在前甸分输站分输进罐后装车运至丹东站。为了保证抚顺石化分公司大庆原油的供应,同时统筹考虑铁抚线的安全平稳输送,2012年对铁抚线进行了扩能改造,目前,铁抚线全长73.1km,主管线为铁岭输油站—抚顺输油站管线,管线规格为D711mm×8mm,材质为L360M,长度为45.5km,新建抚顺—前甸—东洲末站(东洲)段支线管线,共计27.6km,管径D508mm×6.4mm,其中抚顺—前甸段新建管道19.6km,新建前甸—东洲末站段管道8.0km(抚顺—东洲末站段管线设计压力均为4.0MPa)。管道设计输量为$1002×10^4$t/a,目标输油能力为$1150×10^4$t/a。铁岭输油站—抚顺输油站设计压力为4.0MPa,抚顺输油站—东洲末站设计压力为4.0MPa。

铁抚线采用SCADA系统对全线的运行进行自动监控和统一调度管理,铁抚线SCADA系统具有三级控制功能(中心控制、站场控制、就地控制),完成对管道的监视、控制和管理。在正常情况下,由调控中心对全线进行监视和控制。

五、铁岭至大连(复线)原油管道

铁岭至大连(复线)原油管道(简称铁大复线)铁岭—辽阳段管道线路起点为铁岭输油站,终点到辽阳分输泵站,线路全长580.4km,管道规格为D711mm×8.8mm L450M 螺旋缝(直缝)埋弧焊钢管,设计输量为$2540×10^4$t/a,系统设计压力为8.0MPa。铁大复线辽阳石化分输支线段管道线路起点为辽阳分输泵站,终点到鞍山计量站,线路全长约22km,管道规格为D711mm×8.8mm L450M 螺旋缝(直缝)埋弧焊钢管,设计输量为$900×10^4$t/a,系统设计压力为8.0MPa。铁大复线辽阳—大连段线路起点为辽阳分输泵站,终点到小松岚输油站,线路全长372km。其中辽阳—瓦房店段管道规格为D813mm×11mm L450M 螺旋缝(直缝)埋弧焊钢管,线路全长257km;瓦房店—小松岚段管道规格为D711mm×9.5mm L450M 螺旋缝(直缝)埋弧焊钢管,线路全长115km;设计输量为$2000×10^4$t/a,系统设计压力均为8.0MPa。

新大一线小松岚—大连石化段管线管道规格为D711mm×7.9mm L360 螺旋缝(直缝)埋弧焊钢管,线路全长24km,设计输量为$1850×10^4$t/a,系统设计压力为4.51MPa。新大一线小松岚—新港段管线管道规格为D711mm×7.1mm L415M 螺旋缝(直缝)埋弧焊钢管,线路全长13.5km,设计输量为$1600×10^4$t/a,系统设计压力为4.51MPa。新大二线小松岚—新港段管线管道规格为D508mm×7.1mm L415M 螺旋缝(直缝)埋弧焊钢管,线路全长12.4km,设计输量为$450×10^4$t/a,系统设计压力为4.0MPa。

铁大复线铁岭—沈阳—辽阳—小松岚段常温密闭输送俄油,小松岚—大连石化段利用新大一线(小松岚—大连石化段)、小松岚—新港段利用新大一线(小松岚—新港段)以及小松岚—西太石化段利用新人二线(小松岚—新港段)常温输送俄油,辽阳—鞍山段利用铁大复线向辽阳石化分输俄油。

铁大复线全线共设7座输油站场:铁岭输油站、沈阳泵站、辽阳分输泵站、瓦房店分输泵站、小松岚输油站、大连石化末站、鞍山计量站。另外铁大复线全线共设32座线路截断阀室,其中监控阀室23座,手动阀室9座。其中铁岭—辽阳段设置16座线路阀室(其中监控阀室12座、手动阀室4座)、辽阳—大连段设置16座线路阀室(其中监控阀室11座、手动阀室5座)。

铁大复线采用调控中心控制、站场控制和就地控制的三级控制方式。在正常情况下,由调控中心对全线进行监视和控制。

六、长春至吉林原油管道

长春至吉林原油管道(简称长吉线)担负着向中国石油天然气股份有限公司吉林石化分公司(简称吉林石化公司)输送原油的任务,该线于2005年建成投产。长吉线设计输量600×10^4t/a,2007年进行的东部原油管网俄油引进配套长吉线扩能改造工程是在已建长吉线基础上进行改扩建的工程,增输改造后输量达到1000×10^4t/a。长吉线全长166km,管道规格D508mm×(6.4~7.9mm),材质L415,设计压力6.4MPa。长吉线全线共设有输油站场4座,包括长春首站、双阳输油站、永吉输油站、吉林末站,均在老长吉线输油站场的基础上进行扩建,全线设控制中心1座。全线共设8座线路截断阀室,均为半地下阀室,截断阀门为球阀,均采用手动操作。全线采用聚乙烯结构(三层PE)防腐,采用热收缩套补口,采用独立的阴极保护系统。

管道沿线地貌单元为冲积平原和丘陵交互出现,以冲积平原为主,丘陵段地形起伏,呈波状。管线穿越河流段地貌单元为河床及河漫滩。沿线丘陵段约占全长的43%,河床及河漫滩占5%,其余为平原。地势总体变化是西低东高,全线海拔最高为343.3m,位于吉林末站进站前约3km处;最低为168.6m,位于松花江穿越处。

长吉线的控制方式采用全线调控中心控制、站场控制和就地控制的三级控制方式。在正常情况下,由调控中心对全线进行监视和控制。

第二节 原油管道调控运行概述

一、原油管道运行方式

目前原油管道常用的输油方式有"旁接油罐"和"密闭输送"两种。

"旁接油罐"输油方式的优点是便于手动调节,对管线自动化程度要求不高;缺点是增加了投资,有油品的损耗,罐内油品占用流动资金,各站相对独立,不便于实现全线自动化和统一管理。

"密闭输送"输油方式的优点是有利于全线实现统一管理;缺点是需要对管道系统采取可靠的控制和保护措施,对管线自动化程度要求高。长距离输油管道大都采用"密闭输送"方式。

二、原油管道的主要工艺流程

原油管道建成后一般要经历三个生产过程：试用投产、正常输油、停输再启动。输油站总体工艺流程应能进行来油与计量、站内循环或倒罐、正输、反输、越站及清管等。但以上功能并不是每个输油站都必须具备的。

如图1-1所示，首站的主要工艺流程包括：来油计量、倒罐、正输、加热、发清管器等。

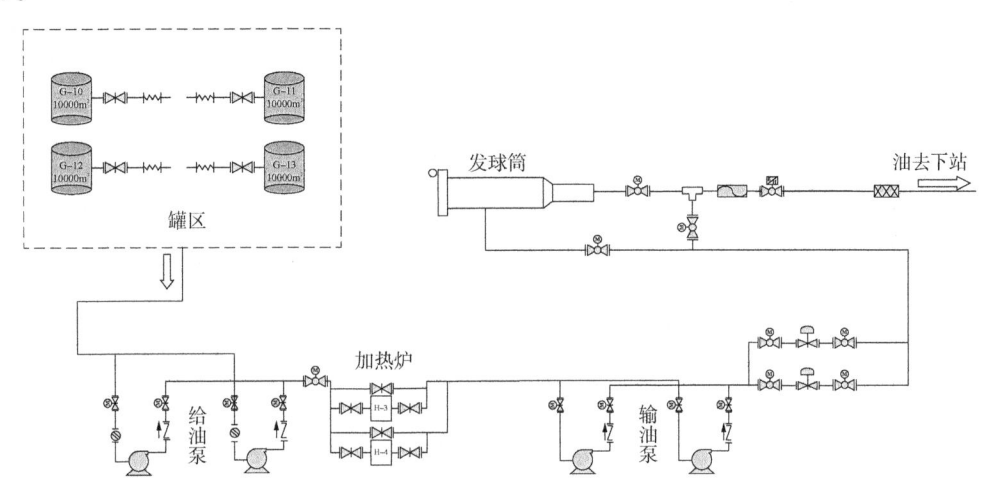

图1-1 某输油首站工艺流程图

如图1-2、图1-3所示，中间泵站的主要工艺流程包括：正输、反输、分输、越站输送、收发、转发清管器等。

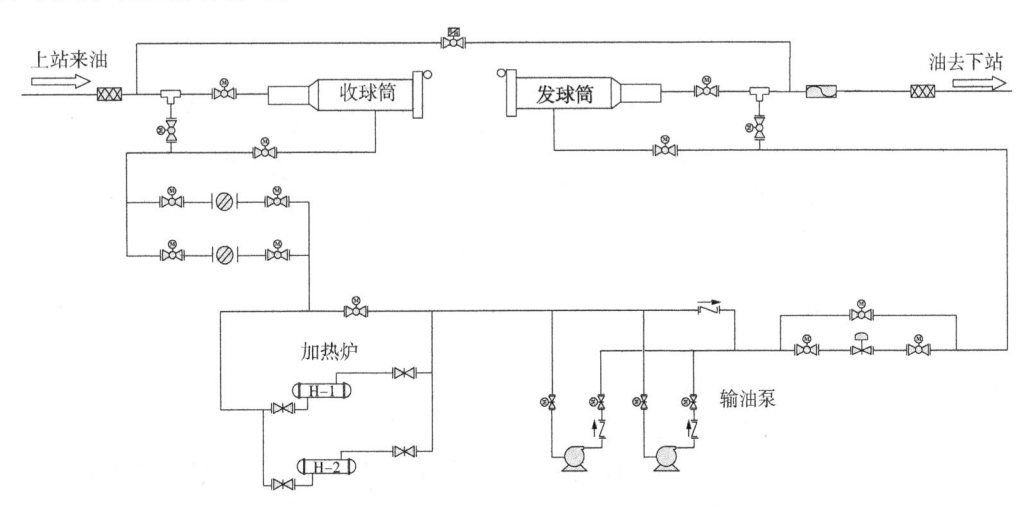

图1-2 某输油中间站工艺流程图（收、发球站）

如图1-4所示，末站的主要工艺流程包括：接收上站来油、接收清管器、交接计量、将来油输至油库或炼厂等。

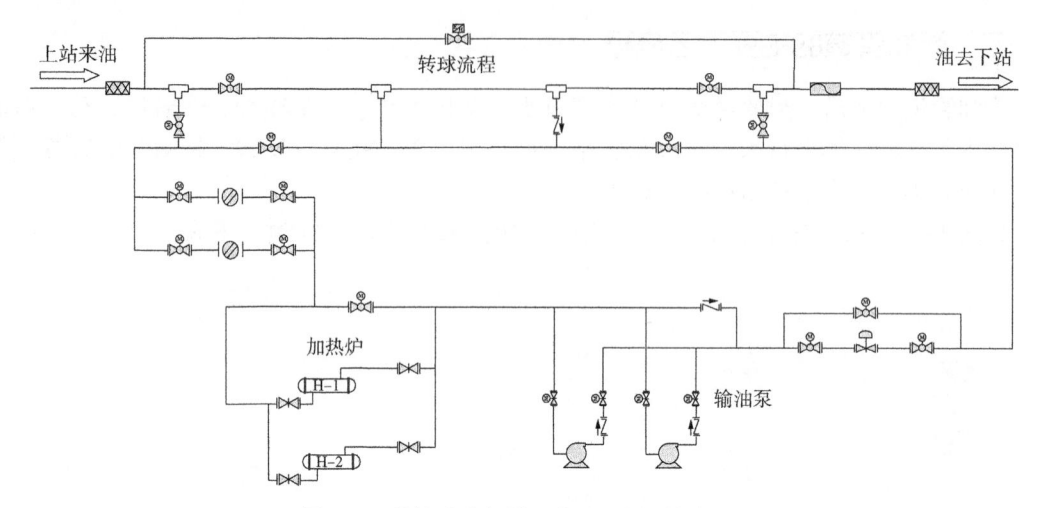

图 1-3　某输油中间站工艺流程图(转球站)

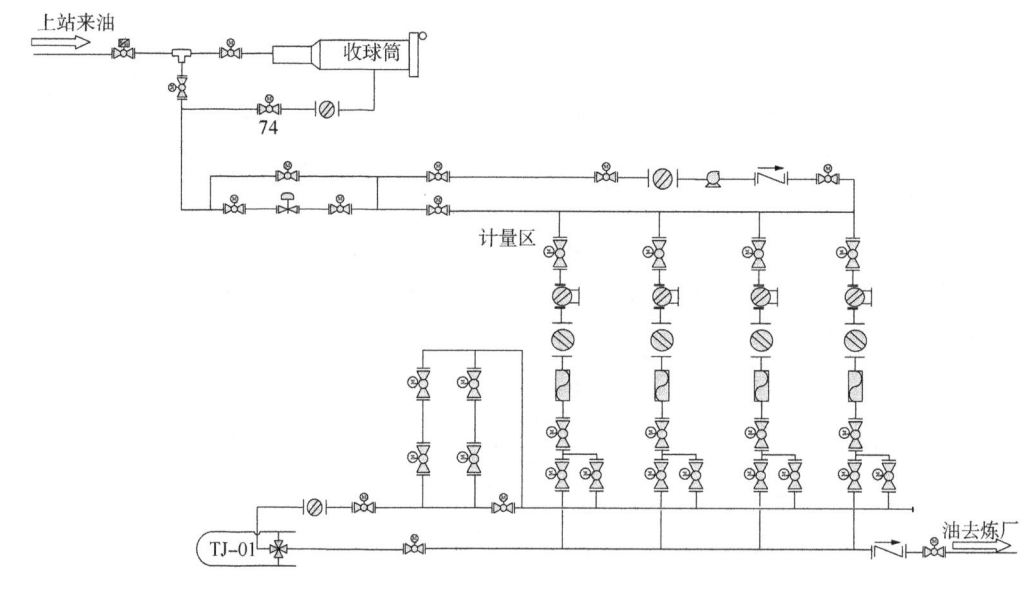

图 1-4　某输油末站工艺流程图

三、原油管道输送工艺

常见的原油管道输送工艺包括：常温输送工艺、加热输送工艺、热处理输送工艺、加降凝剂输送工艺、综合热处理输送工艺、顺序输送工艺等。

常温输送工艺是指在输油管道的环境温度下，管输过程中不需要加热的管道输送工艺。只有当管道沿线温度场可以确保管输原油到达各输油站时进站温度高于所输原油凝点3℃以上，可采用常温输送工艺。常温输送工艺通常适合于低凝点、低黏度的原油。

加热输送工艺是指原油加热到一定温度后进入管道进行输送，通过升高原油的输送温度，以降低其黏度，减少运行过程中摩阻损失。当管道沿线温度场不能确保管输原油到达各输油站时进站温度高于所输原油凝点3℃以上，应采用加热输送工艺。加热输送工艺适合于高凝点、高黏度、高含蜡的原油。

原油热处理是指将原油加热到一定温度，使原油中的石蜡、胶质和沥青质溶解，分散在原油中，再以一定的温降速度和方式(动态或静态)，改变蜡晶的形态、结构和强度，改善原油的低温流动性。利用原油热处理实现含蜡原油的长距离输送，称为热处理输送工艺。

加降凝剂输送是指在原油中加入降凝剂，以降低含蜡原油的凝点和黏度，改善其低温流动性的一种物理化学方法。在原油中添加降凝剂可以有效改善原油流动性，降低原油凝固点，减少长输管道中间站的加热过程，明显降低原油的出站加热温度，节约燃料消耗量。综合热处理输送即是指将加有降凝剂的原油加热至一定的温度，使蜡溶解在液相中，再以一定的温降速率和方式使原油的温度降下来。

原油顺序输送是指在一条管道内，按一定的批量和次序、连续输送不同物性原油的输送方式。原油顺序输送适用于不同炼化企业对所需的原油类型(凝点、流动性)不同的情况。当所输的各种原油均可常温输送时，该输送方式称为原油等温顺序输送，当部分原油常温输送，部分加热输送或者均加热输送，但出站温度不同时，该输送方式称为冷热原油顺序输送。

第二章 原油管道输送基础知识

本章通过三方面内容介绍了原油管道输送相关基础知识。第一节主要介绍了工程流体力学相关内容，包括原油管线运行中涉及的水力学知识，通过流体静力学分析停输管线的沿线压力，通过雷诺数 Re 判定管内流体的流态，应用达西公式计算管线的沿程摩阻，应用伯努利方程计算管内流体的流动参数，绘制水头线。第二节主要介绍了原油管道的关键设备(泵、阀门、炉、仪表)，包括泵的结构及工作原理，泵的性能参数和性能曲线，如何应用相似原理改变泵特性，输油管道系统中输油泵的控制和保护逻辑，管道系统中常用的各类阀门在工艺流程图中的位置和功能，阀门的分类，常见阀门的结构、特点和工作原理，热传递的三种方式和传热计算，直接加热炉和间接加热炉结构和工作原理，直接式加热炉的调节和控制，各种管道系统常用仪表的原理和结构，管道系统中常用的控制方法等。第三节主要介绍了原油管道的 SCADA 系统，包括 SCADA 系统的组成部分及各部分的工作原理和通信方式，中控调度主要监控的参数和报警信息，管道系统常用的自动化保护逻辑等。

第一节 工程流体力学基础

一、基本概念

(一) 流体的定义

流体指可以流动的物质，包括气体和液体。即，流体是可以自由改变形状的物体。

液体和气体的区别：(1)气体易于压缩，而液体难于压缩；(2)液体有一定的体积，存在一个自由液面，气体能充满任意形状的容器，无一定的体积，不存在自由液面。

(二) 连续介质假设

连续介质假设是用数学方法建立流体流动模型来研究流体流动的理论基础，其内容如下：在微观方面，尽管流体是由大量做无规则运动的分子组成的，分子间有间隙，且不停地做随机运动，如果以分子作为研究对象，液体随着时间和空间都是不连续的。但是在宏观方面，可以假定液体是由许多流体质点(微团)组成，这些质点间没有间隙，也没有微观运动，连续分布在液体所占据的空间内，即认为液体是一种无间隙地充满所在空间的连续介质。

(三) 黏性和黏度

流体所具有的阻碍流体流动，即阻碍流体质点间相对运动的性质称为黏滞性，简称黏性。它是流体机械能损失的根源。流体的黏度与压力关系不大，但与温度有密切关系。

常用黏度来表征流体黏性大小，黏度通常用实验方法确定。液体黏度随温度的升高而减小，气体的黏度随温度的升高而增大。

1. 牛顿内摩擦定律

牛顿内摩擦定律的内容如下：如图 2-1 所示，设有两个表面积足够大，距离 h 很小的平行平板。中间充满一般的均质流体，下板固定，上板在切向力 T 作用下作匀速直线运动。平板面积 A 足够大，以至于可忽略平板边缘的影响。摩擦力对快层流体是阻力，对慢层流体是动力。

流体相对运动时，层间内摩擦力 T 的大小与接触面积、流速梯度成正比，与流体种类及温度有关，而与接触面上的压力无关，即：

$$T = \pm \mu A \frac{\mathrm{d}u}{\mathrm{d}y} \tag{2-1}$$

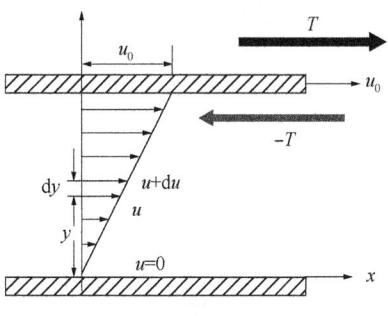

图 2-1 牛顿内摩擦定律示意图

式中　　T——内摩擦力，N；

　　　　μ——动力黏度，与流体性质、温度有关，Pa·s；

　　　　A——接触面积，m²；

　　　　$\frac{\mathrm{d}u}{\mathrm{d}y}$——速度梯度，s⁻¹。

2. 黏性切应力

黏性切应力即单位面积上的内摩擦力，计算公式为

$$\tau = \frac{T}{A} = \pm \mu \frac{\mathrm{d}u}{\mathrm{d}y} \tag{2-2}$$

式中　　τ——黏性切应力，N/m²。

3. 黏性系数（黏度）

（1）动力黏度。动力黏度即速度梯度为 1s⁻¹ 时，单位面积上的摩擦力的大小。由式 (2-2) 可得

$$\mu = \pm \frac{T}{\frac{\mathrm{d}u}{\mathrm{d}y} \cdot A} \tag{2-3}$$

式中　　μ——动力黏度，Pa·s。

（2）运动黏度。运动黏度即动力黏度与密度之比，计算公式如下：

$$\upsilon = \frac{\mu}{\rho} \tag{2-4}$$

式中　　υ——运动黏度，m²/s；

　　　　ρ——密度，kg/m³。

4. 理想流体与实际流体

理想流体：假想没有黏性的流体，即黏度等于 0，流动过程中内摩擦引起的能量损失等于零，即：$\mu = 0$，$\Delta E = 0$。

实际流体：又称为黏性流体，即真实流体，即：$\mu \neq 0$，$\Delta E \neq 0$。

(四) 压缩性和膨胀性

1. 压缩性

温度不变时,流体在压力作用下体积缩小的性质,用体积压缩系数(β_p)来表征,体积压缩系数即温度不变时,压强增加一个单位,体积的相对变化量。

$$\beta_p = -\frac{dV}{V}\frac{1}{dp} \left(或 \beta_p = -\frac{\Delta V}{V}\frac{1}{\Delta p}\right) \tag{2-5}$$

式中　dV——体积改变量,m^3;
　　　V——原有体积,m^3;
　　　dp——压强改变量,Pa;
　　　β_p——体积压缩系数,Pa^{-1}。

液体的压缩性很小,因此可认为液体的密度为常数。

体积压缩系数的倒数称为弹性系数,见式(2-6):

$$E = \frac{1}{\beta_p} \tag{2-6}$$

式中　E——弹性系数,Pa。

2. 膨胀性

压力不变时,温度升高,流体体积增大的性质,用体积膨胀系数(β_t)来表征。体积膨胀系数即压力不变时,温度增加一个单位,体积的相对变化量。

$$\beta_t = \frac{dV}{V}\frac{1}{dt} \quad 或 \quad \beta_t = -\frac{\Delta V}{V}\frac{1}{\Delta t} \tag{2-7}$$

式中　dt——温度改变量,℃或K;
　　　β_t——体积膨胀系数,$℃^{-1}$或K^{-1}。

液体的膨胀性很小,在实际计算中一般不考虑。

二、流体静力学

(一) 流体静压力及其特性

在静止流体中,表面力表现为沿着受力面法线方向的正压力或法向力。流体单位面积上所受到的垂直于该表面的力,称为流体静压力,表达式如下:

$$p = \lim_{\Delta A \to 0} \frac{\Delta P}{\Delta A} = \frac{dP}{dA} \tag{2-8}$$

式中　ΔA——微元面积,m^2;
　　　ΔP——作用在ΔA表面上的总压力大小,N;
　　　P——流体静压力,Pa。

流体静压力有以下特性:

(1) 力方向永远沿着作用面内法线方向。

(2) 流体中任何一点上各个方向的静压力大小相等,与作用面方位无关。

(二) 静力学基本方程式

对于不可压缩流体,当其相对地球处于静止状态时,也可以说流体所具有的加速度只有重力加速度的时候，流体内部各点处的压强与该点到流体自由表面的距离满足静力学基本方程式：

$$z + \frac{p}{\rho g} = 常数 \qquad (2-9)$$

如图 2-2 所示，一个静止的液体容器内，坐标系的原点在自由液面上，z 轴垂直向上，液面上的压强为 p_0。

对于在液面以下深度为 h 处的 m 点处的压强为：

$$p = p_0 + \rho g h \qquad (2-10)$$

对于流体中任何不同位置的两点处的压强有：

$$z_1 + \frac{p_1}{\rho g} = z_2 + \frac{p_2}{\rho g} \qquad (2-11)$$

图 2-2 静压示意图

式(2-9)至式(2-11)均为静力学基本方程式的表示形式。一般将 $z + \dfrac{p}{\rho g}$ 称为测压管水头，如图 2-3 所示。

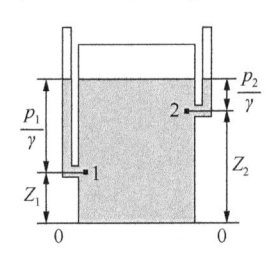

图 2-3 测压管水头示意图

由静力学基本方程式可知，在静止的流体中各点的测压管水头为一常数。

压强的表示有绝对压强和相对压强两种形式。

绝对压强：以物理真空为零点的标准，称为绝对标准，按照绝对标准计量的压强称为绝对压强。绝对压强的值不小于 0。

相对压强：以当地大气压力为零点的标准，称为相对标准，按照相对标准计量的压强称为相对压强，也称表压。压力表的读数就是表压。

表压、绝对压力示意图如图 2-4 所示。

三、流体动力学

(一) 伯努利方程

将能量守恒定律应用于理想流体，可以得到理想流体的伯努利方程：

$$Z_1 + \frac{p_1}{\rho g} + \frac{v_1^2}{2g} = Z_2 + \frac{p_2}{\rho g} + \frac{v_2^2}{2g} \qquad (2-12)$$

理想流体具有势能、压能和动能三种形式的能量，三种能量可以互相转换，但其总和不变，即能量守恒。

理想流体伯努利方程的适用条件：(1)理想不可压缩流体；(2)质量力只有重力；(3)沿稳定流的流线或微小流束。

对于实际(黏性)流体，流动时存在流体间的摩擦阻力以及某些局部管件引起的附加阻力。因而导致实际流体流动过程中，其总机械能沿流动方向不断减小。

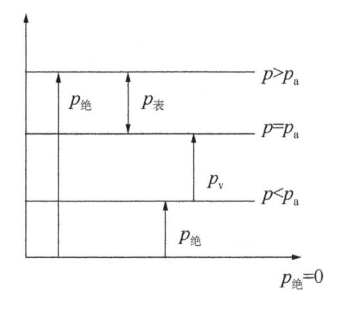

图 2-4 表压、绝对压力示意图

实际流体沿微小流束的伯努利方程式：

$$Z_1 + \frac{p_1}{\rho g} + \frac{v_1^2}{2g} = Z_2 + \frac{p_2}{\rho g} + \frac{v_2^2}{2g} + h_{w_{1-2}} \tag{2-13}$$

把单位重力流体所具有的动能，即 $\frac{v^2}{2g}$ 称为比动能。

(二) 水力坡降与水头线

稳定管线和变直径管线的水头示意图如图 2-5 所示。

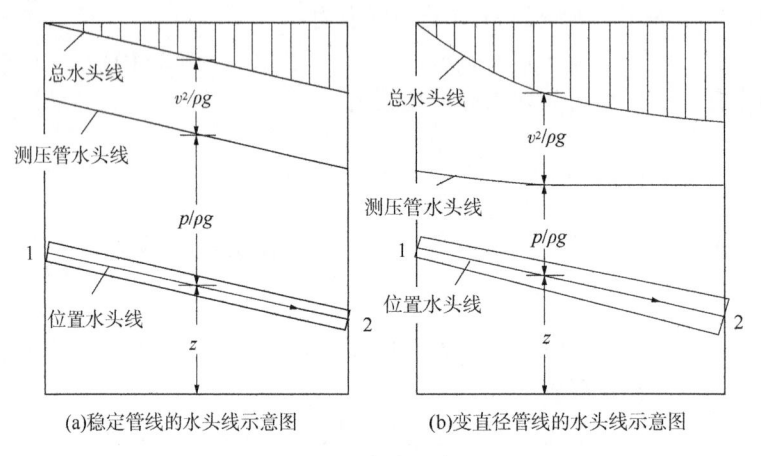

(a)稳定管线的水头线示意图　　(b)变直径管线的水头线示意图

图 2-5　水头示意图

伯努利方程每项比能都可以用液柱高度来表示：z，位置水头；$\frac{p}{\rho g}$，压力水头；$\frac{av^2}{2g}$，速度水头；$h_{w_{1-2}}$，损失水头；$i = \frac{h_w}{L}$，沿程单位长度上总水头的降低值（损失水头）称为水力坡降。

图中位置水头的连线就是位置水头线；压力水头加在位置水头上，其顶点的连线是测压管水头线；测压管水头线再加上流速水头，其顶点的连线就是总水头线；阴影部分反映的是水头损失。值得注意的是，测压管水头线与总水头线的高差必须能够反映出流速水头的变化情况，并且测压管水头线与位置水头线之间的高差必须能够正确地反映出压力水头的变化情况。

运用伯努利方程时，如果所取的计算断面一个位于泵的前面，另一个位于泵的后面，根据能量守恒原理，方程写成

$$Z_1 + \frac{p_1}{\rho g} + \frac{v_1^2}{2g} + H = Z_2 + \frac{p_2}{\rho g} + \frac{v_2^2}{2g} + h_{w_{1-2}} \tag{2-14}$$

四、流体运动学

(一) 流体运动学的若干概念

1. 拉格朗日法和欧拉法

拉格朗日法是以某一个流体质点的运动作为研究对象，观察这一质点在流场中由一点移动到另一点时，其运动参数的变化规律，并综合众多流体质点的运动来获得一定空间内

所有流体质点的运动规律。

欧拉法是不考察个别流体质点的运动情况，而是一种通过研究流体中空间固定点上流动情况来研究流体运动的方法。采用欧拉法是把流体运动视作流场随时间的变化，即流速空间分布的时间变化。

拉格朗日法和欧拉法描述质点的比较见表2-1。

表 2-1 拉格朗日法和欧拉法描述质点的比较

拉格朗日法	欧拉法
分别描述有限质点的运动轨迹	同时描述所有质点的瞬时运动参数
不能直接反映参数的空间分布	直接反映参数的空间分布
拉格朗日观点是重要的	流体力学最常用的解析方法
迹线	流线

2. 稳定流动和不稳定流动

若流场中各空间点上的所有运动要素（速度、加速度）都不随时间变化，这种流动称为稳定流动。否则，称为不稳定流动。

不稳定流动包含两方面的含义：速度或加速度的大小或方向随时间变化。

层流：所有流体质点作定向有规则的运动。

湍流：所有流体质点作无规则不定向的混杂运动。

3. 迹线和流线

迹线：用拉格朗日法描述流体运动引进迹线概念。是指某一质点在某一时间内的运动轨迹，它描述流场中同一质点在不同时刻的运动情况。

流线：用欧拉法形象地对流场进行几何描述，引进了流线的概念。某一瞬时在流场中绘出的曲线，在这条曲线上所有质点的速度矢量都和该曲线相切，此曲线称为流线。

4. 系统和控制体

系统就是一团流体质点的集合。其特点是：

（1）始终包含着相同的流体质点并具有确定的质量；

（2）系统的形状和位置可以随时间变化；

（3）边界上可有力的作用和能量的交换，但不能有质量的交换。

控制体是指流场中某一个确定的空间区域，这个区域的周界称为控制面，其特点是：

（1）控制体内流体质点是不固定的；

（2）控制体的位置和形状不会随时间变化；

（3）控制面上不仅可以有力的作用和能量交换，而且还可以有质量的交换。

物理学中的质量守恒定律、动量守恒定律、能量守恒定律、热量守恒定律等，都是针对固定的系统而言的。但是，由于流体具有的流动性，流体系统的位置和形状都不固定，所以数学上描述起来很困难。控制体的提出就是为了解决这一问题。流体力学中的流动方程建立，就是把各种适用于系统的物理定律改写成用于控制体的数学表达式。

（二）连续性方程

连续性方程是质量守恒定律在流体力学中的应用，即沿一元稳定流动的流体质量流量不变。

一元稳定流动的连续性方程为：

$$Q_m = \rho A v = 常数 \quad (2-15)$$

式中　Q_m——质量流量，kg/s；
　　　A——流通的截面积，m²；
　　　v——流速，m/s。

式（2-15）既适用于不可压缩流体，也适用于可压缩流体。对于不可压缩流体，密度为常数，则有：

$$Q = A v \quad (2-16)$$

式中　Q——体积流量，m³/s。

五、流体力学在压力管路上的应用

（一）管道静压分析

某管线里程—高程图如图 2-6 所示。

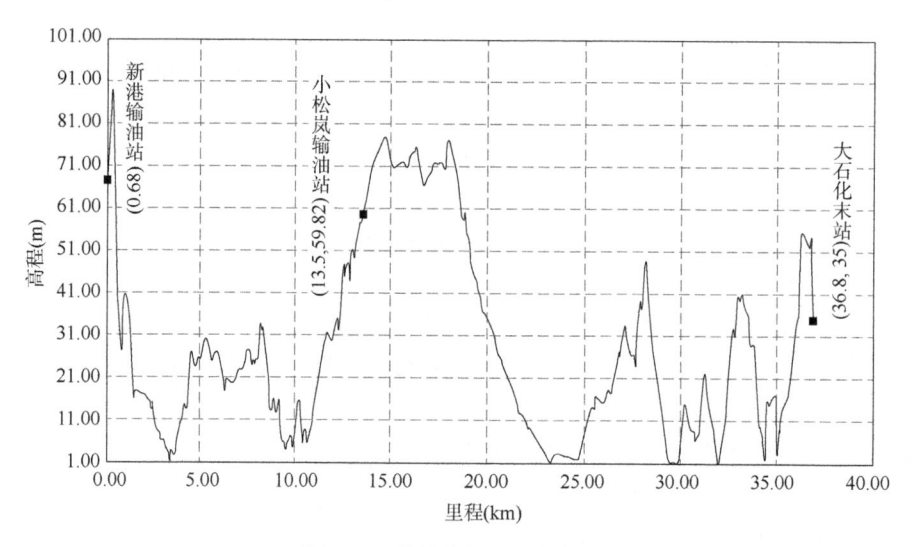

图 2-6　某管线里程—高程图

当管线停输后，管内流体将处于静止状态，相邻两个关闭的阀门之间管路的流体满足静力学基本方程，管线沿线的高程是已知的，则由一点的压强，可以求得联通管路中另一点的压强。应注意，停输后，线路上低点的压力往往高于运行中的压力，如果管线运行压力较高，应防止线路低点出现超压。

在管线采用水试压时，对于山区和地形起伏大的试压管段应考虑地形引起的静水压力。根据 GB 50253—2014《输油管道工程设计规范》要求，管道试压时，任何一点的试验压力与静水压力之和产生的环向应力不应大于钢管的最低屈服强度的 90%，所以对于高程起伏较大的管道应核算管道试压时低点所承受的环向应力。

（二）串联管路和并联管路

串联管路是由不同管径的几段管子串联而成，特点如下。

(1) 各段流量相等：$Q=Q_1=Q_2=Q_3=\cdots=Q_n$。
(2) 总水头损失等于各段之和：$h_f=h_{f1}+h_{f2}+h_{f3}+\cdots+h_{fn}$。
并联管路是由几根管路并联而成，特点如下。
(1) 总流量等于各段流量之和：$Q=Q_1+Q_2+Q_3+\cdots+Q_n$。
(2) 各段的水头损失相等：$h_f=h_{f1}=h_{f2}=h_{f3}=\cdots=h_{fn}$。

（三）管路流动的阻力分析

实际流体具有黏性，当它在管路中流动时，与管壁面摩擦，流体与流体之间的摩擦，以及遇到局部障碍等因素造成流动阻力，管路中的流动阻力分为沿程阻力和局部阻力。

沿程阻力：实际流体在平直的管道中流动，就会有水头损失，这一水头损失随管道长度增加而增加，与管长成正比，由此造成的水头损失称为沿程水头损失 h_f。沿程水头损失通过达西公式来计算：

$$h_f = \lambda \frac{L}{d} \frac{v^2}{2g} \tag{2-17}$$

式中　L——管道的长度，m；
　　　v——流速，m/s；
　　　d——管道的内直径，m；
　　　λ——摩阻系数。

局部阻力：当管路中有管件时，由于管件处流动区域不规则，因而使流动更加无序，流体质点间摩擦、掺混、撞击加剧，在沿程阻力外额外造成流动阻力，相应的水头损失即为局部水头损失 h_j。

输油管或输水管中，沿程损失占90%。站内、室内管线，由于管件较多，局部损失可占到30%。

把液流充满全管并在一定压差下流动的管路称为压力管路。将管线距离较长，从能量角度可以忽略比动能和局部水头损失的管路称为长管。将管线距离短，分支多，压差较小，不能忽略比动能和局部水头损失的管路称为短管。

（四）流态和雷诺数

流体在管路中流动呈现出层流或紊流两种流动状态。层流状态主要表现为液体质点的摩擦和变形，流体质点作有条不紊的线状运动，彼此互不混掺的流动。紊流状态主要表现为液体质点在流动过程中彼此互相撞击和掺混。临界状态则表现为层流到紊流的过渡。

流动状态的改变与流速的大小有关，把流态转化时临界状态下的流速称为临界流速。

层流和紊流可以直接用临界速度来判别，但是临界速度随管径的大小和流体的种类而改变。因此流态与流速、管道直径、黏性有关。雷诺定义了一个无量纲数 Re。对应于临界流速的雷诺数成为临界雷诺数。

$$Re = \frac{vd\rho}{\mu} = \frac{vd}{\nu} \tag{2-18}$$

式中　v——管内流速，m/s；
　　　d——管径，m；

μ——动力黏度，Pa·s；

υ——运动黏度，m²/s。

工程上一般取临界雷诺数为 2000。当 $Re \leq 2000$ 时，为层流；当 $Re > 2000$ 时，为紊流。

雷诺数是流体的惯性力和黏性力的比值。对应于临界流速的雷诺数称为临界雷诺数。大量实验证明，不论流体的性质和管径如何变化，其层流和紊流的下临界雷诺数为 2320，上临界雷诺数为 13800。层流状态：惯性力较弱，黏性力居主导地位，雷诺数小。紊流状态：惯性力占主导地位，雷诺数较大。

如图 2-7 所示，圆管中层流的速度分布为一个关于管轴的旋转抛物面，平均流速为断面最大速度的一半。其中，有效断面指流束或总流上垂直于流线的断面，在圆管有效断面上，黏性切应力与圆管半径成正比。

根据牛顿内摩擦定律有：

$$v = \frac{Q}{A} = \frac{\Delta p}{32\mu L}D^2$$

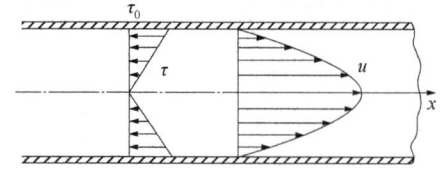

图 2-7 管内流体的流速分布

所以层流时的沿程摩阻为：

$$h_f = \frac{\Delta p}{\rho g} = \frac{64}{Re}\frac{L}{D}\frac{v^2}{2g} = \lambda \frac{L}{d}\frac{v^2}{2g}$$

其中，$\lambda = \frac{64}{Re}$ 为层流状态下的沿程水力摩阻系数。

（五）流态划分

在实际中，圆管中的流动绝大部分处于紊流状态。但是，紧贴壁面有一层很薄的流体由于受到壁面的限制，脉动运动完全消失，仍能保持着层流状态。这一保持层流的薄层称为层流底层。

当管壁粗糙度小于层流底层的厚度时，可以将壁面看作是光滑的，称为"水力光滑管"；当管壁粗糙度大于层流底层的厚度时，需要将壁面看作是粗糙的，称为"水力粗糙管"。在实际工程中，大部分管路均处于水力光滑区，即满足水力光滑管的条件，沿程摩阻为 $\lambda = \frac{0.3164}{\sqrt[4]{Re}}$。不同流态的划分见表 2-2。

表 2-2 不同流态的划分

流态		划分范围
层流		$Re < 2000$
紊流	水力光滑区	$3000 < Re < Re_1$
	混合摩擦区	$Re_1 < Re < Re_2$
	水力粗糙区	$Re > Re_2$

$Re_1 = \frac{59.7}{\varepsilon^{8/7}}$ 和 $Re_2 = \frac{665 - 765 \lg \varepsilon}{\varepsilon}$ 也称为临界雷诺数。$\varepsilon = \frac{\Delta}{R}$，称为相对粗糙度，$\Delta$ 称为绝

对粗糙度。

在原油管道中，当原油流态处于层流区时，沿程摩阻最小，管道的消耗最小，因此，在原油管道运行中，能够减少节流损失，完成任务输量并到达节能降耗的目的，所以应保持流态处于层流。

在工程实际的计算中，可通过查阅莫迪图确定沿程阻力系数，如图 2-8 所示。

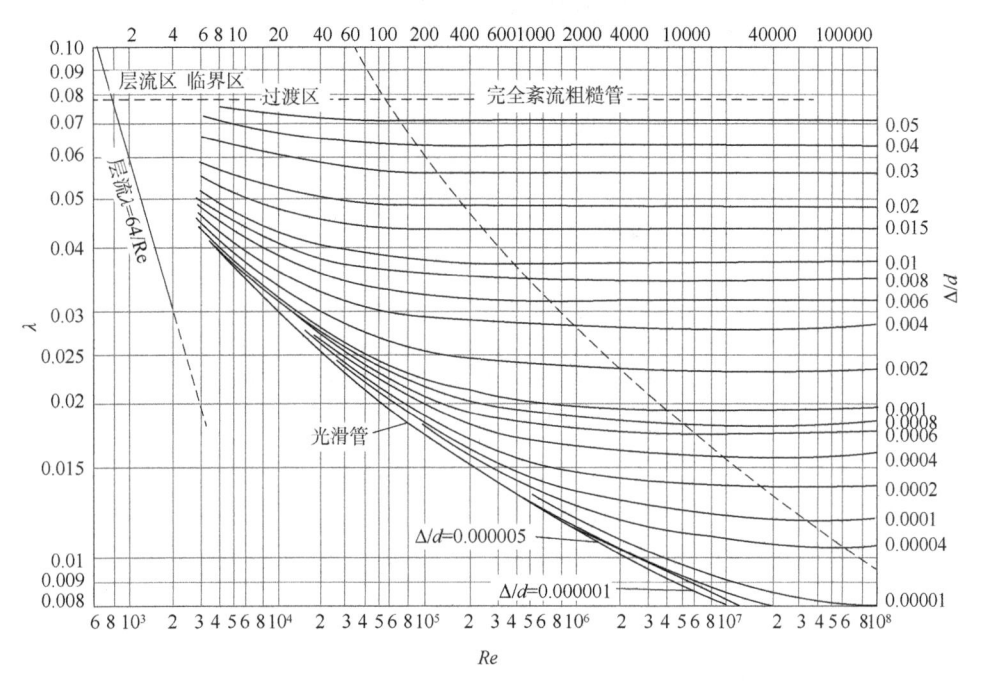

图 2-8 莫迪图

第二节 原油管道输送关键设备

一、输油泵

对于长输原油管道离心泵是应用最为广泛的输油泵型。

（一）离心泵的结构

离心泵的结构如图 2-9。

（二）离心泵的工作原理

离心泵一般用电动机带动，在启动前须向壳内灌满被输送的液体，启动电动机后，泵轴带动叶轮一起旋转，充满叶片之间的液体也随着旋转，在离心惯性力的作用下，液体从叶轮中心被抛向外缘的过程中便获得了能量，使叶轮外缘液体的静压能和动能都增加。液体离开叶轮进入泵壳后，由于泵壳中流道逐渐加宽，液体的流速逐渐降低。又将一部分动能转变为静压能，使泵出口处液体的压力进一步提高，于是液体以较高的压力，从泵的排出口进入排出管路，输送至所需的场所。

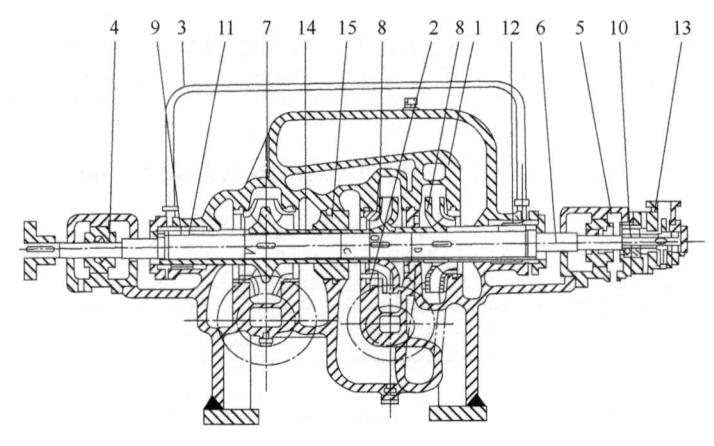

图 2-9 离心泵的结构

1—泵盖；2—泵体；3—机械密封冷却循环管；4—前轴承；5—后轴承；6—轴；
7—首级叶轮；8—次级叶轮；9—轴套；10—止推轴承；11—吸入端机械密封；
12—吐出端机械密封；13—泵轴润滑油泵；14—挡套；15—中间隔板

（三）离心泵的主要性能参数

(1) 扬程 H，单位为 m。

泵的扬程是指单位质量流体从泵（进口法兰）到泵出口（出口法兰）的能头增值。通常用 H 表示，单位为 m。扬程 H 和压差 Δp 的换算关系为：

$$\Delta p = \rho g H \tag{2-19}$$

式中 ρ——液体密度，kg/m^3。

(2) 有效功率 N_e，单位为 kW。

有效功率表示在单位时间内过泵液体从泵中获得的有效能头。

$$N_e = \rho g H Q \tag{2-20}$$

式中 Q——体积流量，单位 m^3/s。

(3) 效率 η，计算公式如下：

$$\eta = \frac{N_e}{N_{轴}} \tag{2-21}$$

式中 $N_{轴}$——泵的轴功率，即电动机的输出功率。

(4) 允许汽蚀余量。

汽蚀是指当储槽液面上的压力一定时，吸上高度越大，则泵入口压力 p_1 越小。若吸上高度至某一限度，p_1 等于泵送液体温度下的饱和蒸汽压时，在泵入口处，液体就会沸腾而大量汽化。当液体汽化产生的大量气泡随液体进入高压区（叶轮附近）时，又被周围的液体压碎，而重新凝结为液体。在气泡凝结时，气泡所在空间形成真空，周围的液体质点以极大的速度冲向气泡中心。由于液体质点互相冲击，造成很高的瞬间局部冲击压力。这种极大的冲击压力可使叶轮或泵壳表面的金属粒子脱落，表面逐渐形成斑点、小裂缝，日久甚至使叶轮变成海绵状或整块脱落，这种现象称为"汽蚀"。在压力降低时，溶解在液体中的气体从液中逸出，加速了汽蚀过程。

在实验中发现,当泵入口处的压力还没有低到与液体的饱和蒸汽压相等时,汽蚀现象也会发生。这是因为泵入口处并不是泵内压力最低的地方。当液体从泵入口进入叶轮中心时,由于流速大小和方向的改变,压力还会进一步降低。

要使泵运转时不发生汽蚀,必须使液体在泵入口处具有的机械能(静压头+动压头),超过汽化静压能而有余。允许汽蚀余量恰好是:为保证不发生汽蚀,除汽化静压能外,所必须富余的那部分能量。

(5) 允许吸上真空度。

如上所述,为避免产生汽蚀现象,应使泵中心部位(即泵内最低压力处)的最低压力大于输送温度下液体的饱和蒸汽压。但实际操作中,泵中心处的压力不易测出,而往往是测出泵入口处的压力,然后加一安全量,即为泵入口处的最低压力 p_1。习惯上常把 p_1 表示为真空度,并以被输送液体的液柱高度为计量单位,称为允许吸上真空度,以 $H_允$ 表示。

(6) 吸上高度的限度。

离心泵排出液体的作用是由离心惯性力造成的,排出高度可以达到几十米甚至几百米。泵吸入液体的作用是靠储液池液面与泵入口处的压力差。当液面压力为定值时,推动液体流动的压力差就有一个限度,不大于液面压力,所以,吸上高度有一个限度。因此,在泵的实际安装过程中,实际安装高度应低于允许吸上高度。

(7) 特性曲线。

泵的特性曲线主要有扬程与流量(H—Q)曲线、功率与流量(N—Q)曲线、效率与流量(η—Q)曲线,如图 2-10 所示。

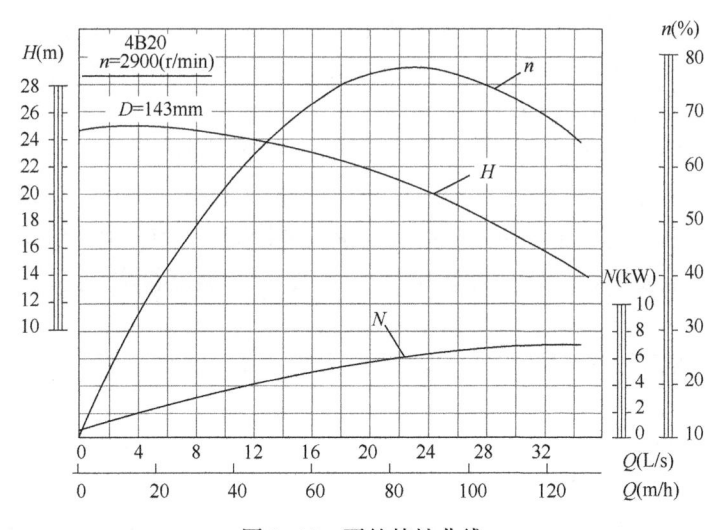

图 2-10 泵的特性曲线

离心泵的型式有两种:

多级(高压)泵,排量较小,扬程较高,又称为并联泵;

单级(低压)泵,排量较大,扬程较低,效率高又称为串联泵。

(四) 改变离心泵特性的方法

(1) 改变叶轮直径。

根据离心泵的切割定律,叶轮直径变化后的泵特性可用下式表示

$$H = a\left(\frac{D}{D_0}\right)^2 - b\left(\frac{D}{D_0}\right)^m Q^{2-m} \qquad (2-22)$$

式中　D——变化后的叶轮直径，mm；

　　　D_0——变化前的叶轮直径，mm；

　　　a，b——与转速 D_0 对应的泵特性方程中的两个常系数。

由上式可以看出，当其他条件不变的情况下，减小叶轮直径其扬程随之减小。

（2）改变泵的转速。

$$H = a\left(\frac{n}{n_0}\right)^2 - b\left(\frac{n}{n_0}\right)^m Q^{2-m} \qquad (2-23)$$

式中　n——调速后泵的转速，r/min；

　　　n_0——调速前泵的转速，r/min；

　　　a，b——与转速 n_0 对应的泵特性方程中的两个常系数。

由上式可以看出，当其他条件不变的情况下，降低泵的转速其扬程随之减小。

（五）输油泵的控制和保护

1. 控制参数检测

输油主泵机组主要设有以下控制参数检测：

（1）输油主泵驱动端和非驱动端轴承温度检测、远传、报警（高、高高报警）。

（2）输油主泵驱动端和非驱动端机械密封处设泄漏检测探头，对输油泵机械密封泄漏进行检测、远传、报警（高、高高报警）。

（3）输油主泵驱动端和非驱动端机械密封温度检测、远传、报警（高、高高报警）。

（4）输油主泵驱动端和非驱动端轴承设有振动探头及变送器，对输油泵机组振动进行检测、远传、报警（高、高高报警）。

（5）机械密封冲洗管路 PDT 压差检测、远传、报警（高高报警）。

（6）输油主泵泵壳温度检测、远传、报警（高、高高报警）。

（7）输油主泵电动机驱动端和非驱动端轴承温度检测、远传、报警（高、高高报警）。

（8）输油主泵电动机定子设有测温 RTD，电动机定子温度检测、远传、报警（高、高高报警）。

（9）输油主泵电动机驱动端设有振动探头及变送器，对电动机振动进行检测、远传、报警（高、高高报警）。

2. 输油泵的保护逻辑

泵机组的保护控制包括以下几种：

（1）输油主泵轴承温度超高保护：输油主泵轴承温度设有两级保护，第一级为高报警，第二级为高高报警；当输油主泵轴承温度达到高报警值时报警，当温度达到高高报警值时报警并紧急停车，对泵机组进行保护。

（2）输油主泵机械密封泄漏保护：输油主泵机械密封泄漏检测设有两级保护，第一级为高报警，第二级为高高报警；当输油主泵机械密封泄漏达到高报警保护值时报警，当输油主泵机械密封泄漏达到高高报警值时报警并紧急停车，对泵机组进行保护。

（3）输油主泵机械密封温度超高保护：输油主泵机械密封温度设有两级保护，第一级为高报警,第二级为高高报警;当输油主泵机械密封温度达到高报警值时报警,当温度达到高高报警值时报警并紧急停车,对泵机组进行保护。

(4)输油主泵轴承振动保护:输油主泵轴承振动保护设有两级保护,第一级为高报警,第二级为高高报警;当输油主泵轴承振动达到高报警保护值时报警,当输油主泵轴承振动达到高高报警值时报警并紧急停车,对泵机组进行保护。

(5)输油主泵机械密封冲洗管路压差保护:输油主泵机械密封冲洗管路压差检测只设一级保护,当机械密封冲洗管路压差达到高高报警值时报警并紧急停车,对泵机组进行保护。

(6)泵壳温度超高保护:对输油主泵泵壳温度设有两级保护,第一级为高报警,第二级为高高报警;当输油主泵泵壳温度达到高报警值时报警,当温度达到高高报警值时报警并紧急停车,对泵机组进行保护。

(7)电动机轴承温度超高保护:对电动机轴承温度设有两级保护,第一级为高报警,第二级为高高报警;当电动机轴承温度达到高报警值时报警,当温度达到高高报警值时报警并紧急停车,对泵机组进行保护。

(8)电动机定子温度超高保护:对电动机定子温度设有两级保护,第一级为高报警,第二级为高高报警;当电动机定子温度达到高报警值时报警,当温度达到高高报警值时报警并紧急停车,对泵机组进行保护。

(9)电动机驱动端轴承振动保护:电动机驱动端轴承振动保护设有两级保护,第一级为高报警,第二级为高高报警;当电动机驱动端轴承振动达到高报警保护值时报警,当电动机驱动端轴承振动达到高高报警值时报警并紧急停车,对泵机组进行保护。

3. 定速泵的控制

定速泵只能进行启停控制,一般使用定速泵的站场出站管线上设置有调节阀,对出站压力或流量进行调节。定速泵有远程及就地启停泵、远程连锁启泵、连锁停泵、紧急停泵等控制逻辑。连锁启停泵指泵进出口阀门连锁进行动作。

4. 变频泵的控制

变频泵通过变频器来改变泵的转速,进而改变泵出口的压力和排量。变频器控制参数的检测及远传如下:

(1)变频器温度远传和显示;
(2)变频器电流、电压、频率远传和显示;
(3)变频器开、关状态信号远传和显示;
(4)变频泵的转速;
(5)就地/远控。

变频器的控制主要由其自带的控制系统加以控制,同时提供与站控系统的各种通信接口。变频控制方式有两种,即"远程"控制和"就地"控制。在"远程"控制方式下,变频的起、停可由站控系统发出命令,然后由其自带控制系统按预先设置的逻辑顺序自动开始正常启机和停机过程。变频控制系统一般还应包含"紧急"停机逻辑:只需手动按下急停按钮,变频器即可自动按预先设置的"急停"逻辑顺序开始紧急停机过程。变频泵启动后,可以通过转速或泵出口压力两种方式进行控制。

二、阀门

(一) 阀门的分类

阀门按驱动方式可分为手动阀、自动阀(自力式阀门、单向阀等)、动力驱动阀(电动阀、气动阀、液动阀、气液或电液联动阀)。按用途和作用可分为截断阀、止回阀、分流阀、调节阀、安全阀。阀门的公称通径用 DN 表示(单位为 mm),公称压力用 PN 表示(单位为 MPa)。阀门型号各单元表示的意义如图 2-11 所示。

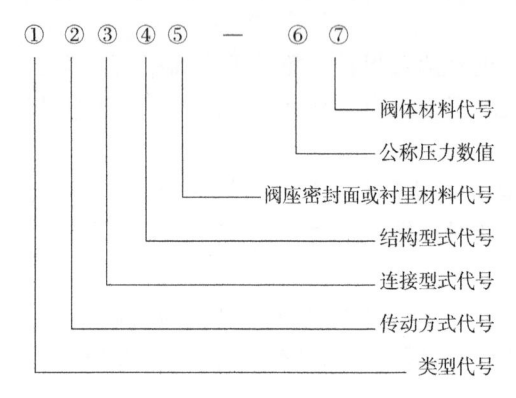

图 2-11 阀门型号各单元表示的意义

①②③④⑤—⑥⑦
- 阀体材料代号
- 公称压力数值
- 阀座密封面或衬里材料代号
- 结构型式代号
- 连接型式代号
- 传动方式代号
- 类型代号

1. 闸阀

(1) 闸阀的分类:暗杆闸阀、明杆闸阀。

(2) 特点:全开或全关,不可用于调节流量;要求液体要清洁。

(3) 闸阀结构如图 2-12、图 2-13 所示。

2. 截止阀

(1) 分类:直通式截止阀、直角式截止阀、直流式截止阀。

(2) 作用:适用于全开,全关,不适用于调节流量。

(3) 主要特点:密封是靠表面经耐蚀耐磨处

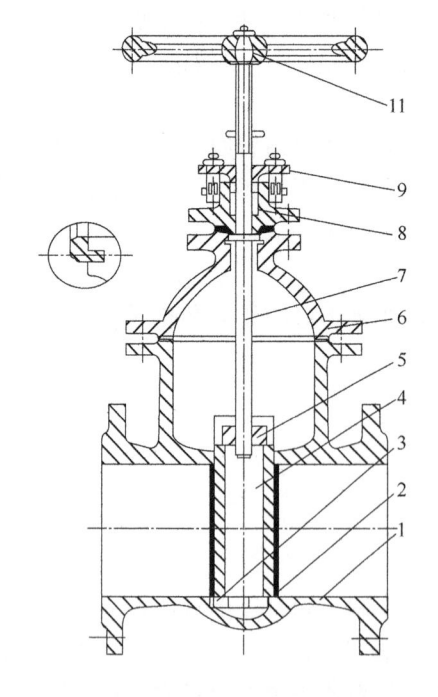

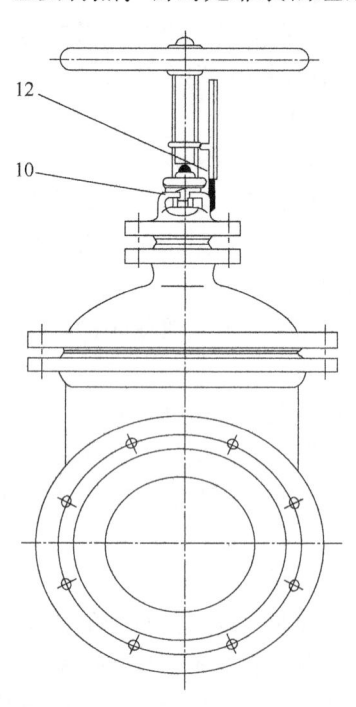

图 2-12 闸阀结构图

1—阀体;2—阀体密封圈(阀座);3—闸板密封圈;4—闸板;5—阀杆螺母;6—阀盖;7—阀杆;8—填料;9—填料压盖;10—填料箱;11—手轮;12—指示牌

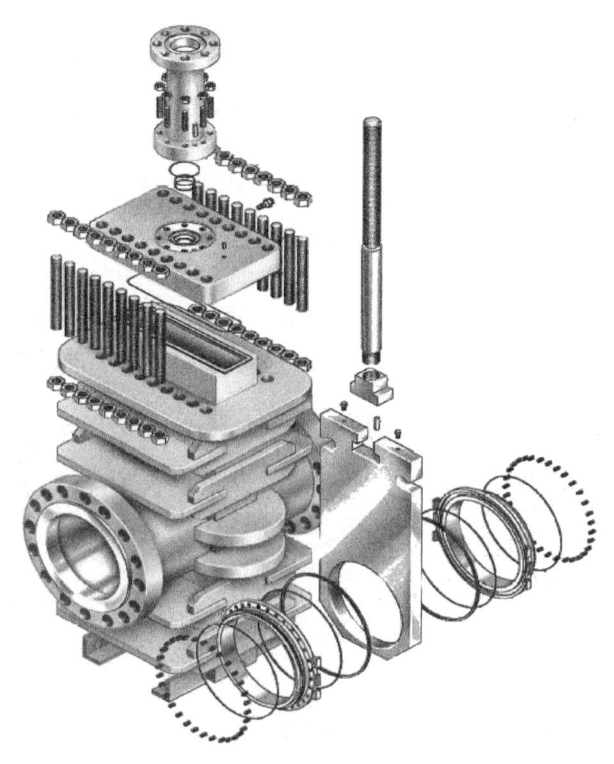

图 2-13 格罗夫平板闸阀

理的钢制柱塞与软密封材料制成的密封环之间产生的过盈配合而形成，使得密封比压较小，容易达到密封；密封比压可用阀盖中的螺柱调节，可随时保证密封的可靠性；柱塞采用自平衡结构，使得操作扭矩小；密封面处不积留介质中的杂质，介质对密封面没有直接冲刷，使其寿命长于截止阀；由于密封副为活塞式结构，使得对阀门启闭行程的控制不像截止阀那样严，因此便于实现自动控制；维护检修方便，必要时除更换密封环外不需对密封副进行研磨；只要更换不同的柱塞套结构，该阀就可满足防汽蚀低噪声、节流、截止的要求，达成一阀多用。

(4) 截止阀结构如图 2-14 所示。

3. 球阀

(1) 分类：浮动球球阀、固定球球阀。

(2) 主要用途：球阀主要被用来作为管输系统中的隔断阀，既可用作站内设备的隔离阀，这是因为它们能够形成可以用通过双截断—泄放达到绝对密封；又可用作管道线路的隔断阀，这是因为球阀中的孔口能够和管径一样大。全通径球阀（指流通的直径和管道的直径相等）主要被用在清管系统中，管内检测器可通过全通径球阀进行管道内检测，此时管道中的压力损失相对于其他阀门来说是最小的。

图 2-14 截止阀结构图
1—阀体；2—阀瓣；3—阀杆；
4—阀杆螺母；5—阀盖；6—填料；
7—填料压套；8—压套螺母；
9—手轮；10—阀座

（3）特点：体小量轻，开关迅速。流动方式有：直通式、三通式。

注意，阀门顺时针为开，手柄平行于管线为"开"垂直于管线为"关"。

（4）球阀结构如图2-15、图2-16所示。

4．止回阀

（1）分类：直通升降式止回阀、旋启式止回阀。

（2）特点及适用范围。

结构简单，零件数量少，不用驱动装置，在一定范围内有自动调节能力。

适用于只允许流体做定向流动且自动开关的管路中。适用于清净的流体介质中，不宜用于含固体颗粒和黏度大的流体介质中否则止回阀开启不灵敏，关闭密封不可靠，对流体的止回也就不够可靠。

（3）阀门结构：直通升降式止回阀，由阀体、阀瓣、阀盖等构成。

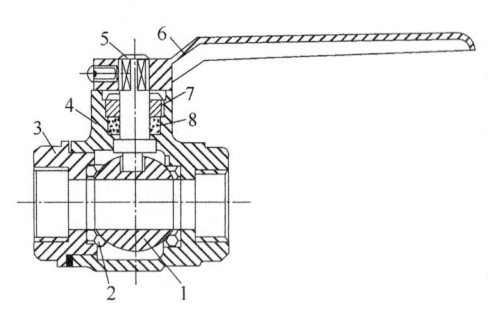

图2-15 球阀结构图
1—浮动球体；2—固定密封阀座；
3—阀盖；4—阀体；
5—阀杆；6—手柄；
7—填料压盖；8—填料

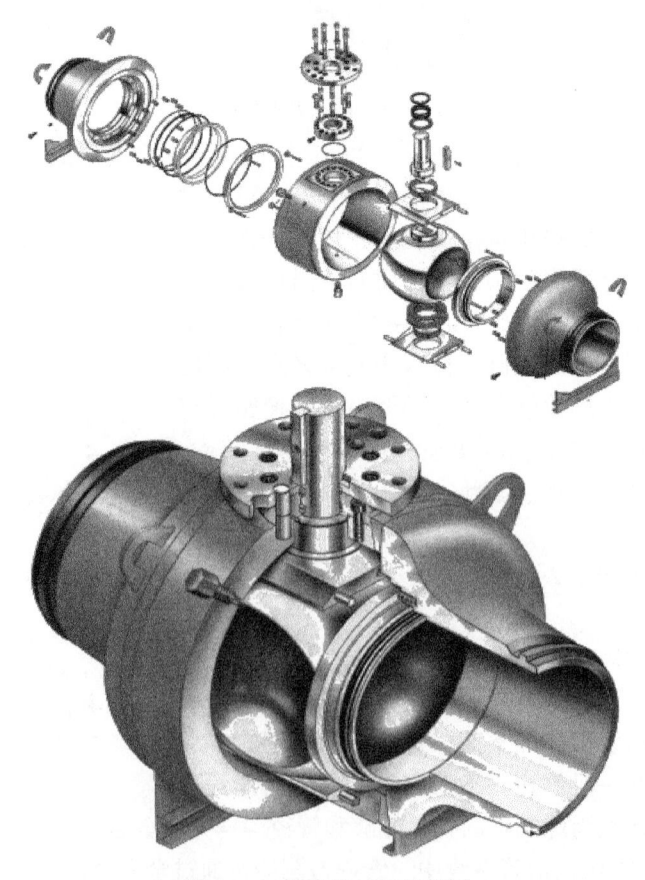

图2-16 全焊接球阀结构图

直通式止回阀结构如图2-17所示。

5. 安全阀

（1）分类：杠杆重锤式安全阀、弹簧式安全阀、先导式(或脉冲式)安全阀。

（2）特点及适用范围。

杠杆重锤式安全阀在阀瓣上升时，受到的重力载荷是不变的，而且也不受介质温度影响，但结构较笨重，对振动敏感，不适合用于运动系统中。

弹簧式安全阀体积小，对振动不敏感，阀瓣上升越高，受弹簧作用力也越大，且弹簧作用力受介质温度影响，高温下长期使用可能影响其弹性。

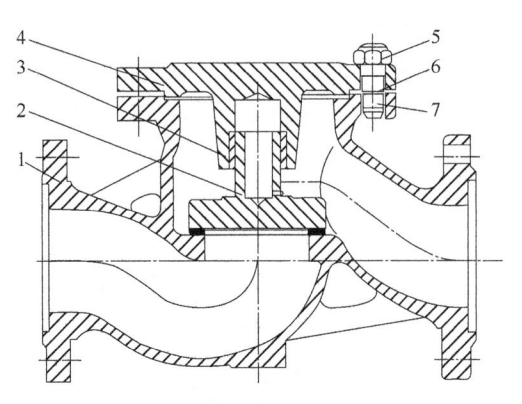

图 2-17 直通式止回阀结构图
1—阀体；2—阀瓣；3—衬套；4—阀盖；
5—螺母；6—垫片；7—螺柱

先导式安全阀结构复杂，但不用于阀瓣上载荷加大的场合。

安全阀用在操作过程中有可能出现超压的系统或设备上，是泄放装置之一。一般情况下，杠杆重锤式安全阀适用于高温场合，脉冲式安全阀适用于大口径和高压场合，弹簧式安全阀最为常用，适用于锅炉、压力容器、管道上。

（3）弹簧式安全阀结构如图2-18所示。

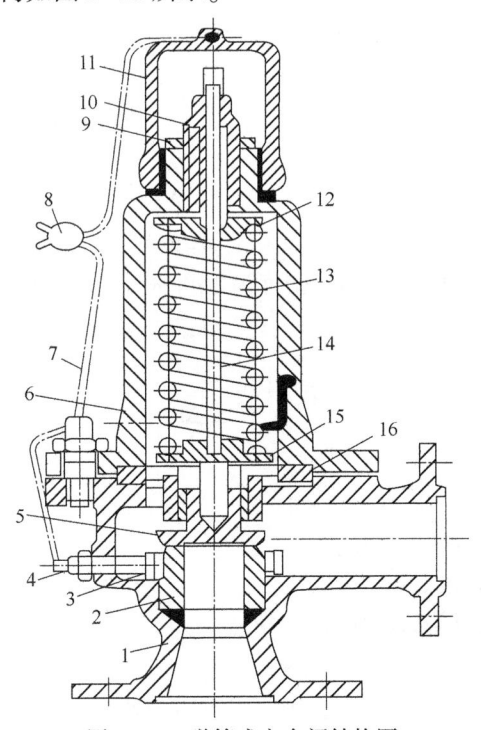

图 2-18 弹簧式安全阀结构图
1—阀体；2—阀座；3—调节圈；4—定位螺母；5—阀瓣；6—阀盖；7—保险铁丝；
8—保险铅封；9—锁紧螺母；10—套筒螺钉；11—安全护罩；12—上弹簧座；
13—弹簧；14—阀杆；15—下弹簧座；16—导向套；17—反冲盘

6. 调节阀

在液体管道系统中，一般在首站的出站、中间泵站的进出站和末站的进站安装调节阀，而在气体管道系统中，一般在分输站的分输流量计后安装调压橇，以对分输压力或流量进行调节。

（1）调节阀结构。

调节阀与截止阀结构基本相同，是由阀体、阀瓣、阀杆、阀盖、填料压盖、手轮等组成，只是阀瓣与截止阀有些不同，如图2-19所示。

（2）阀门系数。

阀门系数（C_v）也被称为流动系数，表示阀门对液体的流通能力。其定义为1gal（3.78L）水在60°F（15.6℃）时流经一个开口（如阀门），在1min内产生1psi（6.9kPa）的压降。由美国仪表协会（ANSI/ISA标准S75.01）规定的简化C_v计算公式是

$$c_v = Q_v \sqrt{\frac{\rho/\rho_0}{\Delta p}} \qquad (2-24)$$

式中　C_v——阀门系数；

　　　Q_v——流经阀门的最大流量，gal/min；

　　　ρ——实际流体的密度，g/cm³；

　　　ρ_0——标况下水的密度，g/cm³；

　　　Δp——流体经过阀门前后的压差，psi。

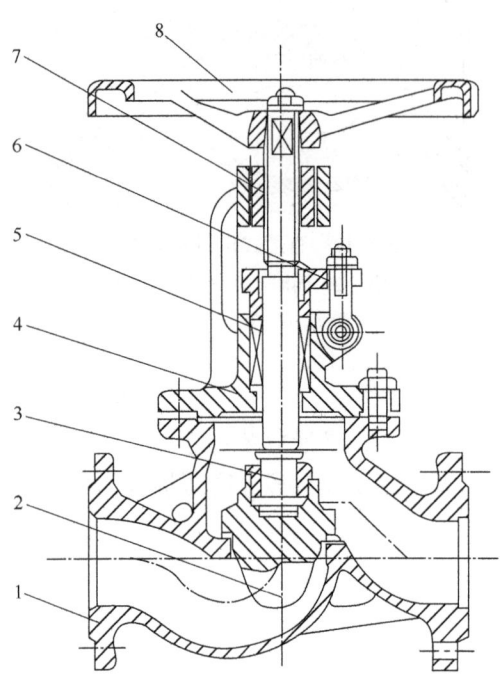

图2-19　调节阀结构图
1—阀体；2—阀瓣；3—阀杆；4—阀盖；5—填料；6—填料压盖；7—阀杆螺母；8—手轮

国内较为常用的是K_v，其含义是在规定条件下，阀门两端压差为100kPa，流体的密度为1g/cm³，额定行程时流经调节阀的流量数。

$$K_v = Q_v \sqrt{\frac{\rho/\rho_0}{\Delta p}} \qquad (2-25)$$

式中　K_v——阀门系数；

　　　Q_v——流经阀门的最大流量，m³/h；

　　　ρ——实际流体的密度，kg/m³；

　　　ρ_0——标况下水的密度，kg/m³；

　　　Δp——流体经过阀门前后的压差，MPa。

阀门C_v与K_v满足$C_v = 1.167 K_v$的关系。

如果C_v对所需要的工艺而言太小，则阀门本身或阀芯尺寸不够，会使工艺系统流量不够。此外，因为阀门的节流会使上游压力增加，并导致阀门或上游其他设备损坏之前产生高的背压。C_v偏小还会造成较高的压降，将导致气蚀或闪蒸。如果C_v比工艺需要的高，即选用一个较大尺寸的阀门，其主要的缺点是阀门的造价较高，尺寸较大及重量较重。

(3) 流动特性。

每一个阀门都有其流动特性,以描述阀门系数 C_v 和阀门行程之间的关系。流动特性允许一定流量在阀门行程的特定百分数内通过。控制阀流经阀门时的流动特性随着阀门的行程在 0~100% 之间变化而变化。阀门的主要流动特性有以下三种。

① 线性流动特性表示液体经过整个阀行程时流量等量增大。流动特性曲线为直线[图 2-20(a)]。当阀门开启 30% 时,流量为 30%;当阀门开启 70% 时,流量为 70%。

② 等百分比阀流动特性表示阀门关闭时流量急剧减小。理想情况是:阀门流道关闭 20% 时流量降低 50%[图 2-20(b)]。另一方面,当阀门几乎全部关闭时,流动区域的变化率小于直线阀或快开阀。

③ 快开流动特性给出了阀门开启时流量的最大增量[图 2-20(c)]。快开阀常用于开—关工况,阀门开启后流量迅速达到要求。

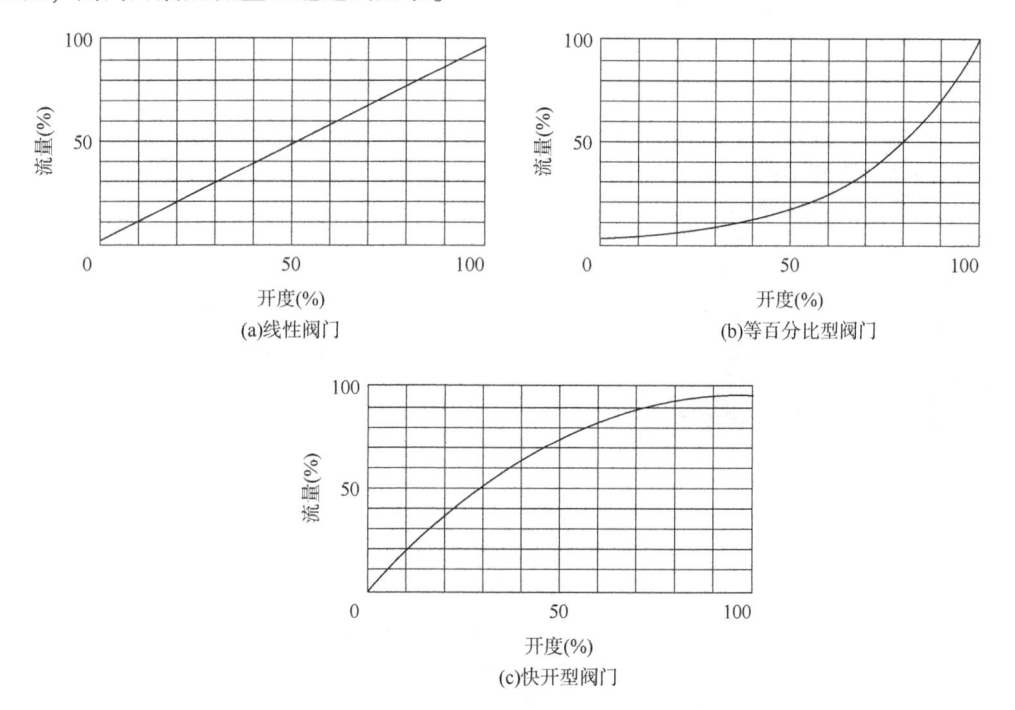

图 2-20　不同开关特性的阀门特性曲线

(4) 特点及适用范围。

调节阀启闭时,流通面积变化缓慢,调节性能较好;流体通过阀瓣和阀座间通道时,流速较大,易冲蚀密封面(图 2-21);密封性较差,不宜作隔断用。

调节阀适用于需要较准确调节流量或压力的管路上。

调节阀不适于在黏度大或含有固体颗粒的流体介质管路中使用,以避免启闭件在流体中不能正常工作及冲蚀密封面。

7. 减压阀

减压阀是通过启闭件对流体介质进行截流,从而使阀后压力有大幅度的降低,从而保护阀后的管道和设备。减压阀能在进口压力及流量变动时,利用介质本身的能量保持出口压力基本不变。

(1) 分类。薄膜式、活塞式。

(2) 特征及用途。

外观特征：旋塞阀具有楔形设计和紧凑的阀体尺寸的外观特征。

旋塞阀通常用于管输系统中的管线吹扫和旁通阀、放空阀。旋塞阀用于隔离或转移进入站内设备的流体流动时，要求旋塞阀密封性非常好。

(3) 活塞式减压阀结构如图2-22所示。

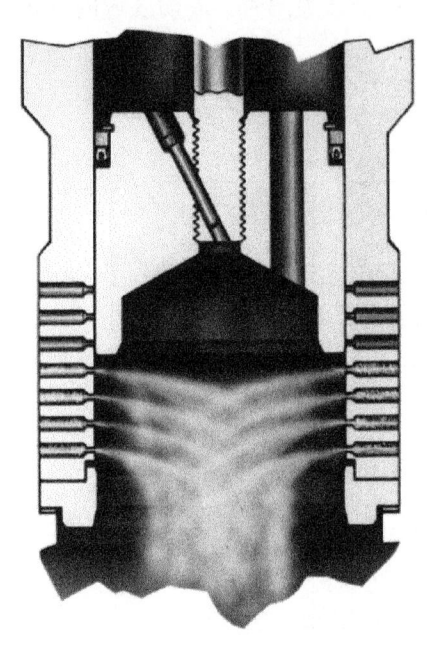

图2-21 抗汽蚀型阀笼

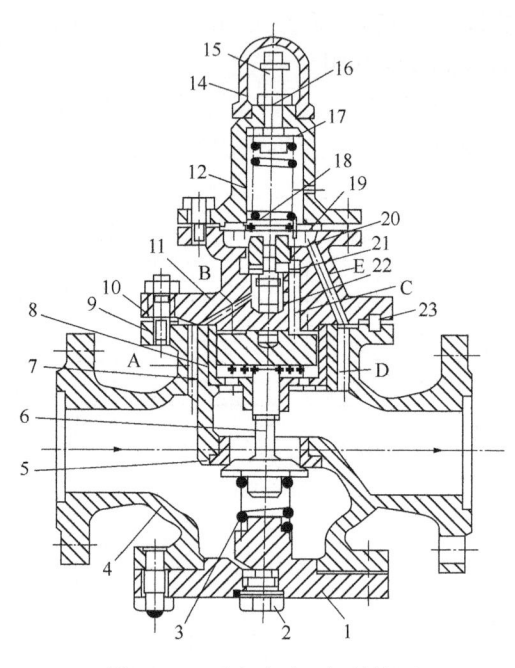

图2-22 活塞式减压阀结构图

1—下阀盖；2—螺塞；3—主阀弹簧；4—阀体；5—主阀阀座；
6—主阀阀瓣；7—气缸盘；8—气缸套；9—活塞环；10—活塞；
11—上阀盖；12—帽盖；13—调节弹簧；14—安全罩；
15—调节螺钉；16—锁紧螺帽；17—上弹簧座；18—下弹簧座；
19—不锈钢膜片；20—脉冲阀座；21—脉冲阀阀瓣；
22—脉冲弹簧；23—定位销

8. 泄压阀

(1) 先导式高压泄压阀的结构。

阀体、阀芯、导阀、测压管、导阀过滤器等组成。

(2) 工作原理。

先导式高压泄压阀，介质是沿轴向流动的，采用导阀控制。开阀以管线的原油为动力源，原油压力决定阀门的开启和关闭。

当上游压力小于设定压力时，导阀内阀塞在右侧，阀塞座内压力（上游液体压力+阀座弹簧的弹力）大于上游压力，阀塞关闭。

当上游压力大于设定压力时，导阀内阀塞在左侧，阀塞座内压力（上游液体压力+阀座弹簧的弹力)小于上游压力,阀塞打开。

先导式泄压阀如图 2-23 所示。

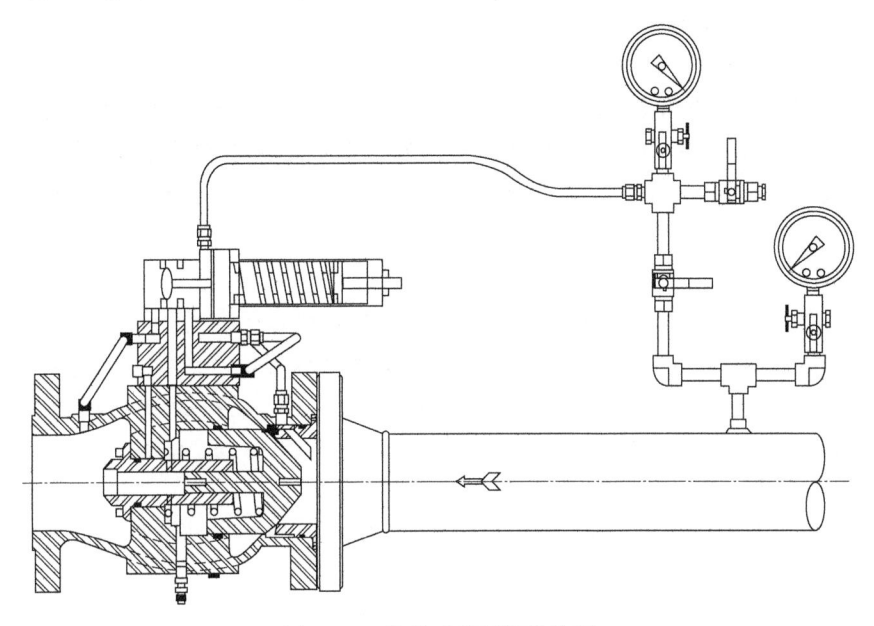

图 2-23 先导式泄压阀结构图

(3)先导式泄压阀在实际应用中的注意事项。

① 泄压阀在安装过程中,清洁度要求较高,且不参与试压。

② 在投产前或水联运时,水头经过 2~3h 后,进行阀门的开启调试。

③ 内漏:引压腔体内含水或管线气体通过引压管进入阀芯。

④ 误动作:泄压阀前阀门关闭,温升导致死油段压力升高,造成误泄压。

⑤ 投用:泄压阀投用时,应先开启阀后截断阀。

(二)管道系统中阀门的控制

管道系统中的手动阀门采用现场工作人员手动开关,下面介绍对那些有远控功能的阀门的控制,如电动阀门、电/液联动阀门、调节阀、具有远控功能的线路截断阀等。这些阀门既可实现就地手动操作、就地自动操作,也可实现站控室远控和中控远控操作。

1. 电动阀门的控制

电动阀门至少具有以下参数的检测和上传:(1)开命令;(2)关命令;(3)阀位反馈(全开、全关);(4)电动执行机构故障综合报警;(5)就地/远控。

对于泵出口电动阀门需增加:停命令和 10%(可以调整)位置触点信号远传及显示。站内油品切换和分输电动阀门的全行程时间为 10~30s,其他主要电动阀门为 60~180s。

2. 电/液(气)联动阀门的控制

电/液联动阀门是指其执行机构可以是电动,也可以是液(气)动,通常用于 ESD 阀门。采用封闭式液压系统,使用活塞式蓄能器,输出扭矩大,可靠性高。使用伺服电动机驱动油泵,排量大,充压时间短。自带温度控制装置,适应温差变化较大的环境。配有手动操作装置,当系统断电时也可驱动阀门开关一次。可接受有源 ESD 信号,在断电情况下也可由 ESD 关闭阀门。

电/液阀门至少具有以下参数的检测和上传：(1)开命令；(2)关命令；(3)阀位反馈（全开、全关）；(4)故障综合报警；(5)就地/远控。

3. 具有 ESD 功能阀门的控制

具有站控 ESD 功能的电液阀门全行程时间为 180s，除可实现就地手动操作外，只能通过 ESD 远控动作，通过专门的 ESD 控制 PLC 进行控制。远传检测参数控制要求如下：(1)远控 ESD 命令；(2)阀位反馈（全开、全关）；(3)综合故障信号；(4)执行机构储能罐系统的低压报警。

4. 调节阀的控制

调节阀采用电动或电液执行机构，其可接受 PLC 控制系统发来的 4~20mA 阀门开度控制信号并反馈 4~20mA 阀门开度检测信号，执行机构同样可以发送调节阀全开到位、全关到位、执行机构故障信息报警，信号采用无源触点信号，触点容量为 1A24VDC。主要有：(1)调节阀 0~100% 全行程阀位远传、显示；(2)接收 4~20mA 的控制信号；(3)故障信号；(4)全开、全关状态；(5)就地/远控。

调节阀一般由中控调度直接控制，为故障保持模式，具有自动逻辑调节和阀位调节两种远控方式。

输油管道一般在首站的出站管线，分输站的分输管线，中间泵站的出站管线，末站的进站管线上安装有调节阀。根据工艺运行规程的要求，一般首站出站管线上的调节阀的自动逻辑调节设置为泵进口压力和出站压力的选择性调节，既能控制出站压力，又能控制输油泵进口压力。正常情况下，控制出站压力，当输油泵入口汇管压力达到低压报警值时自动切换到进口压力调节。

分输站分输管线上的分输调节阀采用流量或压力控制方式，以分输流量或分输压力为被调参数，调度人员一般采用流量调节为主。在分输调节阀出口设有高压保护，与调压阀前的电动阀门连锁。当调节阀出口压力达到高压保护的压力设定值时，报警并连锁关闭调压阀前的电动阀门，对调节阀下游的管线和设备进行保护。

末站进站管线上的调节阀一般采用进站压力控制，如果进站前有高点，则应注意高点的背压。

5. 线路远控截断阀的控制

线路远控截断阀全部由中控直接控制，阀门全行程时间为 180s。线路远控截断阀采用球阀，由电/液联动执行机构驱动。其检测和控制信号如下：

（1）线路远控截断阀具有就地操作、远控关阀、远控开阀等功能；

（2）线路紧急截断阀有阀位显示、全关、全开；

（3）线路远控截断阀的控制采取远控和现场就地操作相结合的控制方式，远控发出指令或现场就地手动可以使阀门关闭或打开；

（4）线路远控截断阀 ESD 命令设常开为正常状态，关闭为事故状态，线路远控截断阀关闭时报警；

（5）在中控调度室设置 ESD 命令远控关闭线路远控截断阀的权限；

（6）一般情况下，中控下达远控关闭或开启线路远控截断阀的指令时，必须通过线路

远控截断阀室的 RTU 反馈后经中控二次确认,避免由于通信故障、误码、误操作等因素而使线路远控截断阀意外关闭或开启;

(7) 线路远控截断阀具有在线测试功能,现场有测试开关,可就地显示测试结果;

(8) 执行机构储能罐系统可以发出低压报警。

三、加热炉

(一) 与加热炉相关的传热基本概念

1. 热传递

凡是有温差的地方就一定有热量的传递,热量总是自发地由高温物体向低温物体传递的,这种现象称为热传递。

热量传递方式主要有热传导、热对流和热辐射。与管道相关的主要是热传导和热辐射。

2. 热传导

热传导:温度不同的各部分物体,在不发生宏观相对位移时,仅仅由于直接接触,依靠分子、原子和自由电子的微观粒子的热运动而产生的热传递现象。温度随时间变化的导热称之为不稳定导热,反之称之为稳定导热。通常研究的都是稳定导热。

等温面:同一时刻,温度场中所有温度相同的点连接所构成的面叫等温面。

温度梯度:法线方向单位距离的温度变化率。法线方向的距离最短,所以沿等温面法线方向的温度变化率为最大。温度梯度的方向与导热的方向相反。

温度梯度示意图如图 2-24 所示,即:

$$\mathrm{grad}t = n \lim_{\Delta n \to 0} \frac{\Delta t}{\Delta n} = n \frac{\partial t}{\partial n} \tag{2-26}$$

傅里叶定律是单位时间内由高温面传向低温面的热量与温度梯度和传热面积成正比,即导热公式:

$$Q = -\lambda F \frac{\Delta t}{\Delta n} \tag{2-27}$$

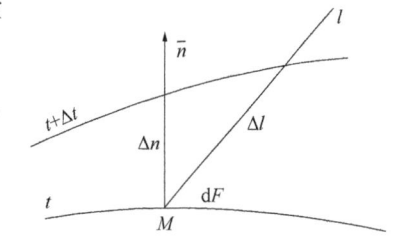

图 2-24 温度梯度示意图

式中 $\frac{\Delta t}{\Delta n}$——温度梯度,℃/m;

F——传热面积,m²;

λ——导热系数,W/(m·℃)。

导热系数:衡量物质导热能力的重要参数,其值主要决定于材料的成分、内部结构、密度、温度、湿度等。通常由实验测定。导热系数值的大小表明物质导热能力的大小,不同的物质导热系数不同。相同的物质,由于所处的压力、温度、密度及物质的结构不同,导热系数数值也不同。

3. 热对流

对流换热:当流体与固体表面(或固体表面与流体)间有相对运动时的热交换现象。

对流换热的基本公式:

$$Q = aF(t_w - t_f) \tag{2-28}$$

式中 F——对流换热面积,m²;

t_w——壁面温度,℃;
t_f——流体温度,℃;
a——对流换热系数,W/(m·℃)。

4. 平壁和圆筒壁的热传导

1) 单层和多层平壁热传导计算

(1) 单层平壁热传导计算。

单层壁导热如图 2-25 所示。

通过单位面积单层平壁的热流量为

$$q = \lambda \frac{t_{w1} - t_{w2}}{\delta} = \frac{t_{w1} - t_{w2}}{\dfrac{\delta}{\lambda}} \tag{2-29}$$

通过 F 面积单层平壁的热流量为

$$Q = qF = \frac{t_{w1} - t_{w2}}{\dfrac{\delta}{\lambda F}} \tag{2-30}$$

式中 $\dfrac{\delta}{\lambda F}$——热阻。

单层平壁的传热如图 2-26 所示。

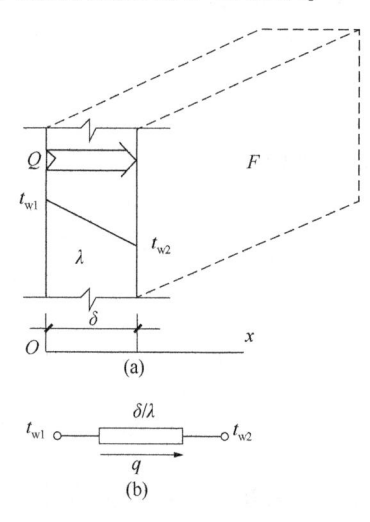

图 2-25 单层壁导热

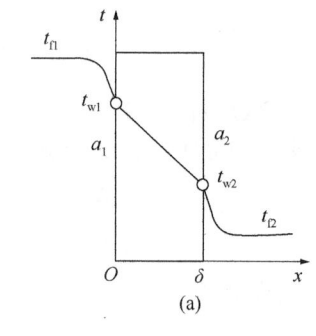

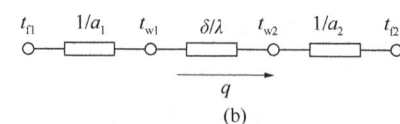

图 2-26 单层平壁的传热

通过单位面积单层平壁的传热量为

$$q = \frac{t_{f1} - t_{f2}}{\dfrac{1}{a_1} + \dfrac{\delta}{\lambda} + \dfrac{1}{a_2}} \tag{2-31}$$

q 是通过单位面积单层平壁的传热量,即传热热流密度。$\dfrac{1}{a_1} + \dfrac{\delta}{\lambda} + \dfrac{1}{a_2}$ 为各段热阻之和,即为总热阻。

(2) 通过多层平壁的热传导计算。
(3) 多层平壁热传导计算。

多层平壁导热如图 2-27 所示。

通过单位面积多层平壁的热流量为：

$$q = \frac{t_{w1} - t_{w(n+1)}}{\dfrac{\sum_{i=1}^{n}\delta_i}{\sum_{i=1}^{n}\lambda_i}} \quad (2-32)$$

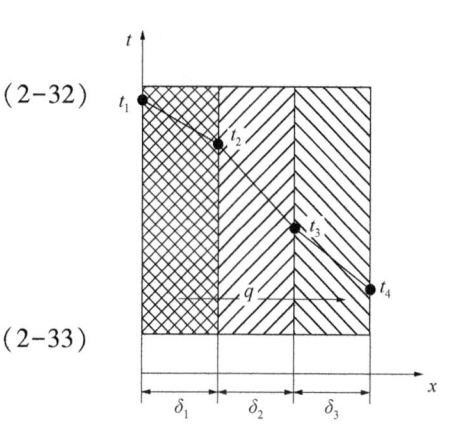

通过 F 面积多层平壁的热流量为：

$$Q = \frac{t_{w1} - t_{w(n+1)}}{\dfrac{\sum_{i=1}^{n}\delta_i}{\sum_{i=1}^{n}\lambda_i F}} \quad (2-33)$$

图 2-27 多层平壁导热

$$q = \frac{t_{f1} - t_{f2}}{\dfrac{1}{a_1} + \sum_{i=1}^{n}\dfrac{\delta_i}{\lambda_i} + \dfrac{1}{a_2}} \quad (2-34)$$

若平壁表面积为 F，传热热流量 Q 可写为

$$Q = qF \quad (2-35)$$

2) 单层和多层圆筒壁热传导计算

(1) 单层圆筒壁热传导计算。

单层圆筒壁导热如图 2-28 所示。

通过单位长度单层圆筒壁的热流量为

$$q = \frac{t_{w1} - t_{w2}}{\dfrac{1}{2\pi\lambda}\ln\dfrac{d_2}{d_1}} \quad (2-36)$$

通过 l 长度单层圆筒壁的热流量为

$$Q = \frac{t_{w1} - t_{w2}}{\dfrac{1}{2\pi\lambda l}\ln\dfrac{d_2}{d_1}} \quad (2-37)$$

(2) 多层圆筒壁热传导计算。

多层圆筒壁导热如图 2-29 所示。

通过单位长度多层圆筒壁的热流量为

$$q = \frac{t_{w1} - t_{w(n+1)}}{\sum_{i=1}^{n}\dfrac{1}{2\pi\lambda_i}\ln\dfrac{d_{i+1}}{d_i}} \quad (2-38)$$

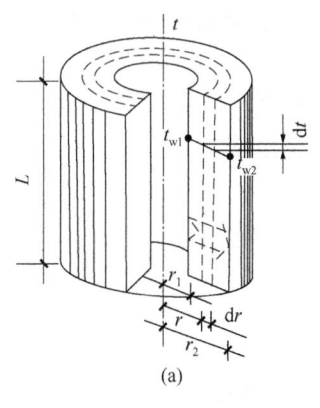

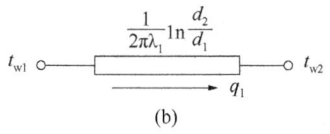

图 2-28 单层圆筒壁导热

通过 l 长度多层圆筒壁的热流量为

$$Q = \frac{t_{w1} - t_{w(n+1)}}{\sum_{i=1}^{n} \frac{1}{2\pi\lambda_i l}\ln\frac{d_{i+1}}{d_i}} \quad (2-39)$$

单层圆筒壁的传热如图 2-30 所示。

通过单位长度单层圆筒壁的传热量 q 为

$$q = \frac{t_{f1} - t_{f2}}{\frac{1}{\pi d_1 a_1} + \frac{1}{2\pi\lambda}\ln\frac{d_2}{d_1} + \frac{1}{\pi d_2 a_2}} \quad (2-40)$$

$$q = \frac{t_{f1} - t_{f2}}{\frac{1}{\pi d_1 a_1} + \sum_{i=1}^{n} \frac{1}{2\pi\lambda_i}\ln\frac{d_{i+1}}{d_i} + \frac{1}{\pi d_{n+1} a_2}} \quad (2-41)$$

式（2-46）和式（2-47）中，若圆筒壁的长度为 l，则单位时间圆筒壁的传热量为

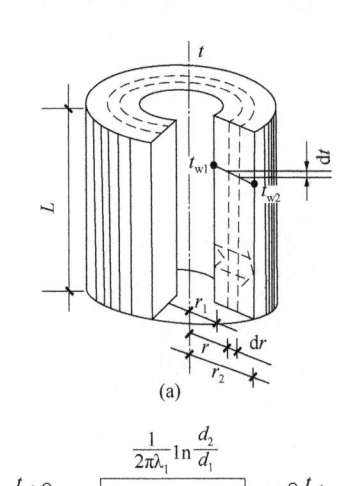

$$Q = ql \quad (2-42)$$

图 2-29　多层圆筒壁导热

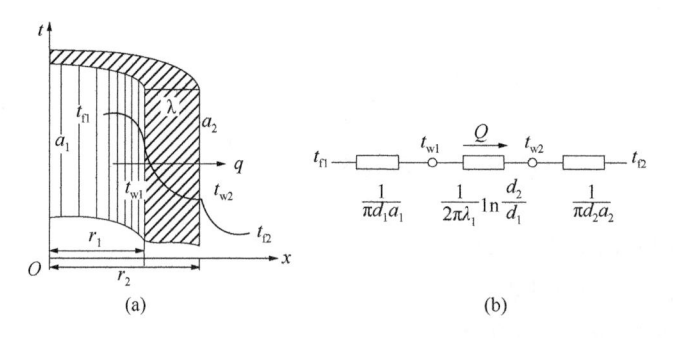

图 2-30　单层圆筒壁传热

5. 复合传热

在工程上热量传递过程大多是几种基本热传递方式同时进行的热交换过程即复合传热。管道涉及的主要是对流换热和热传导。

工程上的传热是指：从一种流体放热给固体壁一面，固体壁一侧温度升高后，把热量以导热的形式传递给固体壁的另一侧，再由固体壁传递给另一流体的过程。

（二）直接式加热炉

直接式加热炉附属设备少，成本低。图 2-31 是卧式圆筒形管式加热炉的结构形式。

1. 直接式加热炉的结构

加热炉一般由辐射室、对流室、燃烧器、烟囱等部分组成。

（1）辐射室。

辐射室是燃料燃烧的地方，在辐射室中排列着炉管。辐射室内的炉管有沿炉壁水平排列的炉管和按螺旋式布置的炉管，燃料燃烧时所产生的热量以辐射方式传递给炉管，炉管再把热量传递给原油。

（2）对流室。

对流室内部排列着炉管，燃料燃烧所产生的烟气经过过渡段进入对流室。烟气携带的

热量以对流的方式传递给对流管，对流管再将热量传递给管中的原油。

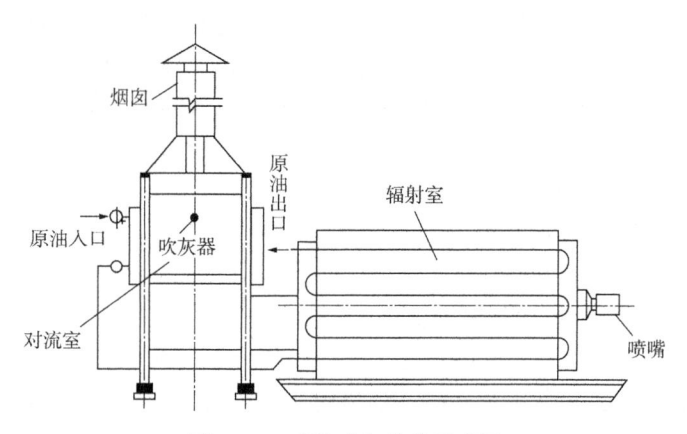

图 2-31　直接式加热炉示意图

（3）炉管。

排列在辐射室和对流室中的炉管是吸热介质（原油）的载体，也是换热的媒介，由于炉管直接受热，所以一般选用优质钢管作炉管。

（4）烟囱。

起通风和排烟作用，烟囱为钢制。

（5）烟道挡板。

烟道挡板位于对流室后面的烟道内，调节烟道挡板开启度，可以控制烟道内烟气流通截面的大小，调节炉内压力，使其处于微负压状态，保证加热炉高效运行。微负压状态下，烟囱有抽力，有利于排烟。

（6）防爆门。

防爆门是在炉墙上开设的门，是加热炉的薄弱环节，其作用是当炉内发生爆炸时，先将防爆门炸开，降低炉内气体压力，保持炉体不致破坏，防爆门只能在爆炸不严重时起保护炉体的作用。防爆门只是在超过规定压力一定范围内起保护作用。

（7）燃烧器。

燃烧器有燃油燃烧器和燃气燃烧器。其作用是将加热炉所需的燃料与空气相混合，以一定的方向、一定的速度喷入炉内，在炉内燃烧产生热能，用于加热炉管内的原油。

如果燃烧器熄火，而燃料继续喷射，易发生爆炸。

（8）看火孔。

看火孔是观察炉内情况的小孔。

（9）人孔。

检修加热炉时人员和物料的进出口。

另有附加设备：空气压缩机（吹灰）、鼓风机、燃料油罐、过滤装置、燃料油泵、加热器、自控系统（启动，停炉，参数采集，调节）。

2. 直接式加热炉的工作原理

液体（气体）燃料在加热炉辐射室（炉膛）中燃烧，产生高温烟气并以它作为热载体，流进对流室，把热量传递给管中的原油后，从烟囱排出。待加热的原油首先进入加热炉对流室炉管，烟气的热量主要以对流的方式传递给炉管外表面，并最终传递给管内流动的原油。然后原油进入辐射室炉管，在辐射室内，燃烧器喷出的火焰主要以辐射方式将热量辐射到炉管外表面，最终使原油温度升高，实现了加热原油的工艺过程，最后原油离开辐射室。

通常所说的4500W加热炉，其中的4500W指的是每秒钟被加热物质吸收4500J的热量（1W=1J/s）。

3. 直接式加热炉调节和控制

（1）直接式加热炉的调节方式。

① 调节燃油量。

② 调节含氧量，保持最佳燃烧状态。

炉内含氧过低，则燃烧不充分，落在炉内的未充分燃烧颗粒在后来空气充足的情况下再次燃烧，通常称之为二次燃烧。这时，烟道内烟气温度和锅炉排烟温度急剧升高，烟道负压和炉膛负压剧烈波动甚至变为正压，烟囱冒黑烟或火星。二次燃烧若处理不及时就会损坏设备，造成锅炉爆炸。

炉内含氧过高，未被燃料利用的氧气有冷却作用，不利于传热；排除时温度高，造成能量的浪费；炉管处于高温过氧状态，易脱落烧穿。

③ 调节挡板开度，维持最佳负压状态。

（2）加热炉的运行参数。

① 炉膛体积热强度。

燃料在炉膛内燃烧时，单位时间、单位炉膛体积放出的热量，叫炉膛体积热强度。用q_v表示

$$q_v = \frac{Q_0}{V} \tag{2-43}$$

式中　q_v——炉膛体积热强度，kW/m³；
　　　Q_0——单位时间内输入炉膛的热量，kW；
　　　V——炉膛容积，m³。

② 炉管表面热强度。

单位时间内每单位炉管表面积所吸收的热量叫炉管表面热强度，用Q_f表示

$$Q_f = \frac{Q_1}{F} \tag{2-44}$$

式中　Q_f——炉管表面热强度，kW/m²；
　　　Q_1——单位时间内炉管吸收的热量，kW；
　　　F——炉管受热面积，m²。

③ 热负荷。

加热炉的热负荷（以Q表示）是指单位时间内供给被加热介质的热量，即被加热介质达到所需温度而吸收的热量，表示加热炉供热能力的大小，此值越大，炉子的生产能力越大。

④ 加热炉的热效率。

加热炉有效利用的热量（全炉热负荷）与燃料燃烧所放出的热量的比值，称为加热炉的热效率，以百分数表示。

$$\eta = \frac{3600Q_\text{总}}{BQ_\text{L}} \tag{2-45}$$

式中 η——热炉的热效率,%;
$Q_\text{总}$——加热炉总热负荷,kW;
B——燃料油耗量,kg/h;
Q_L——燃料的低发热值,kJ/kg。

燃烧时,燃料中的 H 转化为水蒸气时的发热值为低发热值;如果水蒸气冷凝成液态水,此时为高发热值。液态水会腐蚀金属材质,所以应采用低发热值。

⑤ 炉膛温度。

烟气离开辐射室的温度,称为炉膛温度,即辐射室的出口温度。

⑥ 排烟温度。

排烟温度是烟气离开加热炉最后一组对流受热面进入烟囱的温度。

⑦ 热损失。

a. 排烟热损失:占加热炉能量损失的主要部分。

b. 气体(化学)未完全燃烧热损失:主要是因为供氧不足,C 生成 CO,S 生成 SO_2。

c. 固体(机械)未完全燃烧热损失:雾化油滴颗粒太大,其内部未充分燃烧,形成黑烟排出或落在炉内。

d. 散热损失:通过炉体表面散热。

⑧ 管内流速。

流体在管内的流动速度。

⑨ 炉管压降。

油品或其他介质在炉管内流动过程中的压力损失。

(3) 加热炉运行状况的判断。

① 从记录仪表判断。

加热炉出口温度记录仪表的线段平直或接近平直,说明炉出口温度稳定,如果线段成波浪状或出现折线,则说明炉膛燃烧波动,操作不稳。

② 从声音判断。

如果声响一直均匀,表示着加热炉运行正常。

炉子声变有四种:

a. 响声一直均匀,是加热炉的正常运行响声;

b. 声音骤停,是加热炉突然熄火,原因有停电、停风、火嘴停气或燃油突然中断;

c. 声音时高时低,是燃油进油量变化或燃油压力变化及雾化剂压力变化不稳所引起;

d. 均匀的声音中间断出现爆喷声,是炉子排烟不好,出现正压。

③ 从火焰判断。

正常的火焰的燃烧应是:火焰长度适中、齐火苗,燃料油火焰呈橙黄色,炉膛清晰,火焰颜色一致。

④ 从炉烟上判断。

炉烟淡青色为正常;冒黑烟,是由于燃料油未能完全燃烧;看不见冒烟是由于风量大。

⑤ 从各测量仪表上判断。

各测量仪表的测量值应在规定范围内。

（三）间接式加热炉

1. 间接式加热炉的结构

间接式加热炉（也称热媒炉）就是先加热热媒，再通过热媒加热原油的加热设备。间接式加热炉所用的热媒一般具有以下的性能特点：

（1）热稳定性好，可在温度指标允许范围内长期使用；

（2）腐蚀性小，低毒，黏度低；

（3）比热大，导热性能好；

（4）在最高允许使用温度范围内，蒸汽压力较低；

（5）凝固点低，可用于-10℃以上的较寒冷地区。

以 RML-Ⅱ型 4650kW 热媒炉为例，该种热媒炉中的主要设备有：1 台加热炉、1 台热媒原油换热器、1 个热媒膨胀罐、1 个热媒泄放罐、1 台热媒预热器、1 台空气预热器、1 台助燃风机、1 台雾化风机、1 台热媒循环泵、1 台燃料油循环泵和一套仪表自动化监控装置（系统）。热媒炉的自控系统可实现热媒炉启停、负荷调节、优化燃烧、安全保护和监控信息远传五大功能。

热媒炉按工艺过程可划分为热媒循环加热、原油换热、燃料油、助燃风、雾化风、烟气换热、火焰发生检测和氮气保护等八个子系统。

2. 间接式加热炉的工作原理

以 CE-Natco 热媒炉为例简述热媒炉的工作原理。间接式加热炉结构如图 2-32 所示。

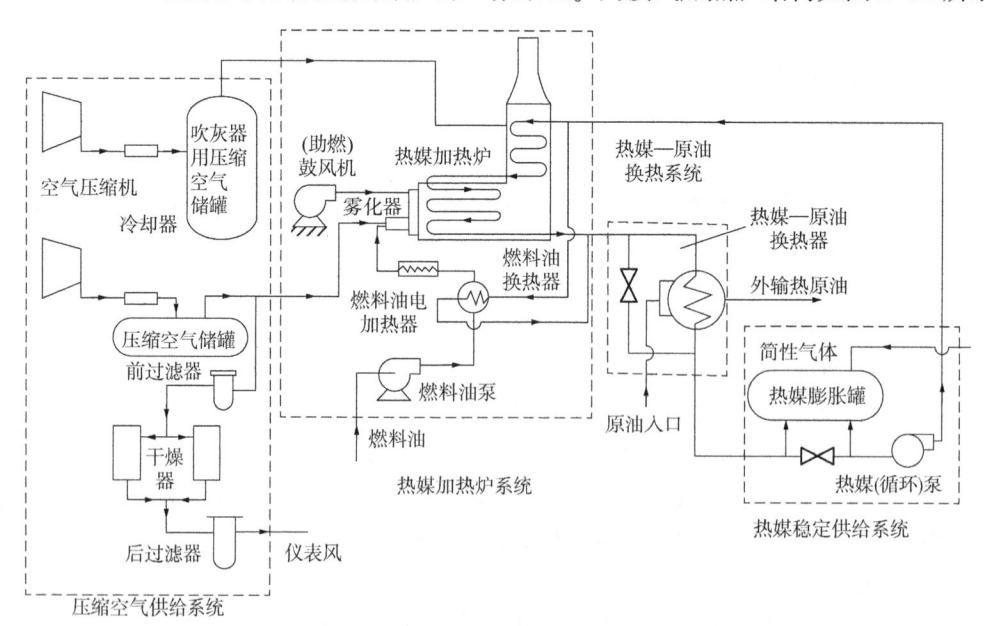

图 2-32 间接式加热炉结构示意图

热媒的循环：热媒循环泵启动后，热媒从热媒膨胀罐中出来经过过滤（有的还需要经过热媒预热器进行预热），大部分的热媒被送至加热炉加热。被加热的热媒再经原油换热系统、膨胀罐旁通阀和过滤器返回到循环泵的入口。还有一部分的热媒用来对燃料油的预热。

压缩空气供给系统：主要是通过空气压缩机将空气压缩在两个储罐当中，其中一个储罐中的压缩空气用来对加热炉进行吹灰操作，另一个储罐中的压缩空气用来给一些气动仪表提供动力以及雾化燃料油。

氮气保护系统即惰性气体，它有两个回路：第一个回路是用于热媒膨胀罐氮气覆盖，防止热媒氧化；第二个回路是用于出炉烟气超高停炉时向炉膛喷放氮气。

雾化风系统：主要是输送具有一定流量的压缩空气作为燃料油的雾化剂。空气进入雾化风机，经压缩的压缩空气经过三个路径到达加热炉燃烧室。第一路雾化风经单向阀到达火嘴作为燃料油雾化剂；第二路雾化风经手动阀直接到达燃烧室，其作用一是调节第一路雾化风的流量，二是对火焰检测器冷却；第三路经电磁阀、单向阀和手动阀到达火嘴，起火嘴段燃料油管线残油吹扫作用。这一路只在启停炉过程中开通，在加热炉正常运行中是关闭的。

热媒—原油换热系统：主要是用来对原油进行换热，可以通过控制热媒流量以及冷热掺混阀控制原油的温度。

间接式加热炉运行中有以下注意事项。

（1）在热媒循环的过程中需要检测流通中的热媒流量，流量变送器主要用来判断热媒流量是否在规定范围。当流量高于或低于设定的报警值时报警，流量高于或低于安全设定值时自动停炉。一般上下限分别为 1/3 和 2/3 罐高。

（2）膨胀罐属于带压容器，内部压力必须处于一定的范围内。当压力超过规定值时，膨胀罐内的热媒和气体将通过安全泄放阀泄于泄放罐中，避免膨胀罐的压力过高。当热媒管网压力超过规定范围时，热媒和气体将通过两个并联安全泄放阀泄于泄放罐中，避免整个管网超压。

（3）有两类状况可以导致自动停炉：一类是运行参数越限停炉，处于这种停炉状态下，当运行参数恢复到正常值时，热媒炉能自动启炉，例如热媒温度超高时停炉，当热媒温度恢复正常值时自动启炉；另一类是设备故障锁定停炉，处于锁定停炉状态下，即使故障消除，只有按动复位按钮后才能自动启炉。

四、管道测量仪表

（一）测量仪表基础知识

测量系统由四个基本环节组成：传感器、变换器或变送器、传输通道和显示装置。其简易结构如下：

被测量→传感器→变送器→传输通道→显示装置→测量值

要掌握一个系统的运行状态，进而对其进行控制，就必须掌握系统的运行参数。输油气管道系统中调度运行需要密切关注的参数有：压力、温度、流量、液位、油品的密度、气质组分以及泵、阀门等设备的状态。其中，设备的状态通过设备的控制器或 PLC 获得，其他参数通过相应的测量仪表测得。

测量仪表是用来检出、测量、观察、计算各种物理量、物质成分、物性参数等的器具或设备，由传感器、变换器或变送器、传输通道和显示装置组成。

描述一个测量结果出所测的物理量、测量值、单位三部分构成，常见的单位制有英制单位、公制单位、国际单位，他们之间有相应的换算关系，常见物理量的测量单位见表2-3。

表2-3 常见物理量的测量单位

物理量	英制	公制	国际
压力	psi	kgf/cm^2	kgf/cm^2
温度	℉	℃	℃
流量	ft^3/s	m^3/s	m^3/s
密度	lb/ft^3	kg/m^3	kg/m^3

（1）仪表分类。

仪表最通用的分类是按仪表在测量与控制系统中的作用进行划分，一般分为检测仪表、显示仪表、调节（控制）仪表和执行器四大类。

根据检测的物理量，管道测量仪表分类如下：

① 压力检测仪表：压力表、压力变送器、差压变送器等。

② 温度检测仪表：玻璃温度计，热电阻，热电偶，一体化温度变送器、智能温度变送器等。

③ 流量检测仪表：孔板、容积式流量计、超声波流量计、质量流量计等。

④ 液位检测仪表：浮子液位计、超声波液位计、雷达液位计、磁滞伸缩液位计、液位开关等。

⑤ 在线分析仪表：工业色谱分析仪、硫化氢、水露点、烃露点等。

⑥ 其他仪表：加速度振动传感器、振动变送器、可燃气体探测器等。

仪表的选用要从以下五个方面综合考虑：a. 性能参数，b. 工作的环境条件，c. 耐用性，d. 购置成本，e. 维护费用。

（2）仪表的输出信号标准。

气压信号为20~100KPa，电信号为4~20mA DC，线路负载为250~750Ω。

（3）仪表的防爆性能及其分级。

识别代码：Ex。

隔爆型：d。

本质安全型：ia 和 ib。

Ⅰ类：煤矿井中的可燃气体。

Ⅱ类：其他可燃气体。

Ⅲ类：易燃纤维、粉尘。

Ⅱ类按 MESG 和 MICR 细分：

Ⅱ A，MESG=0.9~1.14，MICR=0.8~1.0；

Ⅱ B，MESG=0.5~0.9，MICR=0.45~0.8；

Ⅱ C，MESG≤0.5，MICR≤0.45。

注：MESG, maximum experimental safe gap（最大实验安全间隙）；MICR, minimum igniting current rate(最小输入电流速率)。

Ⅱ类按引燃温度细分：

T1，450℃；T2，300℃；T3，200℃；T4，135℃；T5，100℃；T6，85℃。

例子：ExdⅡAT3，ExiaⅡCT5。

(4) 仪表的防护性能及其分级。

识别代码：IP。

第一个数字：指示对接触防护、对外来物的防护能力，0~6。

第二个数字：指示对水或雾等入侵的防护能力，0~8。

例子：IP 65。

(二) 测量仪表的特性

(1) 测量误差。

测定值与被测量真值之差称为测量的绝对误差，或简称测量误差。

$$a = x - x_0 \tag{2-46}$$

式中　a——绝对误差；

　　　x——测量值；

　　　x_0——准确值。

测量误差包括系统误差、随机误差和粗大误差。

系统误差：误差的大小或偏差方向固定或是遵循一定的规律(决定准确度)。

随机误差：在测量过程由于不可预测的原因造成的大小方向随机的偏差(决定精确度)。

粗大误差：由于环境扰动或不正确的操作带来的误差。

测量值的绝对误差与真值之比称为相对误差，其为无量纲数，以百分数表示：

$$r = \frac{a}{x_0} \times 100\% \tag{2-47}$$

引用误差是指绝对误差与仪表量程的比值，以百分数表示：

$$q = \frac{a}{L} \times 100\% = \frac{a}{L_{max} - L_{min}} \times 100\% \tag{2-48}$$

回差是指测量仪表在正行程和反行程上，测量同一参数时出现的差值：

$$h = \frac{\Delta}{L} \times 100\% = \frac{|x_{正} - x_{反}|}{L} \times 100\% \tag{2-49}$$

允许误差是指可以接受的最大测量误差。

$q_{允} \geq q_{max}$(q_{max}工作时的最大引用误差)；$q_{允} \geq h_{max}$(h_{max}工作时的最大回差)。

(2) 精(确)度。

精(确)度是仪表精密度与准确度的综合指标，规定了仪表在工作时的最大允许误差。

精密度反映的是相同条件下反复测量，测得值间的一致程度。

准确度反映的是测得值与"真值"的接近程度。

精度等级指符合一定计量要求，使误差保持在规定的极限以内的测量仪表的等级和级别。其中，级别是根据测量仪表的最大允许误差的大小划分的。等级是根据检定结果的扩展不确定度划分。

(3) 重复性和再现性。

重复性：在较短时间内，在同样的测量条件下，使用同样的仪器和人员，在同样的地点测量同一个对象，测量结果的相近程度。

再现性：当在不同的时间，测量条件、仪器、人员以及地点都发生了变化时，测量同一个对象，测量结果的相近程度。

(4) 量程范围。

量程范围是测量仪表的误差处在规定范围内时的使用范围。量程范围具体表示为量程上限值与下限值的代数差。

$$L = L_{max} - L_{min} \tag{2-50}$$

(5) 量程迁移。

使变送器的输出信号的上下限与测量范围的上下限对应的操作。

$$量程比 = \frac{最大量程}{最小量程} \tag{2-51}$$

可用量程比：在使用量程范围内，仪表的准确度等级下降为最大量程的 2.5 倍时的量程。

(6) 线性。

表示仪表输出和测量值之间是否呈线性的对应关系。

(7) 灵敏性。

灵敏度：当被测量发生变化时，仪表的测量结果发生变化的大小。

灵敏限：可以引起仪表的输出达到可识别的变化时的被测量的最小变化量。

(8) 死区。

当被测量在一定范围内变化时，仪表的输出无变化，这个区间就叫死区。

（三）常用的测量仪表

1. 压力测量仪表

(1) 压力测量仪表的基本知识及分类

① 压力的分类。

微压：小于 $1 \times 10^4 Pa$。

低压：$1 \times 10^4 \sim 2.5 \times 10^5 Pa$。

中压：$2.5 \times 10^5 \sim 1 \times 10^8 Pa$。

高压：$1 \times 10^8 \sim 1 \times 10^9 Pa$。

超高压：大于 $1 \times 10^9 Pa$。

② 压力测量仪表的类型。

压力计：测量表压的压力计。

气压计：测量大气压的压力计。

真空计：测量负压的压力计。

微压计：测量小于 $1 \times 10^4 Pa$ 的压力计。

差压计：测量两处压力差的压力计。

（2）典型压力测量仪表。

① 测量压力的方法。

液柱法：将压力转换为某种液体的高度进行测量。

活塞法：主要用于压力计的校验。

弹性变形法：将压力转换为弹性形变的位移进行测量。

电测法：将压力转换为电信号进行测量。

常用的压力计有弹簧管压力表、应变式压力变送器、电容式压力（差压）变送器。

② 压力仪表的选用。

a. 测量范围的选择。

根据被测压力的大小和变化范围确定，并留有一定的余地。

上限：测量稳定压力时，最大工作压力不超过测量上限的 2/3；测量脉动压力时，最大工作压力不超过测量上限的 1/2；测量高压时，最大工作压力不超过测量上限的 3/5。

下限：最小工作压力一般为测量上限的 1/3。

b. 精度的选择。

仪表的测量精度应高于被测量的精度需求。

c. 类型的选择。

根据被测介质的性质、信号传输的形式、工作环境确定。

采用弹簧式不锈钢压力表作为就地压力检测仪表时，安装在成品油、水管线上的就地压力表选用普通压力表，安装在泵进、出口、调节阀前后的压力表选用充液耐震压力表。压力表准确度等级为 1.6 级。

远传压力信号采用智能型压力变送器，绝对压力变送器用于流量计算压力补偿。变送器的压力测量元件采用电容或单晶硅谐振式，其标准测量范围内的测量准确度等级为 0.075 级，输出信号为 4~20mADC，二线制，24VDC 供电。

（3）压力仪表的安装。

① 取压点的选择。

选择流动稳定处，远离上、下游的干扰管件（如变径管）；取压管内端面与管内壁平齐；液体管道，取压点选在下方，气体管道选在上方。

② 引压管的铺设。

管径合适，尽量减少长度，保证一定的倾斜度；被测介质易凝或冻结时，需进行伴热；取压点和仪表间需要截断阀，以便检修。

③ 压力仪表的安装。

安装在易于操作处、避免强烈振动和高温；测量蒸汽时要安装凝液管，特殊介质需安装隔离装置；根据压力高低和介质性质使用不同的密封材料；根据安装位置，对测量误差进行必要的修正。

压力检测仪表的安装方式采用法兰连接，以便于维修、更换。

2. 温度测量仪表

（1）温度测量仪表的分类。

① 按测量方式，可分为：接触式、非接触式。

② 按照不同原理，可分为：

a. 膨胀式，根据物质的体积随温度产生热胀冷缩变化的原理；

b. 热电阻式，根据热电阻材料的电阻会随着自身温度的变化而变化的原理，常用材料有铂、铜和镍；

c. 热电偶式，根据热电效应的原理；

d. 辐射式。

(2) 典型温度测量仪表。

在管道系统的工艺站场中，就地指示温度检测仪表通常采用双金属温度计。双金属温度计是一种测量中低温度的现场检测仪表。可以直接测量各种生产过程中的−80～+500℃范围内液体蒸汽和气体介质温度。工业用双金属温度计主要的元件是一个用两种或多种金属片叠压在一起组成的多层金属片，利用两种不同金属在温度改变时膨胀程度不同的原理工作。是基于绕制成环性弯曲状的双金属片组成。一端受热膨胀时，带动指针旋转，工作仪表便显示出热电势所应有的温度值。

远传温度仪表均采用一体化智能温度变送器。较为常用的测温元件为热电阻、热电偶和红外线测温仪，其中，热电阻和热电偶可用于测量管线内的油品的温度，红外线测温仪可用来测量泵机械密封温度等。以下对各类测温设备进行介绍。

① 热电阻。

基于金属导体或半导体电阻值与温度呈一定函数关系的原理实现温度测量的。普通型热电阻如图 2-33 所示。

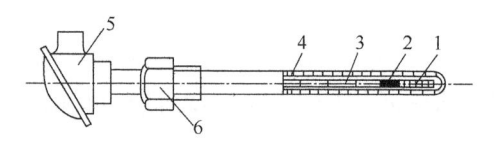

图 2-33 普通型热电阻
1—电阻体；2—引线；3—绝缘子；4—保护套管；5—接线盒；6—安装螺纹

② 热电偶。

如图 2-34 所示，将两种不同材料的导体或半导体 A 和 B 焊接或铰接起来，构成一个闭合回路。热电势由接触电势和温差电势组成。

接触电势：由于导体材料内部自由电子密度不同，当两种不同导体相互接触时接点处产生的电势。

温差电势：如图 2-35 所示，同种材料导体由于两端温度不同产生热电势，将热电偶的热端加热，使得冷、热两端的温度不同，则在该热电偶回路中就会产生热电势，这种物理现象就称为热电现象(即热电效应)。在热电偶回路中产生的电势由温差电势和接触电势两部分组成。

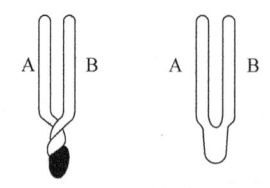

图 2-34 热电偶示意图

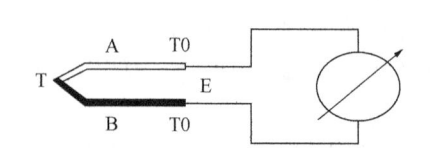

图 2-35 简单热电偶测温系统

③ 红外线测温仪。

红外线测温仪由光学系统、光电探测器、信号放大器及信号处理、显示输出等部分组成。光学系统汇聚其视场内的目标红外辐射能量,视场的大小由测温仪的光学零件及其位置确定。红外能量聚焦在光电探测器上并转变为相应的电信号。该信号经过放大器和信号处理电路,并按照仪器内部的算法和目标发射率校正后转变为被测目标的温度值。

热电阻应选用在 0℃时,电阻值为 100Ω,电阻温度系数为 0.00385 的铂热电阻。管道上温度检测仪表选用插入式螺纹连接安装方式。罐体上温度检测仪表选用法兰连接安装方式。温度检测仪表采用外保护套管安装。

3. 流量测量仪表

(1) 流量测量仪表的基本知识及分类。

流量是指流体移动的量(瞬时流量、累计流量;体积流量、质量流量),单位是 m^3/h。

① 气体流量计:

a. 腰轮流量计,属于容积式流量计;

b. 孔板流量计,属于差压式流量计;

c. 涡轮流量计,属于速度式流量计;

d. 超声波流量计,以速度差法为原理;

e. 涡街流量计,根据卡门涡街现象(在流场的阻力件后会交替出现涡街列,一定条件下,涡街会稳定出现)的原理。

② 液体流量计:

a. 刮板流量计,属于容积式流量计;

b. 轮流量计,属于速度式流量计;

c. 超声波流量计,以速度差法为原理;

d. 腰轮流量计,属于容积式流量计;

e. 质量流量计,科氏力流量计。

(2) 典型流量测量仪表。

在现场实际应用中,超声波流量计和质量流量计较为常用。在原油管道中,输油站场中间站的流量计大多为超声波流量计,涉及油品计量交接的站场,如首站和末站,使用的流量计为质量流量计,从而保证了计量交接的准确性。

① 椭圆齿轮流量计。

工作原理:如图 2-36 所示,椭圆齿轮流量计是在固定的壳体内,有一对互相啮合的椭圆齿轮,在流体的入口和出口之间的压差作用下,推动椭圆齿轮旋转,不断地将充满在齿轮与壳体之间的定体积流体排出。通过累计齿轮的转数,可以计算出流量的数值。

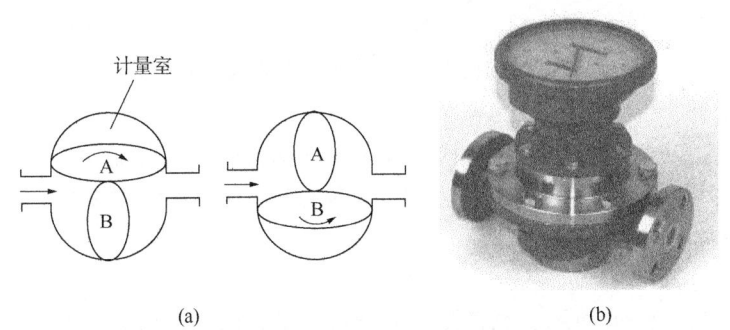

图 2-36 椭圆齿轮流量计工作原理图与设备照片

② 腰轮流量计。

工作原理：如图 2-37 所示，腰轮流量计的测量部分由一对表面光滑的"8"字形转子（腰轮）和测量室组成。这对腰轮也是由流量计进、出口介质和压差来推动的。A 轮和 B 轮互相交替地由一个带动另一个转动。并把被测介质一次又一次地由进口排至出口。

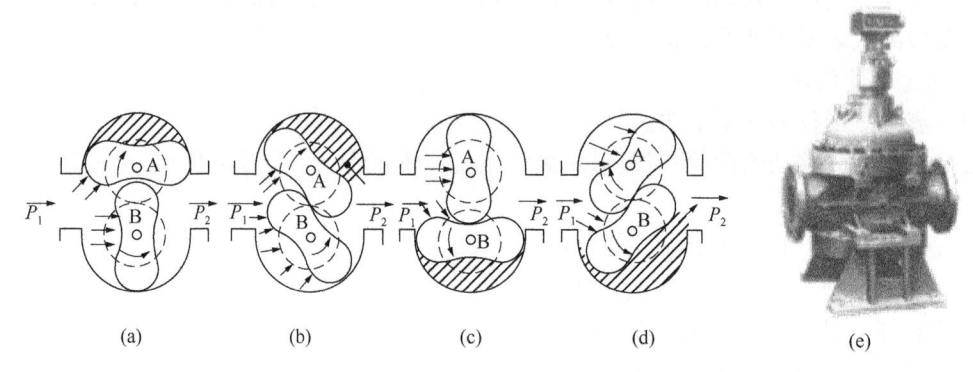

图 2-37 腰轮流量计工作原理图与设备照片

③ 刮板流量计。

工作原理：如图 2-38 所示，可旋转的转子在进出口压差作用下，通过内外滑动的两对刮板在空腔中旋转，转子每旋转一周，便有四倍计量室容积的流体排出，通过转动机构可以计算出排出液体的总量。

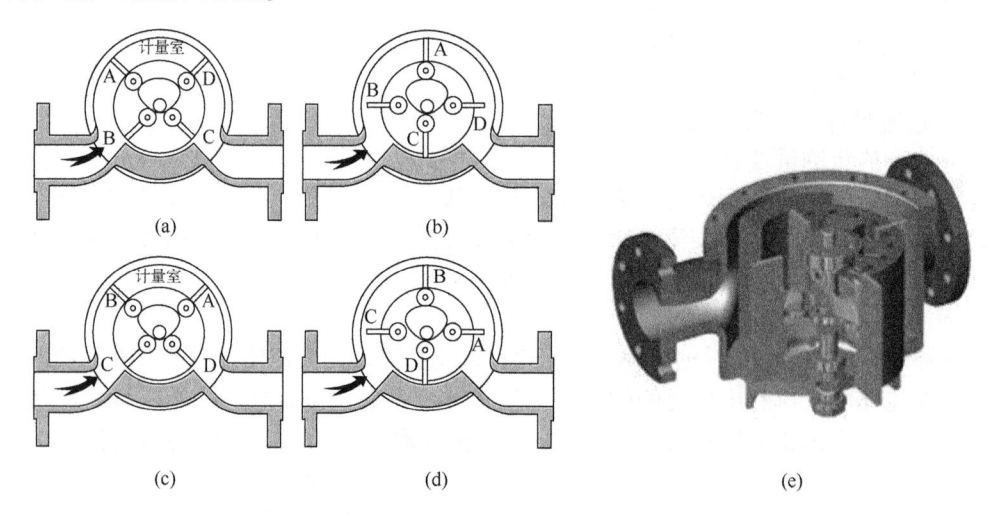

图 2-38 刮板流量计工作原理图和设备示意图

④ 孔板流量计。

工作原理：如图 2-39 所示，在管道中插入流通面积较小的节流件，造成在流体通过节流件时，在节流件上、下游之间产生静压差（简称差压），通过测量差压求出流量。节流件的形式较多，最常用的就是孔板。

⑤ 涡轮流量计。

工作原理：如图 2-40 所示，当被测介质通过流量计时，在流体的作用下，冲击涡轮叶片而使涡轮旋转。在一定的流量范围和流体黏度下，涡轮转速与流体的速度成正比，流速

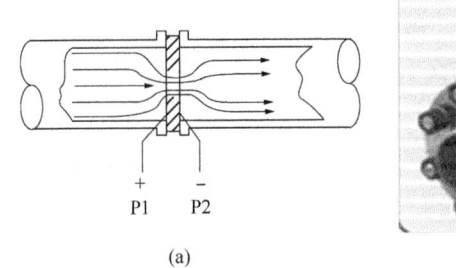

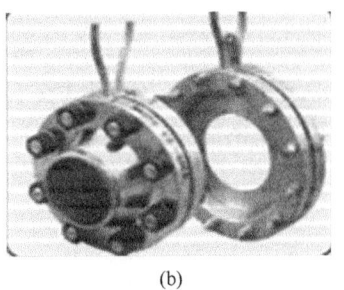

图 2-39　孔板流量计示意图与设备照片

越大，涡轮的转速也越快。当涡轮转动时，周期性改变检测线圈磁电回路的磁阻，从而产生与流量成正比的电脉冲信号。根据单位时间内的脉冲数和累计数，即可求出瞬时流量和累计流量。

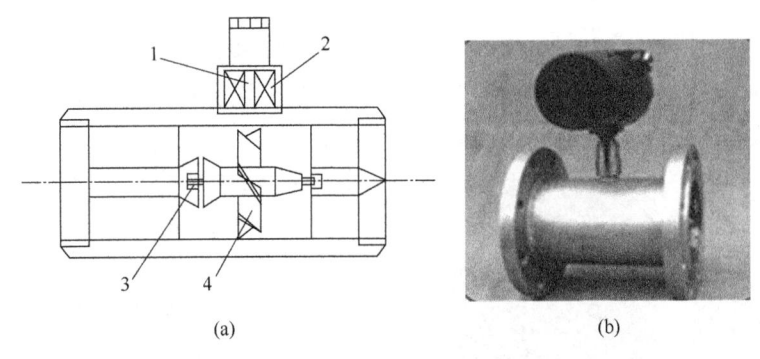

图 2-40　涡轮流量计示意图与设备照片
1—铁芯；2—线圈；3—轴承；4—涡轮

⑥ 超声波流量计原理。

如图 2-41 所示，管道两侧有两个超声波发射探头，每个探头在发射超声波的同时也在接收超声波，根据超声波不同的到达时间，来推算出管线的流量，具体公式如下：

$$T_1 = \frac{L}{c_0 + V\cos\theta} \quad (2-52)$$

$$T_2 = \frac{L}{c_0 - V\cos\theta} \quad (2-53)$$

$$\Delta T = T_2 - T_1 \quad (2-54)$$

式中　c_0——零流量时声速，m/s；
　　　V——流速，m/s；
　　　L——换能器之间的距离，m。

图 2-41　超声波流量计原理图

$$\Delta T = \frac{L}{c_0 - V\cos\theta} - \frac{L}{c_0 + V\cos\theta} \quad (2-55)$$

$$v = \frac{1}{2} \frac{L}{\cos\theta} \cdot \frac{\Delta T}{t_1 t_2} \cdot K \quad (2-56)$$

$$Q = \frac{\pi d^2}{8} \frac{L}{\cos\theta} \frac{\Delta T}{t_1 t_2} K \qquad (2-57)$$

另外，超声波流量计的另一种形式是，两个超声波发射器在同一侧，且发生器的位置与管线中轴线平行，如图 2-42 所示。

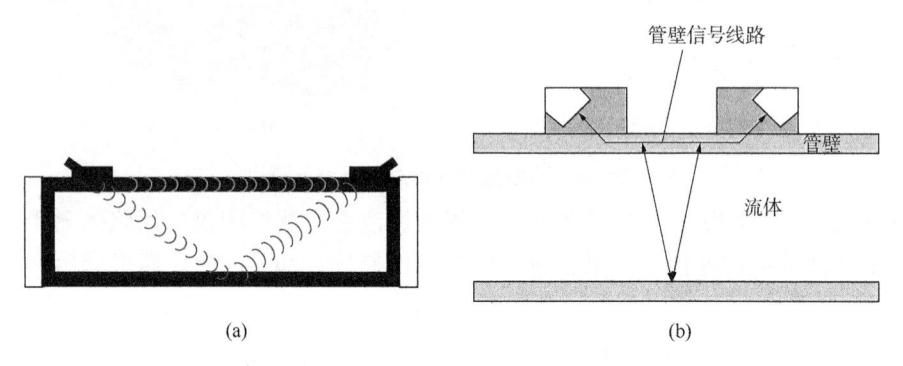

图 2-42 两个超声波发射器同侧安装示意图

超声波流量计包括现场测量装置，现场直读以及数据远传装置，在工程实际中，探头在同侧的流量计较为常用，现场装置如图 2-43 所示。

图 2-43 输油管线超声波流量计

超声波流量计有以下常见的问题及原因。

a. 流量计数值跳变：流量计安装位置不合适；流体流态的影响；信号强度影响。

b. 流量计数值的固定误差：现场的参数输入存在问题，进行修改之后即可消除影响。

在首站进、出站，中间站、监控阀室进口，分别设置液体超声流量计，为管道批量跟踪、批量计划、顺序输送提供可靠的基础数据。超声流量计其准确度等级为不低于 0.5 级。

4. 液位测量仪表

（1）液位测量仪表的基本知识及分类。

物位是指储存在容器中的物质的高度或位置，包括液位、料位和界位。

① 接触式。

包括直读式、浮力式(恒浮力、变浮力)、静压式(压力、差压)和电气式(电阻、电容、电感)等测量原理的液位计。

② 非接触式。

包括基于核辐射、超声波和光学原理的液位计。

常用的液位测量仪表主要有以下几种：

① 直读式玻璃管液位计；

② 恒浮力式液位计；

③ 静压式液位计；

④ 电容式液位计；

⑤ 超声波液位计；

⑥ 雷达液位计；

⑦ 磁致伸缩式液位计。

对于工艺站场内的储油罐，采用雷达液位计、浮子式液位计进行液位的计量。雷达液位计的测量数值可以传送到站控及中控计算机中，进行监控。污油罐采用磁翻柱液位计，进行液位的计量。对于泄压罐、消防水罐的液位计量采用分体式磁致伸缩液位变送器。对于污油罐、燃料油罐、消防水池、吸水池、生活水箱的液位计量采用磁致伸缩液位变送器。

（2）典型液位测量仪表。

① 直读式液位计。

工作原理：直读式液位计是将指示液位用的玻璃管或特制的玻璃板接于被测容器，根据连通管液柱静压平衡原理，从玻璃管或玻璃板上的刻度读出液位的高度。直读式液位计结构简单、直观，但只能就地读数，不能远传。

② 压差式液位计。

工作原理：如图 2-44 所示，是利用容器内液位改变时，由液柱产生的静压也相应发生变化的原理进行工作的，液位越高，静压越大。

（3）磁翻柱液位计。

工作原理：如图 2-45 所示，UHZ 系列磁翻柱液位计是根据浮力和磁性原理，利用测量筒内磁性浮子随被测液面的升高或降低，通过磁场的吸引力，使测量筒外部显示器上的双色翻柱随之翻转实现了显示被测液面位置的目的。磁翻柱以红色来指示液体部分，以白色来指示无液或气体部分，也可选择白色表示液体部分红色表示无液或气体部分。

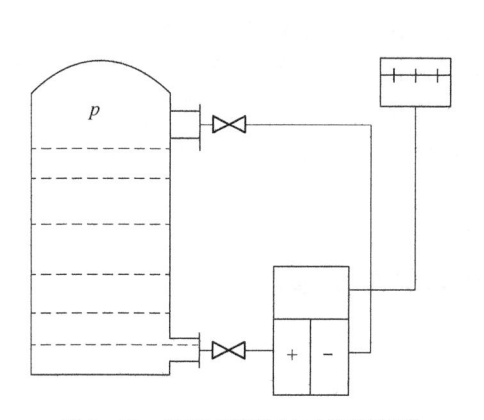

图 2-44　差压式液位计工作原理图

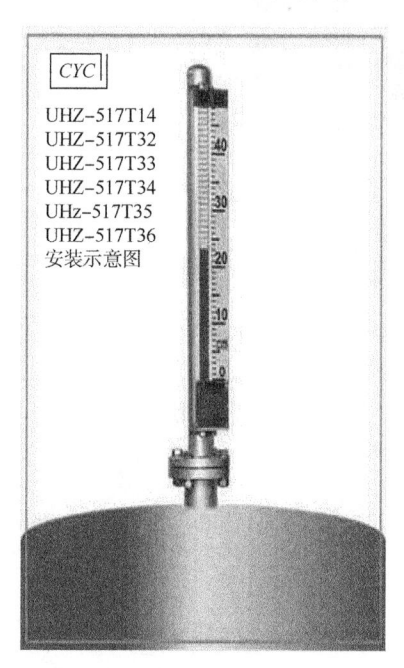

图 2-45　磁翻柱液位计设备示意图

（4）雷达液位计。

工作原理：如图 2-46 所示，雷达液位计采用发射—反射—接收的工作模式。雷达液位计的天线发射出电磁波,这些波经被测对象表面反射后,再被天线接收,电磁波从发射到接收的时间与到液面的距离成正比。雷达液位计记录脉冲波经历的时间,而电磁波的传输速度为常数,则可算出液面到雷达天线的距离,从而知道液面的液位。

在实际运用中,雷达液位计有两种方式即调频连续波式和脉冲波式。采用调频连续波技术的液位计,功耗大,须采用四线制,电子电路复杂。而采用雷达脉冲波技术的液位计,功耗低,可用二线制的 24V DC 供电,容易实现本质安全,精确度高,适用范围更广。

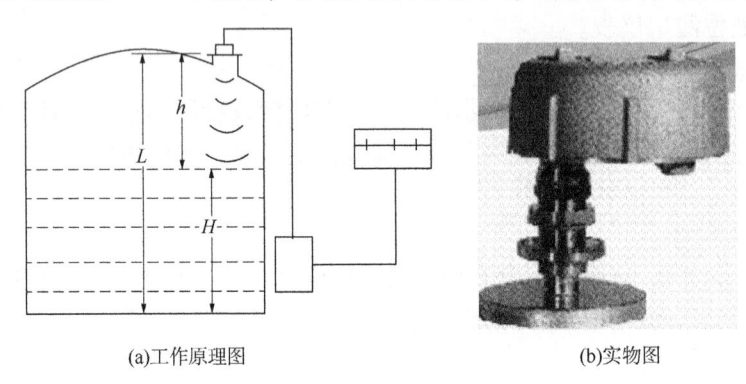

(a)工作原理图　　(b)实物图

图 2-46　雷达液位计

图 2-47　超声波液位开关工作原理图

(5) 超声波液位开关。

工作原理:如图 2-47 所示,一个探头发射超声波,一个探头接收超声波,空罐时接收到的信号大,有液位时,接收到的信号小,当信号小于标定值时就报警。

(6) 磁致伸缩式液位计。

原理:铁磁性物质在外磁场作用下,其尺寸会变化,去掉磁场后又恢复原来的长度。

将油罐液位及温度信号送入计算机系统,实现液位的自动监测与报警,同时对罐内油品进行体积及重量的计算,打印报表。油罐还设置了液位超高限、超低限报警开关,当液位出现极限报警时,通过油罐进、出口电动阀进行联锁保护。液位开关选用射频导纳物位开关。

第三节　SCADA 系统

一、SCADA 系统介绍

SCADA(Supervisory Control and Data Acquisition)系统,全名为监控与数据采集系统,是以计算机为基础的生产过程控制与调度自动化系统。它可以对现场的运行设备进行监视和控制,以实现数据采集、设备控制、测量、参数调节以及各类信号报警等各项功能,长输管道进行监视和控制用的就是 SCADA 系统。

通过 SCADA 系统，可以实现对于长输管道系统的三级控制，即：中心控制—站场控制—就地控制。

主要控制功能有：

（1）泵、阀门等单体设备的启停或调节；

（2）全线顺序启、停输、紧急停输；

（3）全线单站顺序启停泵、紧急停泵；

（4）流程切换；

（5）水击超前控制；

（6）安全联锁保护；

（7）ESD 紧急停车。

SCADA 系统由现场仪表设备、站控系统、控制中心和通信网络四部分组成，如图 2-48 所示。

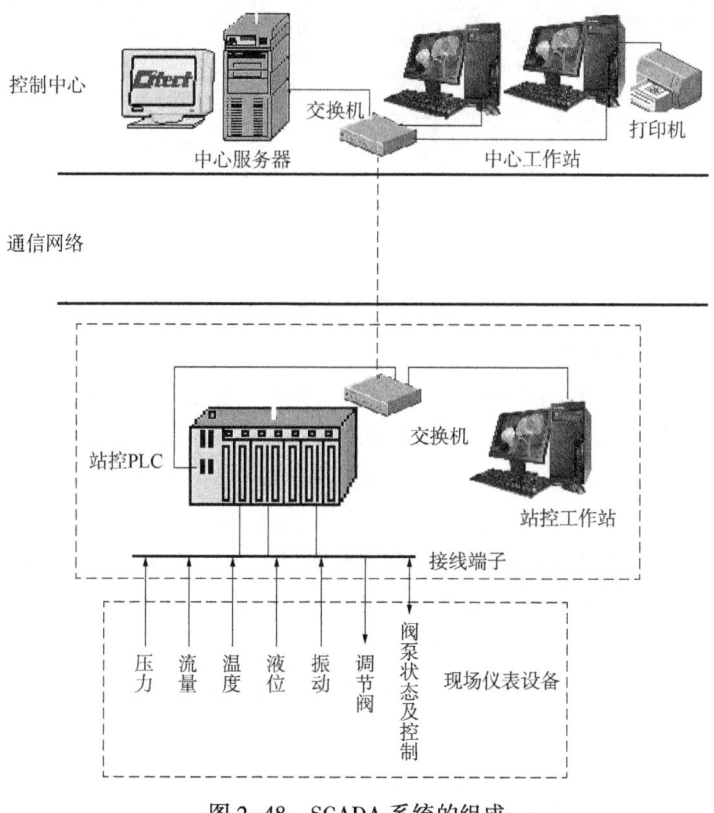

图 2-48　SCADA 系统的组成

（一）现场信号

现场信号包括检测元件测到的模拟量和数字量，以及由执行元件得到的状态反馈和控制命令。其中检测元件主要测量压力、温度、流量、液位以及可燃气体和火焰状态等相关信号，执行元件主要包括阀门、泵、加热炉和压缩机等。

现场接收的信号还包括第三方设备信号，第三方设备有流量计算机、综保、气质分析仪和密度检测等。

(二) 站控系统

站控系统由站控工作站、交换机、站控可编程逻辑控制器(简称PLC)组成。

站控工作站是站级操作人员与站控系统的人机接口，操作员通过它详细了解本站运行情况，并可下达对本站的操作控制命令，从而完成对本站的监控和管理。

站控PLC或远程终端单元(简称RTU)是SCADA系统的核心控制硬件，对现场工艺变量进行数据采集和处理；经过通信接口与第三方的系统或智能设备交换信息；控制各种工艺设备。系统所有的控制任务都是通过PLC或RTU采集现场仪表信号、控制执行机构及现场设备来完成的。

站控工作站通过网络交换机与站控PLC(图2-49、图2-50)组成局域网进行数据交换。局域网上采用TCP/IP、OPC或Modbus协议进行数据通信。

图2-49　AB公司的PLC　　　　图2-50　西门子公司的PLC

(三) 控制中心

控制中心作为SCADA系统最高级的一层，主要负责对所管理的管道从全局角度进行监视和控制，以及历史数据的存储。

控制中心的硬件构成包括服务器、操作员工作站、交换机、路由器、通信设备等。软件构成包括系统软件和应用软件。系统软件如UNIX、WINDOWS。应用软件如SCADA系统软件(Telvent公司的Oasys系统)，以及泄漏监测系统、在线仿真系统等调度决策和管理软件。

控制中心所有现场实时数据都是通过数据服务器与PLC/RTU进行通信获得的，所有的控制命令都是通过数据服务器发送给站控PLC/RTU来完成。

操作员工作站是调度、操作人员与中心计算机的人机接口，是中心计算机系统的客户端。操作员经过它可详细了解全线设备的运行状况，主要功能如下：

(1) 全线数据采集和集中显示；
(2) 设备的远程控制和参数调节；
(3) 设备及工艺管网的联锁保护；
(4) 报警显示、记录、自动打印功能；
(5) 报表自动生成和打印功能；
(6) 数据实时和历史趋势显示功能；
(7) 事件记录和查询功能；
(8) 建立运行参数实时和历史数据库，为应用软件提供标准数据库软件接口；

（9）监控和操作权限管理功能；
（10）系统在线维护。

（四）通信网络

通信网络实现 SCADA 系统的数据通信，主要包括站场之间的通信，以及站场与调控中心之间的通信。一旦系统通信中断，控制中心就失去监控作用。常用的通信方式有卫星通信、DDN 和光纤。DDN 是地方公网，如联通、电信等。光纤的使用效果最好，对于新建管线通常是同步铺设光缆。对于老管线原来采用微波通信网络，数据传送数据较慢。近几年随着通信网络技术的发展，地方公网发展速度较快，几乎遍及各县市区。租用地方公网经常用作备用信道。

SCADA 系统中系统通信和网络必须采取热备冗余配置，一旦通信主信道出现故障，自动切换到备用信道，保证系统运行不中断。

二、常用知识

（一）仪表控制图形符号

仪表控制图形符号见表 2-4。

表 2-4 仪表控制图形符号表

符号	含义
———————	过程连接线
—//—//—//—	气信号线或气源线
— — — — —	电信号线（硬线）
—○———○—	内部数据连线
—L—L—L—L—	液压信号线
○	就地安装
⊖	盘面安装（控制室）
⊖	就地盘面安装
⊖	盘后安装（控制室）
⊖	就地盘后安装
○○	共用支架
FT（带变送器符号）	带流量变送器的涡轮、漩涡式流量计
FT（超声符号）	超声流量计

续表

符号	名称
FT	夹持式超声流量计
FQI	带流量累计指示器的涡轮流量计
FX	流量整流器
FT	均速管流量计（带变送器）
PT	压力检测元件
PI	现场指示普通压力表
TE	温度检测元件
TT	温度变送器
TI	现场指示双金属温度计

（二）上位机监控画面的说明

工艺流程显示的背景为黑色，画面布局一般是左进右出。管道颜色的一般配置见表2-5。排污管线为黑色，由于背景也是黑色，一般不画。

表 2-5 管道颜色表

序号	类型	颜色
1	原油	深灰色
2	成品油	棕色
3	天然气	浅黄色
4	液化石油气	银白色
5	放空管线	红色
6	排污管线	黑色

管道系统中控常用的监控画面有：全线流程图、总参数表、站场工艺流程图、全线压力趋势图和报警画面等。

（三）报警级别划分

Ⅰ级：严重事件报警，影响管道正常安全运行，需要调度员立即采取应急处理措施，否则可能造成严重后果。如站场紧急停车（简称 ESD）、站场关闭、远控线路截断阀关闭、油管道水击保护系统启动等。界面显示颜色是红色。

Ⅱ级：重要报警，管道运行发生重要变化，需要调度员采取适当的措施或重点关注。如设备故障、站场重要变量超限、数据通信线路中断等。界面显示颜色是黄色。

Ⅲ级：一般报警，即除Ⅰ级、Ⅱ级报警以外的其他报警。如果报警持续发展下去可能对管道正常运行造成影响。界面显示颜色一般为白色。

三、常见报警信息

（1）进站压力低于限值报警。
（2）出站压力高于限值报警。
（3）储油罐高低液位超过限值报警。
（4）过滤器压差超过限值报警。
（5）泵故障综合报警。
（6）阀门故障综合报警。
（7）通信故障报警。
（8）站场触发 ESD 报警。
（9）参数波动超出预设范围报警。

四、自动化安全保护逻辑

（一）输油管道全线水击超前保护

以铁锦线原油管道为例，对全线水击超前保护进行介绍。

本管道系统采用了全线停输和降量运行的方法进行超前保护，以保护全线相对薄弱地段的管道。即在泵站突然停泵或者干线阀门（或分输阀门）突然关断时，由通信系统向水击保护 PLC（设置在首站）传输一个信号，由水击保护 PLC 自动下达水击保护指令，通过全线停输或者降量运行等方法，来向上下游发出增压波或减压波，以防止管线相对薄弱地段超压或高点汽化。

无论泵在就地还是远控状态下，水击保护程序动作时均能正常停泵；水击保护程序动作时为保护性停泵，此时现场不需要进行硬复位操作，在进行中控(或站控)远程复位后，可启运保护性停运的输油泵。

(二) 输油站的压力保护系统

以铁大线辽阳输油站为例，对输油站的压力保护系统进行介绍。

1. 进站压力保护

进站干线管线上设有冗余压力检测仪表(3选1，冗余压变应标识"在用""不可用/维护"状态，在参数总表中显示在用值)，进站压力高报警，超高延时2s(滤波)停上站1台输油泵；进站压力超高高延时2s(滤波)停上游站所有输油泵。

2. 输油泵入口汇管压力保护

辽阳分输泵站输油泵入口汇管均设置冗余压力变送器(3选1，冗余压变应标识"在用""不可用/维护"状态，在参数总表中显示在用值)，当压力超过停泵定值时实施保护停泵。

因水力条件发生变化，出站调节阀调节不能奏效，输油泵入口汇管压力仍低于停泵定值时，延时5s仍低于停泵定值，按照顺序停泵的次序停掉1台运行的输油泵机组。停1台泵机组后，如输油泵入口汇管压力仍低于停泵定值，延时5s继续执行输油泵入口汇管压力保护顺序停泵。当输油泵入口汇管压力低于低低停泵值时，延时5s站控系统同时停运本站所有运行的输油泵。

3. 输油泵出口汇管压力保护

输油泵出口汇管(调节阀前)设置冗余压力变送器(3选1，冗余压变应标识"在用""不可用/维护"状态，在参数总表中显示在用值)，当压力超过停泵高定值时，延时2s(滤波)按照顺序停泵的次序停掉1台运行的输油泵机组。停1台泵机组后，如输油泵出口汇管压力仍高于停泵定值，延时2s(滤波)继续执行输油泵出口汇管压力超高保护顺序停泵。当输油泵出口汇管压力高于高高停泵值时，延时2s(滤波)站控系统同时停运本站所有运行的输油泵。

4. 出站压力保护

出站(调节阀后)设置冗余压力变送器(3选1，冗余压变应标识"在用""不可用/维护"状态，在参数总表中显示在用值)，当压力超过停泵定值时实施保护停泵。

因水力条件发生变化，出站压力高于停泵定值时，延时2s(滤波)按照顺序停泵的次序停掉1台运行的输油泵机组。停1台泵机组后，如出站压力仍高于停泵定值，延时2s(滤波)继续执行出站压力保护顺序停泵。当出站压力高于高高停泵值时，延时2s(滤波)站控系统同时停运本站所有运行的输油泵。

(三) 紧急停车保护

输油站场都设有紧急停车系统(简称ESD)，包括单体设备ESD，站场ESD。

1. 设备单体ESD

站内输油泵ESD信号触发泵单体紧急停机。

(1) 泵轴承温度超高保护。

泵轴承温度设有两级保护，第一级为高报警，第二级为高高报警。

当泵轴承温度达到高报警值时报警，采取切换备用泵的方案。

当温度达到高高报警时，则直接触发泵 ESD，立即紧急停车，对泵机组进行保护。

(2) 泵机械密封泄漏保护。

泵机械密封泄漏设有两级保护，第一级为高报警，第二级为高高报警。

当泵机械密封泄漏达到高报警保护值时报警，采取切换备用泵的方案。

当机械密封泄漏达到高高报警时，则直接触发泵 ESD，立即紧急停车，对泵机组进行保护。

(3) 泵振动保护。

泵机组振动保护设有两级保护，第一级为高报警，第二级为高高报警。

当泵机组振动达到高报警保护值时报警，采取切换备用泵的方案。

当泵机组振动达到高高报警时，则直接触发泵 ESD，立即紧急停车，对泵机组进行保护。

(4) 电动机轴承温度超高保护。

对泵电动机轴承温度设有两级保护，第一级为高报警，第二级为高高报警。

当泵电动机轴承温度达到高报警值时报警，采取切换备用泵的方案。

当温度达到高高报警时，则直接触发泵 ESD，应立即紧急停车运行泵，对泵机组进行保护。

(5) 电动机定子温度超高保护。

对泵电动机定子温度设有两级保护，第一级为高报警，第二级为高高报警。

当泵电动机定子温度达到高报警值时报警，采取切换备用泵的方案。

当温度达到高高报警时，则直接触发泵 ESD，应立即紧急停车运行泵，对泵机组进行保护。

(6) 泵壳温度超高保护。

对泵壳温度设有两级保护，第一级为高报警，第二级为高高报警。

当泵壳温度达到高报警值时报警，采取切换备用泵的方案。

当温度达到高高报警时，则直接触发泵 ESD，应立即紧急停车运行泵，对泵机组进行保护。

(7) 站场火灾报警信号触发站 ESD 动作。

站场的火灾报警信号同样可以触发站 ESD 系统动作，并将信号传送到调度控制中心。

2. 站场 ESD

具有全越站流程的站场，一旦站场 ESD 触发，则自动将流程切换至越站流程并关断进、出站截断阀门。

所有站场 ESD 设备如进、出站 ESD 阀在执行 ESD 命令关闭后，只能由工作人员现场复位，远控线路截断阀在执行 ESD 关阀命令后，应可以远程复位，无需现场复位。

在进站、出站和罐区设置现场 ESD 按钮，当人员在巡查时发现火灾，触发现场 ESD 按钮，执行站内 ESD 命令。

在 ESD 阀门掉电的情况下，阀门状态正常上传至安全仪表系统(简称 SIS)。

五、管道泄漏定位监测系统

(一)负压波检漏技术介绍

负压波检测与定位原理：输油管道在运行于稳定状态时，其内部的介质流体具有很高的压力。当管道某点发生破损时，由于管内外的压力差很大，在破损部位立即会有物质损失，产生泄漏，泄漏处压力突然下降，形成的负压波沿介质向上下游传递，相当于在泄漏点处产生了以一定波速传播的负压力波，由于管壁的波导作用，压力波传播过程衰减较小，可以传播相当远的距离，传感器能检测出压力波到达测量点的压力值，利用负压波通过上下游测量点的时间差以及负压波在管线中的传播速度，可以确定泄漏位置，如图 2-51 所示。

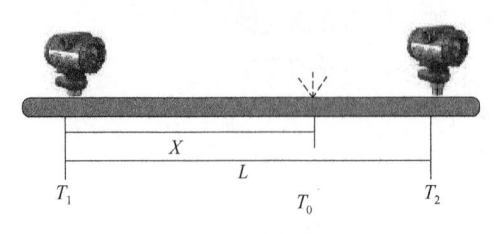

图 2-51 负压波法泄漏定位原理示意图

根据安装在管道上、下游的传感器检测到的负压波，结合负压波的传播速度，可确定泄漏点的具体位置。

$$X = \frac{1}{2}(L - a\Delta T)$$
$$\Delta T = T_1 - T_2 \tag{2-58}$$

式中　X——泄漏点到首端传感器的距离，m；
　　　L——该段管线两端传感器之间的距离，m；
　　　ΔT——负压波传到上下游传感器的时差，s；
　　　a——负压波在管线内的传播速度，m/s。

(二)负压波波速的确定

管内压力波的传播速度决定于液体的弹性、液体的密度和管材的弹性。

$$a = \sqrt{\frac{K/\rho}{1 + [(K/E)(D/e)]C_1}} \tag{2-59}$$

式中　a——管内压力波的传播速度，m/s；
　　　K——液体的体积弹性系数，Pa；
　　　ρ——液体的密度，kg/m³；
　　　E——管材的弹性，Pa；
　　　D——管道直径，m；
　　　e——管壁厚度，m；
　　　C_1——与管道约束条件有关的修正系数。

负压波检漏技术系统结构如图 2-52 所示。

六、管道系统中常用的控制方法

(一)开环控制

开环控制是一种最简单的控制方式，其特点是，在控制器与被控对象之间只有正向控

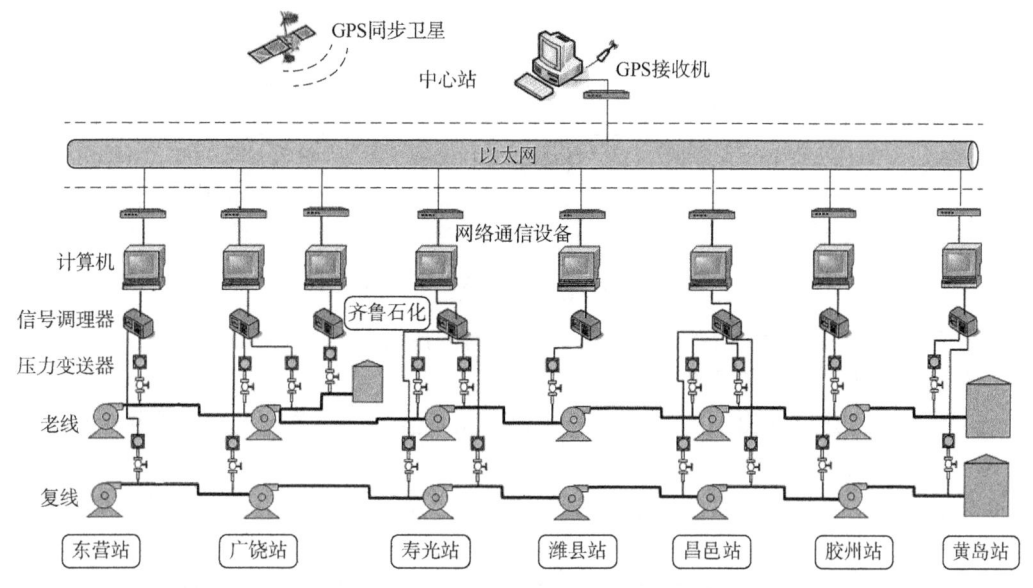

图 2-52　负压波检漏技术系统结构图

制作用而没有反馈控制作用，即系统的输出量对控制量没有影响。开环控制系统的示意框图如图 2-53 所示。即系统中控制信号的流动未形成闭合回路。

开环控制没有反馈，结构简单，调整方便，成本低，工作可靠。但是其抗扰性差，控制精度低。

图 2-53　开环控制系统方框图

在管道系统中，采用开环控制的实例有：
(1) 电动阀的开关控制；
(2) 泵的启停控制；
(3) 直接对调节阀进行开度控制；
(4) 直接对调速泵进行转速控制。

在以上这些控制过程中，控制命令发出以后，控制器只会加以执行，并不根据执行情况再对控制进行修正，控制人员只能收到是否达到最终状态的状态反馈，由人工进行后续情况的进一步控制。

（二）闭环控制

闭环控制的特点是，在控制器与被控对象之间，不仅存在着正向作用，而且存在着反馈作用，即系统的输出量对控制量有直接影响。闭环控制系统的示意框图如图 2-54 所示。

在图 2-54 比较元件(又称比较器)中，参考输入信号(给定值信号)与反馈信号进行比较，其差值输出即为偏差信号，偏差信号就是控制器的输入。即系统中控制信号的流动形成了闭合回路，故称之为闭环控制系统。

闭环控制系统是利用偏差量作为控制信号来纠正偏差的，因此系统中必须具有执行纠正偏差这一任务的执行结构。闭环系统正是靠放大了的偏差信号来推动执行结构，进一步对控制对象进行控制。只要输出量与给定量之间存在偏差，就有控制作用存在，力图纠正这一偏差。由于反馈控制系统是利用偏差信号作为控制信号，自动纠正输出量与其期望值

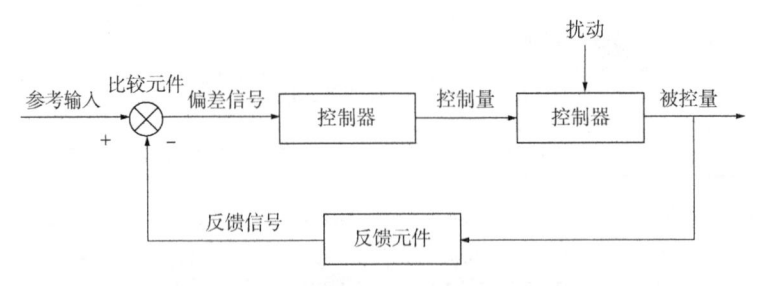

图 2-54　闭环控制系统方框图

之间的误差，因此可以构成抗扰性好、控制精度高的控制系统。

在管线系统中，采用闭环控制的实例有：

（1）通过设定进站或出站压力值来通过 PID 控制器自动调整调节阀的开度来使目标压力值等于压力设定值。

（2）通过设定进站或出站压力值来通过 PID 控制器自动调节调速泵的转速来使目标压力值等于压力设定值。

（3）通过设定流量值来通过 PID 控制器自动调整调节阀的开度来使流量等于流量设定值。

在这些应用中，PID 控制器会根据预先设定的比例调节系数、积分调节系数和微分调节系数，不断地将当前压力或流量的实际值与设定值进行比较，来不断地修正输出，从而控制调节阀的开度或调速泵的转速使控制变量等于设定值。这种控制作用是随时在进行的，直到被控制的设备无法控制为止，即调节阀全开或者全关，调速泵转速达到最大或最小。

（三）选择性控制

选择性控制系统在结构上的最大特点是有一个选择器，通常是两个输入信号，一个输出信号，如图 2-55 所示。对于高选器，输出信号 Y 等于 X_1 和 X_2 中数值较大的一个，如 $X_1=5mA$，$X_2=4mA$，$Y=5mA$。对于低选器，输出信号 Y 等于 X_1 和 X_2 中数值较小的一个。

在管道系统中，泵站出站调节阀常采用进站压力、出站压力和流量选择性控制。设定出站压力值、进站压力值和流量值之后，只能采取其中一种方式控制，其他两种为备用控制，在管线的运行过程中，由于三种控制的设置区间不同，各项参数互不干扰，当运行参数到达某一项设定值时，控制逻辑则切换到相应的控制。三种控制的实质都是通过不同的设定值来调节站场出站阀的开度，从而达到中控调度员的操作要求。

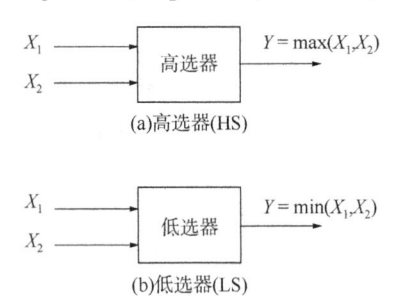

图 2-55　高选器和低选器

例如某站场，最低进站压力为 0.5MPa，最高出站压力为 9MPa，实际流量为 500m³/h，则当进站压力高于 0.5MPa 时，满足了站场的最低进站压力要求，此时可采用出站压力控制或流量控制，来满足管线的运行需求。如果在运行或调节过程中，进站压力有低于 0.5MPa 的趋势时，控制逻辑会自动切换到进站压力控制，以满足最低进站压力的要求，防止发生泵机组停机的现象；经过相应操作使当前进站压力高于 0.5MPa 时，即可恢复到出站压力控制或流量控制。

第三章　原油管道输送调控运行技术

原油管道是由输油站和管路两部分组成，长达数百千米，沿线设有首站、若干中间站和末站。油品沿管道流动，需要消耗一定的能量（包括压力能和热能），输油站的任务就是供给油流一定的能量，将油品保质、保量、安全、经济地输送到终点。管道设计原理阐述了流体在管路中产生的摩擦如何影响管线的能量要求。输油管道的工艺计算要妥善解决沿线管内流体的能量消耗和能量供应这对主要矛盾，以达到安全、经济地完成输送任务的目的。本章第一部分内容介绍了等温输油管道和加热原油管道的工艺计算。输送轻质低凝点原油的长输管道，沿线不需加热，油品从首站进入管道，经过一定距离后，管内油温就会等于管道埋深处的地温，故称为等温输油管道。对此不考虑管内油流与周围介质的热交换，只需根据泵站提供的压力能与管道所需压力能平衡的原则进行工艺计算。对于易凝高黏原油，必须在输入管道前采用降凝降黏措施，加热输送是目前常用的方法，即将油品加热后输入管路，提高油品温度以降低其黏度，减少摩阻损失，借消耗热能来节约动能。第二部分内容介绍了原油管道的关键调控技术。包括原油管道的工况分析与调节、原油管道的停输再启动、水击与分析、含蜡原油管道的蜡沉积与清蜡、顺序输送技术、东北原油管道的优化运行、东北原油管道非计划停输分析、减阻剂和降凝剂在东北原油管道中的应用等内容。

第一节　等温输油管道的工艺计算

一、输油泵站

（一）长输管道的泵机组类型

长输管道的泵机组类型如图 3-1 所示。输油泵站的作用是不断向油流提供一定的压力能，以便其能继续流动。由离心泵具有排量大、扬程高、效率高、流量调节方便、运行可靠等优点，在长输管道上得到广泛应用。

长距离输油管道均采用离心泵，很少使用其他类型的泵。离心泵的型式有两种：多级（高压）泵，排量较小，又称为并联泵；单级（低压）泵，排量大，扬程低，又称为串联泵。

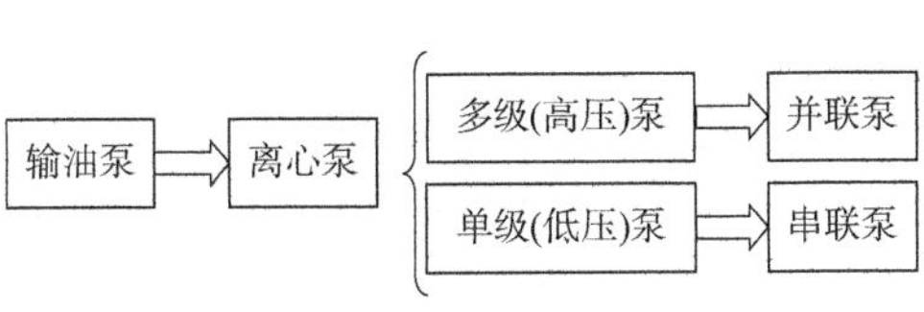

图 3-1　输油泵的类型

（二）离心泵的特性方程

对于电动离心泵机组，目前原动机普遍采用异步电动机，转速为常数。因此 $H=f(q)$，扬程是流量的单值函数，一般可用二次抛物线方

程 $H=a-bq^2$ 表示。对于长输管道，常采用 $H=a-bq^{2-m}$ 的形式，其中 a、b 为常数，可根据泵特性数据由最小二乘法求得；m 与流态有关；q 为单泵排量。采用公式 $H=a-bq^{2-m}$ 描述泵特性，与实测值的最大偏差不大于 2%。

（三）输油泵站的工作特性

一般来说，输油泵站上均采用单一的并联泵或串联泵，很少串并联泵混合使用，有时可能在大功率并联泵或串联泵前串联低扬程大排量的给油泵，以提高主泵的进泵压力。

串联泵具有排量大、扬程低、效率高的特点。我国 20 世纪 80 年代研制的 KS 型串联泵比并联泵效率高 10% 左右，而国外生产的串联泵比国内多数管道采用的并联泵效率高出 18% 左右。

1. 并联泵站的工作特性

并联泵的连接如图 3-2 所示，其泵站的特点：

（1）泵站的流量等于正在运行的输油泵的流量之和。

（2）每台泵的扬程均等于泵站的扬程，即：

$$Q = \sum q \tag{3-1}$$

$$H_c = A - BQ^{2-m} = a - bq^{2-m} \tag{3-2}$$

泵并联运行时，如图 3-2 所示，在改变运行的泵机组数时，要防止电动机过载。

两台泵并联时，若一台泵停运，由特性曲线可知，单泵的排量 $q>Q/2$，排量增加，功率上升，电动机有可能过载，如图 3-3 所示。

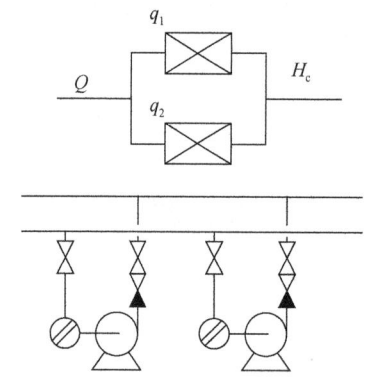

图 3-2 并联泵示意图

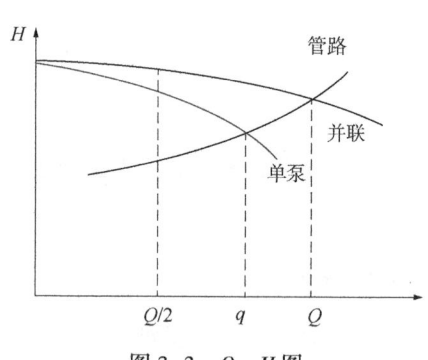

图 3-3 Q—H 图

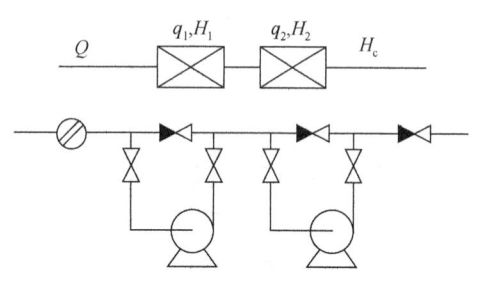

图 3-4 串联泵示意图

2. 串联泵站的工作特性

串联泵站的连接如图 3-4 所示，其特点为：

（1）各泵流量相等，$q=Q$；

（2）泵站扬程等于各泵扬程之和，$H_c = \sum H_i$。

3. 串、并联泵机组数的确定

泵机组的确定一般要满足以下原则：满足输量要求；充分利用管路的承压能力；泵在高效区工作；泵的台数符合规范要求（一般不超过四台）。

第三章 原油管道输送调控运行技术

(1) 并联泵机组数的确定

$$n = \frac{Q}{q} \tag{3-3}$$

式中 Q——设计输送能力，m^3；
q——单泵的额定排量，m^3。

显然 n 不一定是整数，只能取与之相近的整数，这就是泵机组数的化整问题。如果管线的发展趋势是输量增加，则应向大化，否则向小化。一般情况下要向大化。并联泵的台数主要根据输量确定，而泵的级数（扬程）则要根据管路的设计工作压力确定。另外根据规范规定，泵站至少设一台备用泵。

(2) 串联泵机组数的确定。

一般来说，串联泵的台数应向小化，如果向大化，则排出压力会超过管材的许用强度。而且向大化后，泵站数将减少，开泵方案少，操作不灵活。串联泵的额定排量根据管线设计输送能力确定。

4. 串、并联组合形式的确定

(1) 从经济方面考虑，串联效率较高，比较经济。我国并联泵的效率一般只有70%~80%，而串联泵的效率可达90%。串联泵的特点是：扬程低、排量大、叶轮直径小、流通面积大，故泵内轮阻损失小，效率高。

(2) 从管特性和地形方面考虑，对于地形平坦的地区或下坡段，站间管道较长，管路特性较陡，泵所提供的能量主要用于克服摩阻损失，大幅度调整输量时，串联泵站节流损失可能会小一些（但这并不意味着并联泵就不能用于这种地形），这一点可以用如图3-5所示的特性曲线解释。

正常运行时，串并联泵均需两台泵工作，工作点为 A，流量为 Q_1。当需将输量降为 $Q_2 = 1/2 Q_1$ 时，串并联泵均只开一台泵即可。工作点分别为 B、C。串联泵的节流损失为 Δh_1，并联泵的节流损失为 Δh_2，显然 $\Delta h_2 > \Delta h_1$。

对于地形比较陡、高差比较大的爬坡地区，此时站间管道较短，管路特性较平，泵所提供的能量主要用于克服很大的位差静压头，大幅度调整输量时，并联泵站节流损失可能会小一些（这也并不意味着串联泵不能用于这种地形）。这一点可以用如图3-6所示的特性曲线解释。

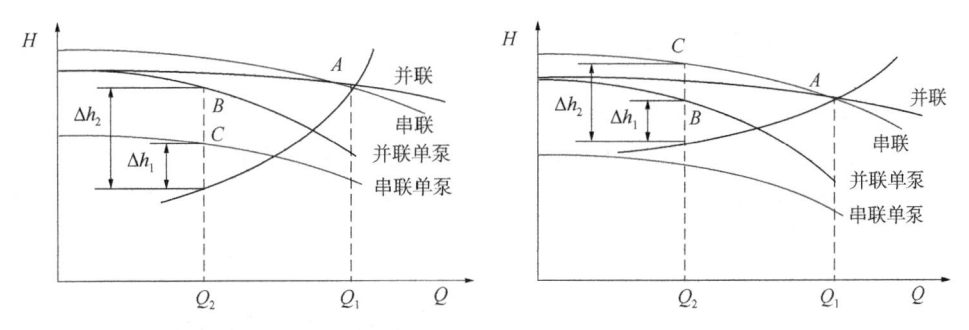

图3-5 平坦地区或下坡段串联泵与并联泵的比较　　图3-6 上坡段串联泵与并联泵的比较

正常运行时，串并联泵均需两台泵工作，工作点为 A，流量为 Q_1。当需将输量降为 Q_2

(Q_1 的一半)时, 并联泵只开一台泵即可, 节流损失为 Δh_1, 而串联泵仍需开两台泵, 节流损失为 Δh_2, 显然 $\Delta h_2 > \Delta h_1$。

(四) 改变泵特性的方法

1. 切削叶轮

$$H = a\left(\frac{D}{D_0}\right)^2 - b\left(\frac{D}{D_0}\right)^m q^{2-m} \tag{3-4}$$

式中　D_0、D——变化前后的叶轮直径, mm;
　　　a、b——与叶轮直径 D_0 对应的泵特性方程中的两个常系数。

2. 改变泵的转速

$$H = a\left(\frac{n}{n_0}\right)^2 - b\left(\frac{n}{n_0}\right)^m q^{2-m} \tag{3-5}$$

式中　n——调速后泵的转速, r/min;
　　　n_0——调速前泵的转速, r/min;
　　　a, b——与转速 n_0 对应的泵特性方程中的两个常系数。

3. 多级泵拆级

多级泵的扬程与级数成正比, 拆级后, 泵的扬程按比例降低。但级数不能拆得太多, 否则, 泵的效率会降低。

4. 进口负压调节

有自吸能力的离心泵输送热原油或轻石油产品时, 如保持泵进口在一定的负压下运行, 泵的 H—Q 特性曲线会相应降低, 可作为泵特性的措施之一。但进口负压调节一般只用于小型离心泵, 大型离心泵一般要求正压进泵, 不能采用此方法。多数采用切削叶轮或改变泵的转速(串级调速和液力耦合器等)。对于多级泵可首先考虑采用拆级的方法改变泵特性。

5. 油品黏度

随着液体黏度的增加, 泵的排量和扬程的降低较缓慢, 而效率的下降则较快。当运动黏度在 20×10^{-6} m^2/s 以内时, 各项特性的变化均很小, 可不予换算。当运动黏度大于 20×10^{-6} m^2/s 时, 泵的效率开始有所下降, 而当运动黏度大于 60×10^{-6} m^2/s 时, 各项特性均需换算。

二、输油管道的压能损失

(一) 输油管道沿程摩阻损失计算

管道输油过程中压力能的消耗主要包括两个部分: 一是用来克服高差所需的位能, 对某一管道, 它是不随输量变化的固定值; 二是克服油品沿管路流动过程中的摩擦和撞击产生的能量损失, 通常称为摩阻损失。

长输管道的摩阻损失包括两个部分: 一是油流通过直管段所产生的摩阻损失 h_f, 简称沿程摩阻; 二是油流通过各种阀件、管件所产生的摩阻损失 h_ε, 简称局部摩阻。

1. 达西公式

达西公式提供了计算管段摩擦压头损失的方法, 用代数方法表示为

$$h_{\mathrm{f}} = \lambda \frac{l}{d} \frac{v^2}{2g} \tag{3-6}$$

从达西公式可看出管段摩擦压头损失涉及五个变量：摩阻系数、管长、重力常数、管道内径和流速。其中水力摩阻系数 λ 随流态不同而不同，理论和实验都表明水力摩阻系数是雷诺数 Re 和管壁相对当量粗糙度 ε 的函数。一般可使用莫迪图(图2-9)，根据具体的雷诺数和相对粗糙度确定管路摩阻系数。

以紊流状态为例说明，如图3-7所示。

使用相对粗糙度和雷诺数寻找摩阻系数 λ(和图中 f 表示相同意思)。

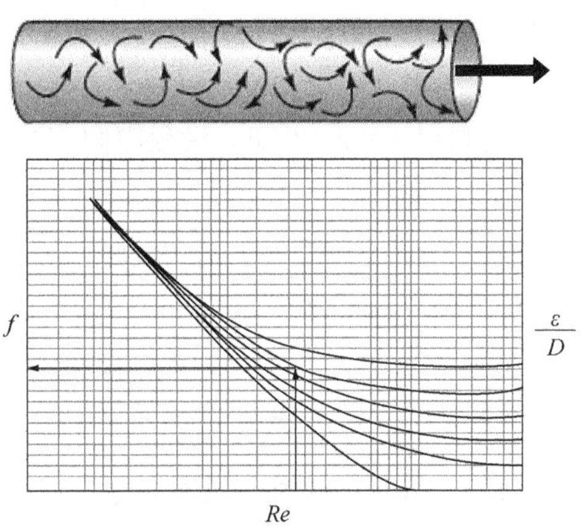

2. 雷诺数

实验观测表明摩阻系数 λ 的值与雷诺数 Re 和管壁面的相对粗糙度 e/D 有关。管径和速度增加，雷诺数增加；黏度增加，雷诺数减小。雷诺数的定义式为

$$Re = \frac{vd}{\nu} = \frac{4Q}{\pi d \nu} \tag{3-7}$$

式中　v——油品的流速，m/s；
　　　ν——油品的运动黏度，m²/s；
　　　Q——油品在管路中的体积流量，m³/s。

3. 管壁粗糙度的确定

管路内壁的相对当量粗糙度 ε 是绝对当量粗糙度 e 与管路半径 R 的比值。绝对粗糙度是管路壁面上"突起"的平均高度的量度，是管内壁面突起高度的统计平均值：

$$\varepsilon = \frac{e}{R} = \frac{2e}{D} \tag{3-8}$$

式中　e——管壁的绝对粗糙度，m。

图3-7　紊流状态

紊流各区分界雷诺数 Re_1、Re_2 及水力摩阻系数都与管壁粗糙度有关。我国《输油管道工程设计规范》中规定的各种管子的绝对粗糙度如下：无缝钢管，0.06 mm；直缝钢管，0.054 mm；螺旋焊缝钢管，DN=250~350 时取 0.125mm，DN>400 时取 0.1mm。

4. 流态划分和输油管道的常见流态

雷诺数用于确定流态：层流，临界流态或紊流，如图3-8所示。我国《输油管道工程设计规范》规定的流态划分标准是：层流，$Re \leqslant 2000$；过渡流，$2000 < Re \leqslant 3000$；紊流光滑区，$3000 < Re \leqslant Re_1$(简称光滑区)；紊流混合摩擦区，$Re_1 < Re \leqslant Re_2$(简称混摩区)；紊流粗糙区，$Re > Re_2$(简称粗糙区)。

其中

$$Re_1 = 59.7/\varepsilon^{7/8}, \quad Re_2 = (665 - 765\lg\varepsilon)/\varepsilon \tag{3-9}$$

输油管道中所遇到的流态一般为：热含蜡原油管道、大直径轻质成品油管道——水力光滑区；小直径轻质成品油管道——混合摩擦区；高黏原油和燃料油管道——层流区；长

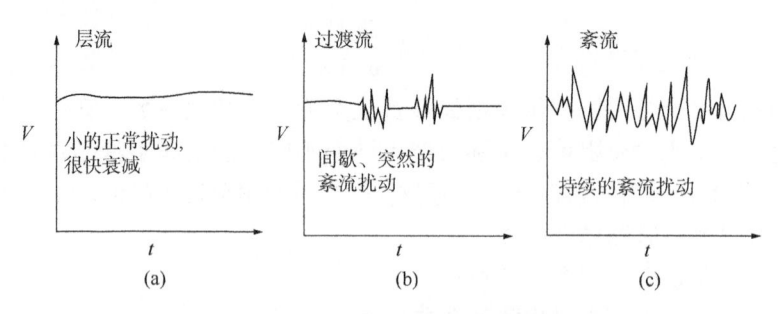

图 3-8 不同流态特征的说明

输管道一般很少工作在粗糙区。

5. 沿程摩阻损失计算思路

通过以上说明可知：沿程摩阻损失计算步骤可用图 3-9 来表示。

图 3-9 沿程摩阻损失计算步骤图

6. 分析影响沿程摩阻大小的因素

由达西公式：

$$h_l = \lambda \frac{l}{d} \frac{v^2}{2g} \tag{3-10}$$

可知，管长越长，管径越小，沿程摩阻就越大。图 3-10 压力表的读数就可说明。

（二）输油管道局部摩阻计算

局部摩阻可按下式计算：

$$h_\xi = \xi \frac{v^2}{2g} \tag{3-11}$$

式中　ξ——管件或阀件的局部阻力系数；

v——流速，一般取阀件下游管内的平均流速。

（三）输油管道管内压降的计算

对管内径 d 和管长 L 一定的某管道，当输送一定量的油品时，由起点至终点的总压降 H 可计算如下：

$$H = h_l + h_\xi + (Z_j - Z_q) \tag{3-12}$$

式中　h_l——沿程摩阻；

h_ξ——局部摩阻；

$Z_j - Z_q$——计算高程差。

图 3-10 压力表读数图

（四）输油管道的工作特性

同一管道，当所输油品黏度不同，或管道阀件节流程度不同时，管道特性曲线的陡度就不同。黏度愈大、节流愈多，管道特性曲线愈陡。不同的管道，管径愈小、管道愈长时，管道特性曲线愈陡，如图 3-11 所示。

对于前后管道不同的变径管，其总的管道特性曲线为前后两段管道特性曲线的串联相加。

对于平行管段，其总的管道特性曲线由主、副两管段的特性曲线并联相加。

任何复杂管道系统的特性曲线都可以应用上述并、串联的原则求得。

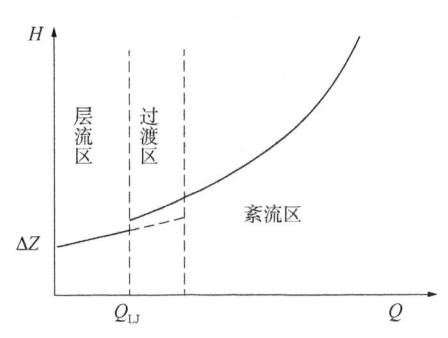

(五) 管路的水力坡降

定义：管道单位长度上的摩阻损失称为水力坡降，用 i 表示如下：

$$i = \lambda \frac{1}{D} \frac{v^2}{2g} \text{ 或 } i = \beta \frac{Q^{2-m} v^m}{D^{5-m}} \quad (3-13)$$

1. 等温输油管的干线水力坡降

水力坡降与管道长度无关，只随流量、黏度、管径和流态不同而不同。在计算和分析中经常用到单位输量（$Q = 1 \text{m}^3/\text{s}$），即单位流量下、单位管道长度上的摩阻损失：

$$f = \beta \frac{v^m}{D^{5-m}} \quad (3-14)$$

图 3-11 输油管道的工作特性曲线

水力坡降的三角形图示如图 3-12 所示，计算公式为

$$i = fQ^{2-m} \quad (3-15)$$

2. 副管的水力坡降

副管是与主管并联相接的管段，如图 3-13 所示。

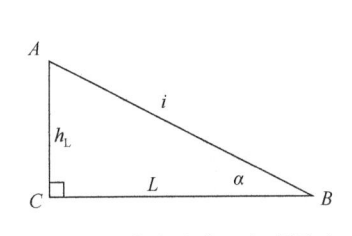

图 3-12 水力坡降三角形图示 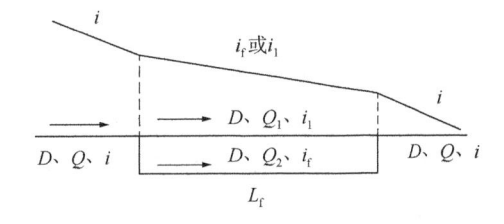　　图 3-13 铺副管后的水力坡降线

特点：随 Re 的升高，铺副管的减阻效果增强。

3. 变径管的水力坡降

变径管是与主管串联相接且直径与主管不同的管段，如图 3-14 所示。

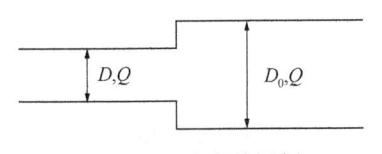

若主管与变径管流态相同，则有

$$\frac{i_0}{i} = \left(\frac{D}{D_0}\right)^{5-m} = \Omega \quad (3-16)$$

图 3-14 变径管图例

$D_0 > D$ 时，$\Omega < 1$，变径管具有减阻效果；$D_0 < D$ 时，$\Omega > 1$，变径管具有增减阻作用。

(六) 泵站—管道系统的工作点

泵站—管道系统的工作点是指在压力供需平衡条件下，管道流量与泵站进、出站压力等参数之间的关系。在设计和生产管理工作中，常用作泵站特性曲线和管道特性（应包括剩余压力）曲线，求二者交点的方法，来确定泵站的排量和进、出站压力，如图 3-15 所示。

1. 旁接油罐输油方式

旁接油罐输油方式也叫开式流程,如图 3-16 所示。

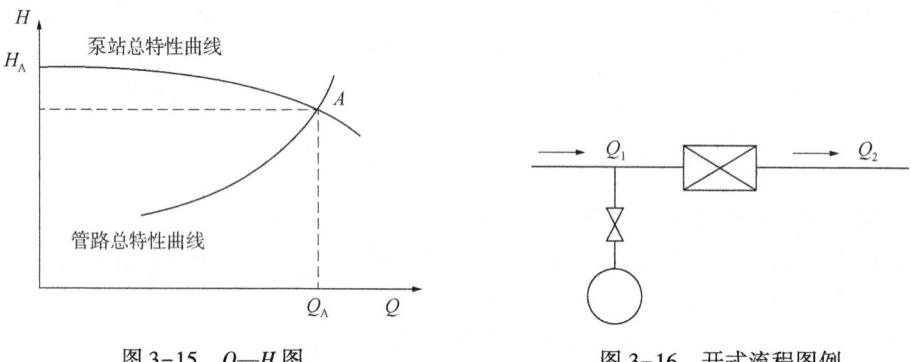

图 3-15 Q—H 图

图 3-16 开式流程图例

优点:水击危害小,对自动化水平要求不高。

缺点:油气损耗严重;流程和设备复杂,固定资产投资大;全线难以在最优工况下运行,能量浪费大。

工作特点:每个泵站与其相应的站间管路各自构成独立的水力系统;上下游站输量可以不等(由旁接罐调节);各站的进出站压力没有直接联系;站间输量的求法与一个泵站的管道相同。

2. 密闭输油方式

密闭输油方式也叫泵到泵流程,如图 3-17 所示。

图 3-17 密闭输油方式图例

优点:全线密闭,中间站不存在蒸发损耗;流程简单,固定资产投资小;可全部利用上站剩余压头,便于实现优化运行。

缺点:要求自动化水平高,要有可靠的自动保护系统。

工作特点:全线为一个统一的水力系统,全线各站流量相同;输量由全线所有泵站和全线管路总特性决定。

三、等温输油管道的工艺计算

(一)设计参数

以管道埋深处全年平均地温作为计算温度。规范规定:对于不加热管道,取管道埋深处全年最冷月平均地温作为计算地温。

1. 油品密度

$$\xi = 1.825 - 0.001315\rho_{20} \tag{3-17}$$

$$\rho_t = \rho_{20} - \xi(t - 20) \tag{3-18}$$

式中 ρ_t、ρ_{20}——t 和 20℃时的密度,kg/m³。

2. 油品黏度

油品黏度一般用黏温指数公式计算:

$$\nu_t = \nu_0 e^{-u(t-t_0)} \tag{3-19}$$

式中 ν_t、ν_0——t 和 t_0 温度下的运动黏度，mm²/s；

u——黏温指数，1/℃。

3. 计算流量

设计时年输油时间按 350d(8400h)计算。

4. 管道纵断面图与水力坡降线

在直角坐标上表示管道长度与沿线高程变化的图形称为管道纵断面图。横坐标：表示管道的实际长度，即管道的里程，常用比例为 1∶1000、1∶2000、1∶5000、1∶10000、1∶100000。纵坐标：表示管道的海拔高度，即管道的高程，常用比例为 1∶200、1∶500、1∶1000。

管道的水力坡降线是管内流体的能量压头(忽略动能压头)沿管道长度的变化曲线。等温输油管道的水力坡降线是斜率为 i 的直线。将水力坡降线画在纵断面图上可以表示管内压力沿管长的变化情况。

5. 管材及主要设备规格型号

包括管材等级、牌号、规格，泵和原动机的型号及性能等。

6. 技术经济指标

主要包括基本建设投资指标和输油成本指标两大类。技术经济指标用于工艺方案的经济性比较。管道基本建设指标包括线路部分、泵站部分和配套工程三部分。这些指标都是多年管道建设积累的资料，根据国家有关政策规定编订而成。

(二) 管道水力坡降线

管道水力坡降线如图 3-18 所示。在 e 点，管线内的动水压力为 0，需要重新加压才能以流量 Q 继续向前输送。H_d，为泵站的出站压力；$cb=ix$，为 x 段上的摩阻损失；$ag=Z_a-Z_d=\Delta Z_x$，为 x 段的高差；$ba=H_d-ix-\Delta Z_x$，为 a 点液流的剩余压能，称动水压力。它是管路沿线任一点水力坡降线与纵断面线之间的垂直距离。

(三) 翻越点和计算长度

1. 翻越点的定义

如果使一定输量的液体通过线路上的某高点所需的压头比输送到终点所需的压头大，且在所有高点中该高点所需的压头最大，那么此高点就称为翻越点。输量为 Q 的液体从翻越点自流到终点还有能量富余。用图例说明，图 3-19 中的 F 点就是翻越点。能量 H 是不能翻越高点 F 的。只有将压力提高到 H_f，才能以输量 Q 翻越此高点。

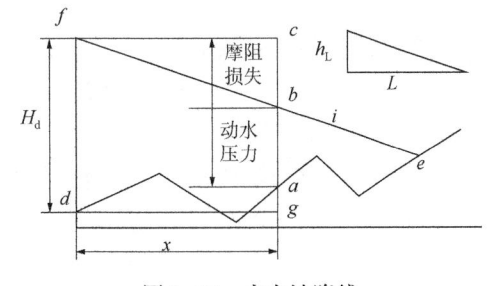

图 3-18 水力坡降线

2. 翻越点后的流动状态

管道上存在翻越点时，翻越点后的管内液流将有剩余能量。如果不采用措施利用和消耗这部分能量，翻越点后管内将出现不满流。不满流的存在将使管道出现两相流动，而且当流速突然变化时会增大水击压力。对于顺序输送的管道还会增大混油。

为避免产生不满流，可采取的措施有：

（1）在翻越点后采用小管径，使流速增大，消耗掉多余的能量，但这可能会产生静电危害，且对清管不利；

（2）在中途或终点设减压站节流；

（3）也可采用涡轮发电机回收剩余能量。

3. 计算长度

管道起点与翻越点之间的距离称为管道的计算长度。管道上存在翻越点时，管线所需的总压头不能按线路起、终点计算，而应按起点与翻越点计算。

（1）不存在翻越点时，管线计算长度等于管线全长。

$$H = iL + (Z_z - Z_q) \tag{3-20}$$

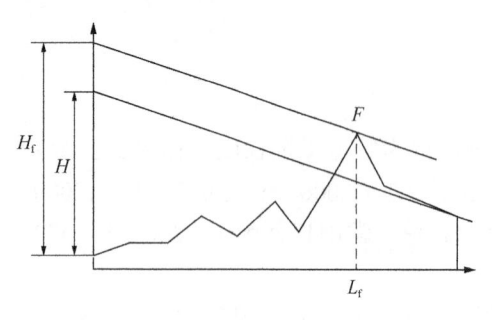

图 3-19 翻越点图例

（2）存在翻越点时，计算长度为起点到翻越点的距离，计算高差为翻越点高程与起点高程之差。

$$H = H_f = iL_f + (Z_f - Z_q) \tag{3-21}$$

（四）泵站数的确定

原则：要充分利用管道的强度，并使泵在高效区工作。将计算输量为 Q 的油品从起点输送到终点所需压头为

$$H = iL + \Delta Z \tag{3-22}$$

式中　L——计算长度，m；

　　　ΔZ——计算高程差，m。

首先选择泵的型号、组合方式和串并联泵机组数，确定泵站特性。设全线站特性相同，计算输量下的扬程 H_c：

$$H_c = A - BQ^{2-m} \tag{3-23}$$

则全线所需泵站数为

$$n = H/(H_c - h_c) = (iL + \Delta Z)/(H_c - h_c) \tag{3-24}$$

式中　h_c——站内损失，m。

如果考虑首站给油泵的扬程 H_{sf} 和管道终点或翻越点处所需的余压 H_{sz}，则全线所需泵站数为

$$n = (if + \Delta Z + H_{sz} - H_{sf})/(H_c - h_c) \tag{3-25}$$

一般来说按照式(3-25)计算的 n 不是整数，还应把计算得到的 n 化整。

1. n 化为较大整数

对应于计算值 n 的工作点流量为 Q_0（即计算输量），当 n 化为较大整数时，工作点流量为 Q_b，显然 $Q_b > Q_0$，这时管道的输送能力大于计算输量，泵站投资增加。如果想按计算输量（即规定输送能力）工作，可以采取更换小直径叶轮、开小泵（串联泵）、拆级（并联泵）或大小输量交替运行等措施。一般来说，计算的 n 接近于较大整数或希望管道具有一定输送能力裕量时，将 n 化为较大整数。

2. n 化为较小整数

当计算的 n 接近于较小整数且输送能力降低不大时，将 n 化为较小整数。此时，流量减小，泵机组的原动机功率也相应减小，不会造成过载，但要注意使泵机组在高效区内工作。

如果必须满足规定的输送能力，可以采用两种措施：

(1) 在管道上设置副管(等径)或变径管；

(2) 提高每座泵站的扬程。

副管或变径管的建设费用较大，生产管理不方便，对于热输管道还存在散热损失大的缺点，很少被用作补偿输送能力的措施。如果管道强度条件允许，提高泵站扬程是个较好的方法。

(五) 泵站的布置

确定泵站位置的步骤是：

(1) 先在室内用作图法在线路纵断面上初步确定站址或可能的布置区；

(2) 进行现场实地调查，与当地有关方面协商后，最后决定站址；

(3) 核算站址调整后是否满足水力要求。

1. 布站作图法

根据化整后的泵站数和管路实际情况，重新计算管道系统的工作点、水力坡降和每个泵站在工作点输量下的扬程。

为了保证正常输送，线路最高点、翻越点或线路终点的动水压力应保持不低于 0.2MPa。

无副管或变径管时的布站作图法如图 3-20 所示。

由首站位置 a 点向上作垂线 aa'，使 aa' 按纵断面图纵向比例所取长度等于首站的出站压头，$aa' = H_{d1} = H_{s1} + H_c - h_c$，自 a' 点向右作水力坡降线，与纵断面线交于 b 点。如果输油管道为旁接油罐流程，b 点即为第二泵站的位置。在该点处，动水压力为零。用同样的方法可求出第三泵站位置。

从 b_1 点向上作垂线 $b_1 b_1''$，取 $b_1' b_1'' = H_c - h_c$。由

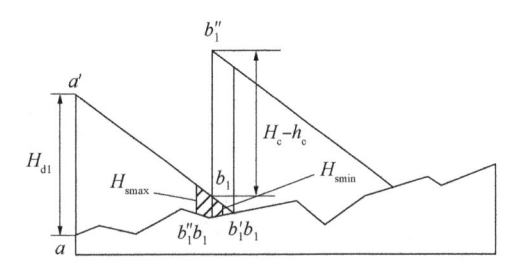

图 3-20 无副管或变径管时的布站作图法

b_1'' 向右作水力坡降线，同样的方法可确定第三泵站及以后各站的位置。由图 3-21 可知，不论第二泵站布置于何处，均不影响第三泵站的位置。

一般来说，输油泵有一个进口压力范围限制 $H_{smin} \leqslant H_s \leqslant H_{smax}$，也就是有一个布站范围，称为泵站的可能布置区，如图 3-21 中阴影部分所示。$b' b''$ 即为泵站的可能布置区，一般取 $H_s = 30 \sim 80$m 液柱。泵站可布置在 b_1 点。

如果管道为密闭输送，由于密闭输送所使用的输油主泵要求有一定的进泵压头，因此第二泵站的位置不能定在 b 点，而应向左移动，以保留必要的剩余压头。

2. 有副管或变径管时的泵站布置

(1) 旁接油罐输送时的泵站布置。

旁接油罐输送时的泵站布置如图 3-21 所示。如果第一泵站间不设副管，第二泵站的位置就在 b 点；如果把全部副管长度 x 全铺设在第一泵站间，则第二泵站的位置在 c 点；bc 段

即为第二泵站的可能布置区;如果第二泵站设于 d 点,则第一站必须铺设 X_1 长度的副管;从 d 点开始同理可找出第三泵站的可能布置区,但其范围取决于剩余的副管长度 $X-X_1$,依次类推,直到副管使用完毕,则其后的泵站就不再有可能布置区,只能为一个点。

(2) 密闭输送管道的泵站布置。

图 3-22 中,ab 为旁接油罐时的泵站可能布置区,$a'b'$ 为泵到泵流程时的泵站可能布置区,显然 $a'b'$ 要比 ab 大些。

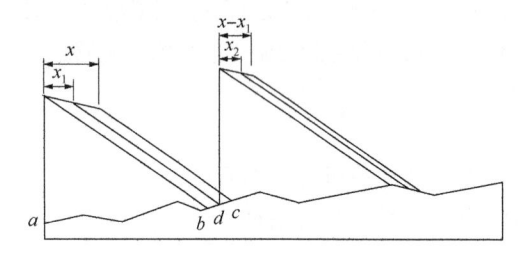

图 3-21 旁接油罐输送时的泵站布置图

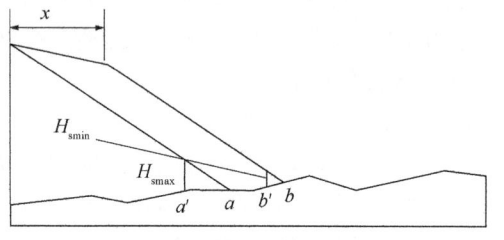

图 3-22 密闭输送管道的泵站布置图

(六) 泵站及管道工作情况的校核

1. 进出站压力的校核

水力坡降线的变化区间如图 3-23 所示。

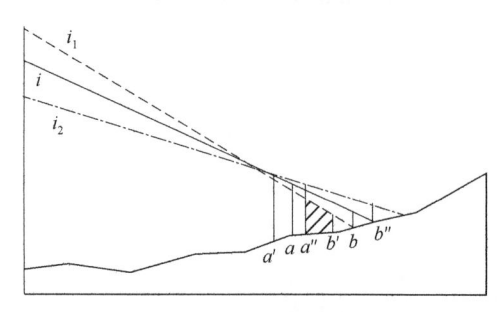

图 3-23 水力坡降线的变化区间

在布置泵站时,应考虑黏度变化对可能布置区的影响。冬季黏度大,水力坡降 i 线陡,黏度上升,剩余压力头 $H_{s,c+1}$ 下降,水力坡降线如图 3-23 中 i_1 所示,泵站的可能布置区为 $a'b'$;夏季黏度下降 $H_{s,c+1}$ 上升,水力坡降如图 3-24 中 i_2 所示,可能布置区为 $a''b''$。综合两种极端情况,泵站的可能布置区应为 $[a', b']$ 与 $[a'', b'']$ 的交集 $a''b'$。显然 $a''b'$ 小于按年平均地温布站时的可能布置区 ab。由此可见,考虑黏度变化对进站压力的影响后,泵站的可能布置区缩小了。

2. 动、静水压力的校核

动水压力是指油流沿管道流动过程中各点的剩余压力,如图 3-24 所示。在纵断面图上,是管道纵断面线与水力坡降线之间的垂直距离。校核动水压力,就是检查管道的剩余压力是否在管道操作压力的允许值范围内,即最低动水压力(一般为高点压力)应高于 0.2MPa,最高动水压力应在管道强度的允许范围内。对于局部动水压力超压,大都采用增大壁厚,提高承压能力的方法;如果超压的距离比较长,可采用设减压站减压的方法(这会增大管线的摩阻损失,使能耗增加)。但到底采用哪种方法,需要通过经济比较确定。

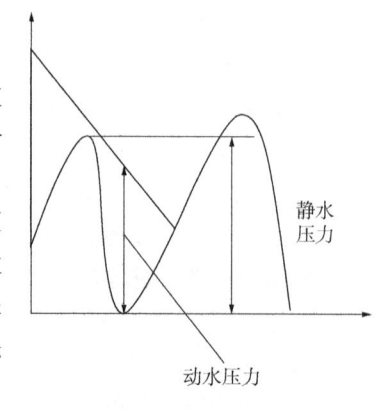

静水压力是指油流停止流动后,由地形高差引起的静液

图 3-24 动水压力、静水压力的校核

柱压力，如图 3-24 所示。翻越点后的管段或线路中途高峰后的峡谷地带，停输后的静水压力有可能大于管道允许的工作压力。对于这种超压情况，是采用增加壁厚还是采用设减压站的方法解决，需要通过经济比较确定。

（七）管道大落差段的特点

1. 管道大落差段带来的问题

（1）由于下坡段的高差比正常输量下的沿程摩阻大很多导致运行中低点处动水压力过高，停输后则静水压力超高。

（2）会在管道下坡段的高处形成不满流，造成液柱分离现象，使管道发生振动。若气体段进入下游泵站，可能使离心泵汽蚀甚至发生断流，这将损坏站内设备。

（3）当大落差段的管道高点附近的压力低于管输油品的饱和蒸汽压时，液体汽化并在高点或附近管段中形成气袋，这会在很大程度上降低压力波传播速度，使水击分析过程和控制变得复杂。

2. 解决方法

（1）采用变壁厚管道设计。

（2）采用变径管设计，在下坡段采用较小管径，加大沿程摩阻，以降低低点处的动水压力。

（3）在地势陡峭的地区采用隧道铺设以降低下坡段的高差。

（4）设置减压站。

第二节　加热原油管道的工艺计算

一、加热输送的特点

热油输送管道是指那些在输送过程中沿线油温高于地温的输油管道。对于热油管道，一般来说，其沿线的油温不仅高于地温而且还高于油品的凝点。在热油沿管路向前输送过程中，由于油温高于管路周围的环境温度，在径向温差的作用下，油流所携带的热能将不断地向管外散失，因而使油流在前进过程中不断地降温，引起轴向温降。轴向温降的存在，使油流的黏度在前进过程中不断升高，单位管长的摩阻逐渐增大，当油温降至凝点附近时，单位管长的摩阻将急剧升高。故在设计管道时，必须考虑：需将油流加热到多高的温度才能输入管道？当油温降到什么温度时需要建一个加热站？像等温管那样，热油管也设有泵站，沿线的加热站和泵站补充油流的热损失和压力损失。

与等温管相比，热油管道的特点是：

（1）沿程的能量损失包括热能损失和压能损失两部分；

（2）热能损失和压能损失互相联系，且热能损失起主导作用；

（3）沿程油温不同，油流黏度不同，沿程水力坡降不是常数，一个加热站间，距加热站越远，油温越低，黏度越大，水力坡降越大。

二、热油管道沿程温降计算

油流在管道中前进时,散热量及沿线油温分布受很多因素的影响,如输油量、加热温度、环境温度、管道散热条件等,这些因素是随时间变化的,故热油管道经常处于热力不稳定状态。工程上将正常运行工况近似为热力、水力稳定状况,在此前提下进行轴向温降计算。

(一) 轴向温度计算式与沿程温度分布

油流沿管道向前流动过程中,由于摩擦阻力而使压力不断下降。这部分压力能最终转化为摩擦热而加热油流。利用能量守恒可得:管线向周围介质的散热量=油流温降放热+摩擦热。推导的公式为

$$T_L = (T_0 + b) + [T_R - (T_0 + b)]e^{-aL} \tag{3-26}$$

$$a = \frac{K\pi D}{Gc}$$

$$b = \frac{giG}{K\pi D}$$

式中 L——管道加热输送的长度,m;

T_R——管道起点油温,℃;

T_L——距起点 L 处的油温,℃;

T_0——周围介质温度,其中,埋地管道取管中心埋深处自然地温,℃;

a,b——参数;

g——重力加速度,m²/s;

K——管道总传热系数,W/(m²·℃);

D——管道外径,m;

G——油品的质量流量,kg/s;

c——输油平均温度下油品的比热容,J/(kg·℃)。

式(3-26)即为考虑摩擦热时的轴向温降计算公式,又叫列宾宗温降公式。

对于距离不长、管径小、流速较低、温降较大的管道,摩擦热对沿程温降影响不大的情况下,或概略计算温降时,可忽略摩擦热的作用。令 $b=0$,代入式(3-26),得到苏霍夫公式:

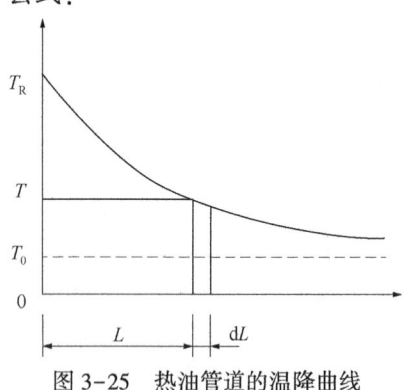

$$T_L = T_0 + (T_R - T_0)e^{-aL} \tag{3-27}$$

由式(3-27)可以得出加热输送管道的沿程温度分布曲线如图3-25所示。在两个加热站之间的管道沿线,各处的温度梯度是不同的:在站的出口处油温高,油流与周围介质的温差大,温降就快;而在进站前的管段上,由于油温低温降就慢。加热温度越高,散热越多,温降就快。因此,当出站温度提高时,下一站的进站油温 T_Z 不会按比例提高。如果 T_R 提高 10℃,进站油温 T_Z 一般只升高 2~3℃。因此为了减少热损失,出站油温不

图3-25 热油管道的温降曲线

宜过高。

式(3-27)还表明，在不同的季节，管道埋深处的土壤温度 T_0 不同，温降情况也不同。冬季 T_0 低时，温降就快。在各参数中，对温降影响最大的是总传热系数 K 和流量 G。K 增大时，温降将显著加快，因此在热力计算时，要慎重确定 K。

图 3-26 给出了不同输量下，在其他参数一定时，加热站间的终点油温 T_Z 随流量的变化情况。

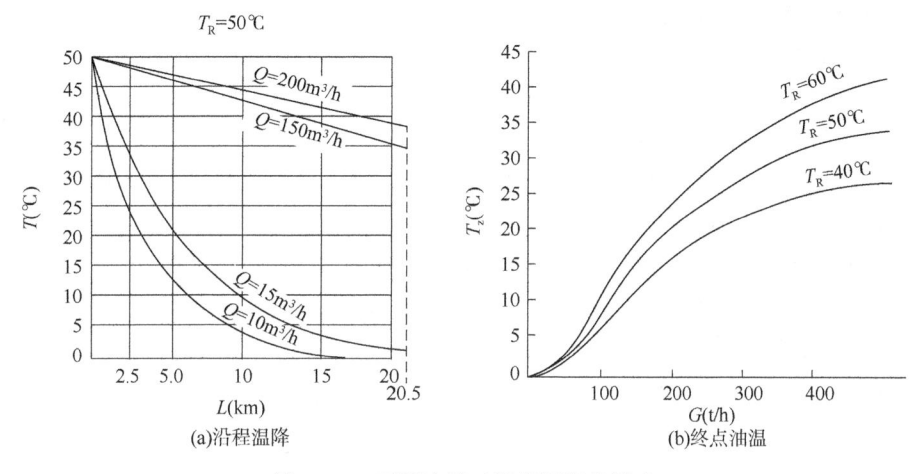

图 3-26 不同流量对沿程温降的影响

可见，在大流量下沿线的温度分布要比小流量时平缓得多。随着流量的减少，终点油温将急剧下降。

(二) 温度参数的确定

确定加热站的进、出站温度时，需要考虑三个方面的因素：油品的黏温特性和其他的物理性质；管道的停输时间，热胀和温度应力等因素；经济比较，取使费用现值最低的进出站温度。

1. 加热站出站油温的选择

考虑到原油中难免含水，加热温度一般不超过 100℃。如原油加热后进泵，则其加热温度不应高于初馏点，以免影响泵的吸入。

大多数重油的黏温曲线较陡，提高油温以降低黏度的效果显著。而重油管道大都在层流状态下输送，其摩阻与黏度的一次方成正比，提高油温以减少摩阻的效果更显著，故重油管道的加热温度常较高。为减少热损失，管外常敷设保温层。

含蜡原油往往在凝点附近黏温曲线均较陡，而当温度高于凝点 30~40℃ 时，黏度随温度的变化很小，而且含蜡原油管道常在紊流光滑区运行，摩阻与黏度的 0.25 次方成正比，高温时提高温度对摩阻的影响很小，而热损失却显著增大，故加热温度不宜过高。

确定出站温度时，还必须考虑由于运行和安装温度的温差而使管路遭受的温度应力是否在强度允许的范围内，以及防腐保温层的耐热能力是否适应等。

2. 加热站进站油温的选择

加热站进站油温首先要考虑油品的性质，主要是油品的凝点，必须满足管道的停输温降和再启动的要求，但主要取决于经济比较，故其经济进站温度常略高于凝点。当进站油温接近凝点时,必须考虑管道可能停输后的温降情况及其再启动措施,要规定适当的安全停输时间。

3. 周围介质温度 T_0 的确定

对于架空管道,T_0 就是周围大气的温度。对于埋地管道,T_0 则取管道埋深处的土壤自然温度。设计热油管道时,T_0 取管道中心埋深处的最低月平均地温,运行时按当时的实际地温进行校核。

(三) 温降计算公式的应用

(1) 设计时确定加热站间距(加热站数)。
(2) 运行中计算沿程温降。
(3) 校核站间允许的最小输量 $G_{\min}$。
(4) 运行中反算总传热系数 K,反算 K 的目的:

① 积累运行资料,为以后设计新管线提供选择 K 的依据。
② 通过 K 的变化,了解沿线散热及结蜡情况,帮助指导生产。若 K 下降,如果此时 Q 下降,H 上升,则说明管壁结蜡可能较严重,应采取清蜡措施;若 K 上升,则可能是地下水位上升,或管道覆土被破坏、保温层进水等。

(四) 影响油温的其他因素

(1) 油流过泵的温升。

油流经泵加压后,温度会有所升高。由于油品绝热压缩引起的温升,随油品的密度、加压的大小和油温的高低而不同。油品的密度越小、泵的扬程越高、油温越高时,温升越大。

由于泵内的功率损失转化为热量而引起的温升,其大小取决于泵效率。

(2) 蜡晶析出对温降的影响。

在含蜡原油的降温过程中,当油温低于析蜡温度时,蜡会结晶析出并放出热量,降温 1℃ 所放出的热量包括液相部分的比热容和所析蜡的结晶潜热。

三、所需的主要物性参数

(一) 原油物性参数

1. 密度与相对密度

油品在标准状态下的密度可由实验室测定或在有关手册上查到。相对密度是某物质一定体积的质量与 4℃ 时同体积水的质量之比。由下式可求得某温度 T 时原油的相对密度:

$$d_4 = d_4^{20} - \xi(T - 20) \tag{3-28}$$

$$\xi = 1.825 \times 10^{-3} - 1.315 \times 10^{-3} d_4^{20}$$

式中　d_4——原油相对密度;
　　　d_4^{20}——原油在 20℃ 时的相对密度;
　　　ξ——温度系数。

2. 比热容

含蜡原油当油温低于析蜡温度时,由于蜡晶析出放出结晶潜热,比热容中包含了液相的比热容及蜡晶潜热。不同的原油,或同种原油在不同的温度范围,变化情况有所不同。

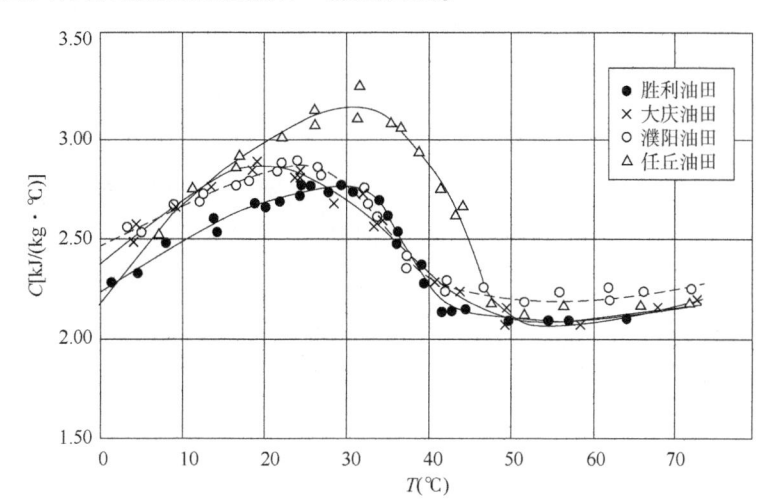

图 3-27 为我国四种含蜡原油的比热容—温度曲线。

图 3-27　四种含蜡原油的比热容—温度曲线

根据含蜡原油比热容随温度变化的趋势，可以按析蜡点温度 T_{SL}、最大比热容温度 T_{cmax}，把 $C—T$ 曲线分成三个区。

（1）$T>T_{SL}$，比热容随温度升高缓慢上升。

（2）$T_{SL}>T>T_{cmax}$，随油温的降低，比热容急剧上升。由于这个温度范围内，单位温降的析蜡率逐渐增大，放出的潜热多，故比热容随温降而增大。

（3）$T_{cmax}>T>0$，随油温降低，比热容又逐渐减小。这个温度范围内，多数蜡晶已经析出，故继续降温时，单位温降的析蜡率逐渐减小。

原油的比热容一般在 1.6~2.5 kJ/(kg·℃) 之间，粗略计算时可取 2.0kJ/(kg·℃)。

3. 导热系数

原油在管输条件下的导热系数在 0.1~0.16W/(m·℃) 之间，大致计算可取 0.14 W/(m·℃)。油品呈半固态时导热系数比液态要大，石蜡的平均导热系数可取 2.5W/(m·℃)。

4. 黏度

原油的黏度在很大程度上取决于其化学组成，故黏温关系的理论公式的实用意义是有限的，油品的黏度主要通过实验测定来获得。

（二）土壤的导热系数

土壤的导热系数取决于土壤的种类及土壤的孔隙度、温度、含水量等，其中含水量的影响最大。此外，降雨、下雪及土壤温度的昼夜及季节的波动等气象因素也会影响土壤热物性。敷设管道时，回填土的特性也不同于自然条件下土壤的特性。热油管线投产运行后，管道周围土壤的温度也会升高。可以用探针法对现场的土样进行测量，得到土壤的导热系数。

某地区地下 1m 深处的砂土试样在室温下测定的导热系数与含水量的关系见表 3-1。不同密度的砂土和黏土的导热系数与含水量的关系如图 3-28 所示。

表 3-1　砂土的导热系数与含水量的关系

含水量(质量分数)(%)	0	5	10	15	20	25	30	35
导热系数[W/(m·℃)]	0.219	0.435	0.979	1.058	1.279	1.314	1.512	1.57
含水后密度(kg/m³)		1 233	1 280	1 340	1 395	1 455	1 510	1 570

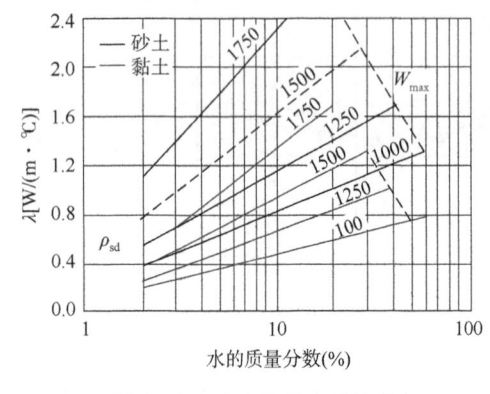

图 3-28　砂土及黏土的导热系数与含水量的关系曲线

(三) 钢管、保温层、沥青绝缘层的导热系数

钢材的导热系数在 46~50W/(m·℃) 之间。

预应力混凝土管的导热系数在 0.6~1.2W/(m·℃) 之间。

沥青的导热系数随温度及密度而不同，如密度为 1000kg/m³ 的沥青，20℃时导热系数为 0.465W/(m·℃)，60℃时降为 0.14~0.18W/(m·℃)。

埋地管道保温材料常用聚氨酯硬质泡沫塑料，其导热系数可取 0.035~0.047W/(m·℃)。

(四) 空气的密度、导热系数、黏度

大气压下干空气的某些物理性质见表 3-2。

表 3-2　大气压下干空气的某些物理性质

温度(℃)	-50	-20	0	10	20	30	40
密度(kg/m³)	1.534	1.396	1.293	1.248	1.205	1.165	1.128
导热系数[10⁻²W/(m·℃)]	2.04	2.28	2.44	2.51	2.59	2.67	2.76
运动黏度(mm²/s)	9.54	11.61	13.28	14.16	15.06	16.00	16.96

四、热油管道的总传热系数 K

管道总传热系数 K 是指油流与周围介质温差为 1℃ 时，单位时间内通过管道单位传热表面所传递的热量，它表示油流至周围介质散热的强弱。

以埋地热油管道为例，管道散热的传递过程由三个部分组成，即油流至管壁的放热，钢管壁、绝缘沥青层或保温层的热传导和管外壁至周围土壤的传热(包括土壤的导热和土壤对大气及地下水的放热)。

(一) 油流至管内壁的放热系数 a_1

放热强度决定于油的物理性质及流动状态。紊流状态下的 a_1 要比层流时大得多，二者可能相差数十倍。因此，紊流时的 a_1 对总传热系数的影响很小，可以忽略，而层流时的 a_1 则必须要考虑。

(二) 管壁的导热

包括钢管(或非金属管)、防腐绝缘层、保温层等的导热。钢管壁导热热阻很小，可以忽略。非金属管材的导热系数小，热阻大。保温管道上，保温层的热阻是起决定影响的。管内壁上的凝油和结蜡层的厚度随管道的运行条件(温度、流速等)的改变而变化。

第三章 原油管道输送调控运行技术

（三）管外壁至大气的放热系数 a_{2a}

对流与辐射换热同时存在。

（四）管外壁至土壤的放热系数 a_2

管道散热的主要环节，是管道散热强度的主要指标。对于不保温的埋地管道，当管内油流为紊流状态时，总传热系数 K 近似等于管外壁至土壤的放热系数 a_2。

第三节 原油管道的调控运行技术

一、原油管道的工况分析

突然发生工况变化时（如某中间站停运或有计划地调整输量而启、停泵），在较短时间内全线运行参数剧烈变化，属于不稳定流动。假设在各种工况变化的情况下，经过一段时间后，全线将转入新的稳定工况。

运行分析的出发点是能量供求平衡，下面用解析法进行讨论。

（一）中间泵站停运

设有一密闭输送的长输管道，长度为 L，有 n 座泵站，正常工况下输量为 Q，各站的站特性相同，$H_c = A - BQ^{2-m}$，假设中间第 c 站停运，停运后的输量为 Q_*，如图 3-29 所示。

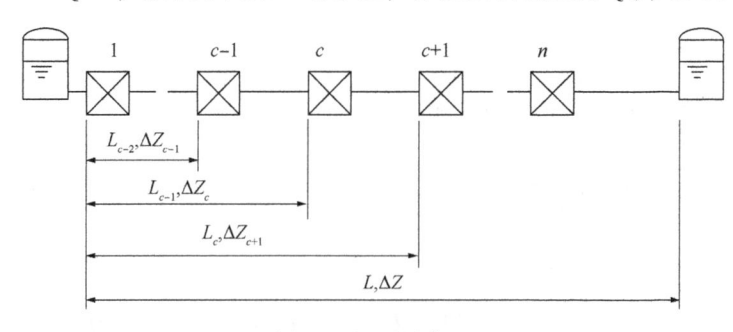

图 3-29 泵站停运

1. 输量变化

c 站停运前全线能量平衡方程：

$$H_{s1} + n(A - BQ^{2-m}) = fLQ^{2-m} + \Delta Z + H_{sz} + nh_c \tag{3-29}$$

式中 H_{s1}——管道首站进站压头；

H_{sz}——管道终点剩余压头；

h_c——每个泵站的站内损失；

f——单位流量的水力坡降；

ΔZ——末站与首站间的高差。

c 站停运后全线能量平衡方程：

$$H_{s1} + (n-1)(A - BQ_*^{2-m}) = aLQ_*^{2-m} + \Delta Z + H_{sz} + (n-1)h_c \tag{3-30}$$

式(3-29)和式(3-30)相减得

$$[(n-1)B+fL](Q^{2-m}-Q_*^{2-m})=A-BQ_*^{2-m}-h_c=H_c-h_c>0 \quad (3-31)$$

得到：$Q_*<Q$。

显然，c 站停泵后，全线输量下降。

2. c 站前面各站进出站压力的变化

先讨论 c 站前一站即 $c-1$ 站的情况。

c 站停运前：

$$H_{s1}+(c-2)(A-BQ^{2-m})=fL_{c-2}Q^{2-m}+\Delta Z_{c-1}+H+(c-2)h_c \quad (3-32)$$

c 站停运后：

$$H_{sc}+(c-2)(A-BQ^{2-m})=fL_{c-2}Q_*^{2-m}+\Delta Z_{c-2}+H_{sc-1}^*+(c-2)h_c \quad (3-33)$$

式(3-32)和式(3-33)相减得

$$H_{sc-1}^*-H_{sc-1}=[(c-2)B+fl_{c-2}](Q^{2-m}-Q_c^{2-m}) \quad (3-34)$$

得到：$H_{sc-1}^*>H_{sc-1}$。

由以上分析可得以下结论。

(1) c 站停运后，其前面一站 $c-1$ 站的进站压力上升。停运站越靠近末站（c 越大），其前面一站的进站压力变化越大。

(2) 利用同样的方法，可以得出结论：c 站停运后，其前面各站的进站压力均上升。距停运站越远，变化幅度越小。

(3) 出站压力的变化：停运站前面各站的出站压力均升高，距停运站越远，变化幅度越小。

3. c 站后面各站进出站压力的变化

先讨论 c 站后面一站即 $c+1$ 站的情况。

c 站停运前：

$$H_{sc+1}+(n-c)(A-BQ^{2-m})=f(L-L_c)Q^{2-m}+(Z_z-Z_{c+1})+H_{sz}+(n-c)h_c \quad (3-35)$$

c 站停运后：

$$H_{sc+1}^*+(n-c)(A-BQ_*^{2-m})=f(L-L_c)Q_*^{2-m}+(Z_z-Z_{c+1})+H_{sz}+(n-c)h_c \quad (3-36)$$

式(3-35)和式(3-36)相减得

$$H_{sc+1}-H_{sc+1}^*=[(n-c)B+f(L-L_c)](Q^{2-m}-Q_*^{2-m})>0 \quad (3-37)$$

得到：$H_{sc+1}^*<H_{sc+1}$。

由以上分析可得以下结论。

(1) c 站后面一站的进站压力下降，且停运站越靠近首站（c 越小），其后面一站的进站压力变化越大。

(2) c 站停运后，c 站后面各站的进站压力均下降，且距停运站越远，其变化幅度越小。

(3) 出站压力的变化：停运站后面一站的出站压力下降。同理可得出停运站后各站的出站压力均下降，且变化趋势与进站压力相同。

4. 全线水力坡降线的变化

根据输量变化和各站进出站压力的变化趋势可以画出沿线各站的水力坡降线的变化情

况，如图 3-30 所示。图中实线、虚线表示第 c 站停运前后的水力坡降线。

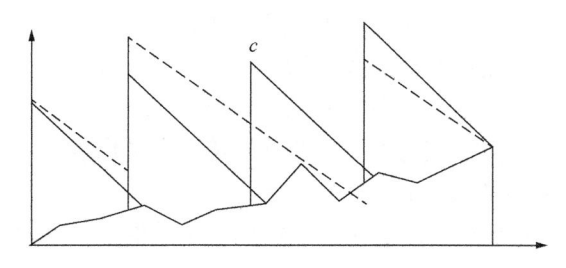

图 3-30　c 站停运前后的水力坡降线变化

(二) 干线漏油

设某条长输管道有 n 座泵站，在 $c+1$ 站进口处发生漏油，漏油量为 q，漏油前全线输量为 Q，漏油后漏点前输量为 Q_*，漏点后输量为 Q_*-q，如图 3-31 所示。

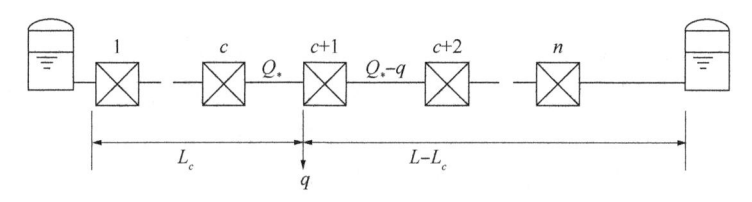

图 3-31　管线泄漏

1. 输量变化

漏油前全线能量平衡方程为

$$H_{s1} + n(A - BQ^{2-m}) = fLQ^{2-m} + \Delta Z + H_{sz} + nh_c \tag{3-38}$$

漏油后分段写出能量平衡方程。

首站至漏点：

$$H_{s1} + c(A - BQ_*^{2-m}) = fL_c Q_*^{2-m} + (Z_{c+1} - Z_Q) + H_{sc+1}^* + ch_c \tag{3-39}$$

漏点至末站：

$$H_{sc+1} + (n-c)[A - B(Q_* - q)^{2-m}] = f(L - L_c)(Q_* - q)^{2-m} + (Z_z - Z_{c+1}) + H_{sz} + (n-c)h_c \tag{3-40}$$

由以上各式得：

$$(cB + fL_c)Q_*^{2-m} + [(n-c)B + f(L - L_c)](Q_* - q)^{2-m} = (nB + fL)Q^{2-m} \tag{3-41}$$

最终得到：$(Q_*-q) < Q < Q_*$。

也就是说管道漏油后，漏点前的输量大于正常工况下的输量，漏点后的输量小于正常工况下的输量。

2. 漏点前各站进出站压力的变化

先看漏点前面一站即 c 站的情况。为此，列首站入口至 c 站入口的能量平衡方程。

漏油前：

$$H_{s1} + (c-1)(A - BQ^{2-m}) = fL_{c-1}Q^{2-m} + (Z_c - Z_Q) + H_{sc} + (c-1)h_c \tag{3-42}$$

漏油后：

$$H_{s1} + (c-1)(A - BQ_*^{2-m}) = fL_{c-1}Q_*^{2-m} + (Z_c - Z_Q) + H_{sc}^* + (c-1)h_c \tag{3-43}$$

式(3-42)和式(3-43)相减得

$$H_{sc} - H_{sc}^* = [(c-1)B + fL_c](Q_*^{2-m} - Q^{2-m}) > 0 \qquad (3-44)$$

得到：$H_{sc} > H_{sc}^*$，也就是说漏点前面一站的进站压力下降。

可以得出结论：漏油后，漏点前面各站的进出站压力均下降，且距漏点越远的站变化幅度越小。漏点距首站越远，漏点前面一站的进出站压力变化越大。

3. 漏点后各站进出站压力的变化

利用上述同样的方法可以得到漏点后面一站即 $c+1$ 站的情况（分别列出漏油前后 $c+1$ 站入口至终点的能量平衡方程）

$$H_{sc+1} - H_{sc+1}^* = [(n-c)B + f(L-L_c)][Q_*^{2-m} - (Q_* - q)^{2-m}] > 0 \qquad (3-45)$$

得到：$H_{sc+1}^* < H_{sc+1}$。

由此可知：漏点后面各站的进出站压力均下降，且漏点距首站越近，其后面一站的变化幅度越大。

总之，管道漏油后，漏点前的流量增大，漏点后的流量减小，全线各站进出站压力均下降，且距漏点越近的站进出站压力下降幅度越大。漏点距首站越远，漏点前一站的压力变化越大，反之漏点后面一站的进出站压力变化越大。

根据进出站压力的变化可确定泄漏点的位置。但这种方法只能确定较大的泄漏量，因为小泄漏量引起的压力变化不明显，仪表无法检测。

4. 全线水力坡降线的变化

漏油后全线工况变化(即水力坡降线变化)情况如图 3-32(注意漏点前后的水力坡降不同)所示。

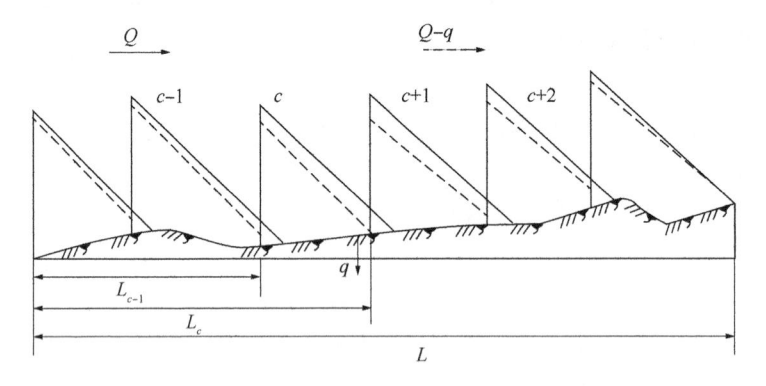

图 3-32 漏油前后水力坡降的变化

(三) 管线停输

热油管道的计划检修和事故抢修都可能在全线停输的情况下进行。停输后，由于管内油温不断下降，黏度增大，管壁上的结蜡层增厚，都会使管道再启动时的阻力增大。在特殊情况下，若管内油温降至凝点以下，可能在整个管道横截面上都形成了蜡晶和凝油的网络结构，必须有足以破坏凝油网络结构的高压，才能使管道恢复流动。如这个高压超过泵和管道的允许强度，就需考虑采用分段顶挤等事故处理措施。因此，为了确保安全经济地输油，必须了解管道在各种条件下停输后的温降情况，再启动所需的压力和可能达到的流量，以便确定允许停输时间和停输时必须采取的措施。

通常，大口径的长输管道极少由于停输而造成凝管事故，从停输温降的角度看，埋地管道比架空管道安全，大管径管道比小管径管道安全。

虽然长输管道沿线的绝大部分管道都是埋地的，但在穿(跨)越地段也有架空或浸没在水中的管段，由于管道中油的热容量要比管周围土壤的热容量小得多，这些穿(跨)越管段的冷却速度要比埋地管道快得多，往往成为限制允许停输时间的关键。

停输后管道冷却过程中，油温逐渐下降，向周围土壤散发的热量也逐渐减少，其过程是不稳定传热过程。

1. 保温的架空管道的停输温降过程

热含蜡原油管道停输后，除原油、钢管温降放热外，热量还来自蜡结晶析出时放出的潜热。其停输温降规律与一般重油有所不同。图 3-33 为某管径 377mm 的管道在室内实验中实测的管中心油温及管壁凝油层厚度与停输时间的关系，其温降过程按传热方式不同可分为三个阶段。

第一阶段：油温大致在 40~65℃范围。刚停输时油温较高，内壁结蜡层很薄，管内存油与外界的自然对流放热强度较大，而存油、钢管及保温层的热容量都较小，故温降很快。

第二阶段：油温在 36~40℃范围。随着油温及壁温下降，一方面蜡不断结晶析出，管壁结蜡层不断加厚，使热阻增大；另一方面，由于油流黏度的增大，对流放热系数减小，二者都使散热量减小。而蜡的结晶析出却又放出潜热，因而这一阶段的油温降落最慢，直至整个管道横截面都布满了蜡的网络结构，是架空管道停输温降的关键阶段。

第三阶段：此时管内存油已全部形成网络结构，传热方式主要是凝油的热传导，热阻较大，且与外界的温差也减小，故其温降速度要比第一阶段慢得多。但由于在此阶段内，单位时间内继续析出的蜡结晶比第二阶段少，放出的凝结潜热少，因而其降温速度比第二阶段略快。

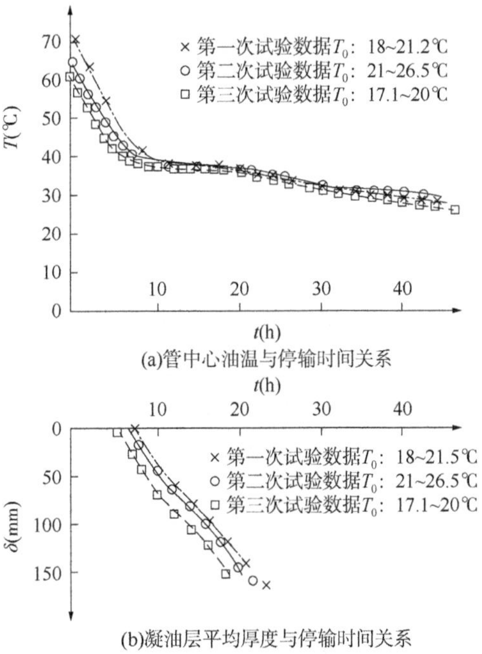

(a)管中心油温与停输时间关系

(b)凝油层平均厚度与停输时间关系

图 3-33　管中心油温及管壁凝油层厚度随停输时间的变化

2. 埋地管道的停输温降过程

由于管道周围土壤中蓄积的热量要比管道及管中存油的热容量大上百倍，故埋地管道的停输温降情况与架空管道不同，主要决定于周围土壤的冷却过程，其温降速度要比架空管道缓慢得多。一般，埋地管道的停输温降过程可以分为两个阶段。

第一阶段：管内油温较快地冷却到略高于管外壁土壤温度，尤其是管壁附近的油温下降较快。

第二阶段：管内存油和管外土壤作为一个整体缓慢地冷却。蜡晶析出放出结晶潜热而使油的温降减缓的现象并不明显。这是因为埋地管道停输散热主要来自土壤,其中的蓄热量比原油中蜡晶放出的潜热要大得多。

(四) 管线充装

如图 3-34 所示,在管道运行状态中,由于瞬态流动时摩阻损失引起的压力坡降的存在,在管道水力瞬变过程中(例如阀门关闭,液柱分离等),增压波前峰经过后,管道容积和管内压力继续增加的过程称为管道充装。发生管道充装现象时,上游流速高于下游流速,此时会导致上游压力上升。

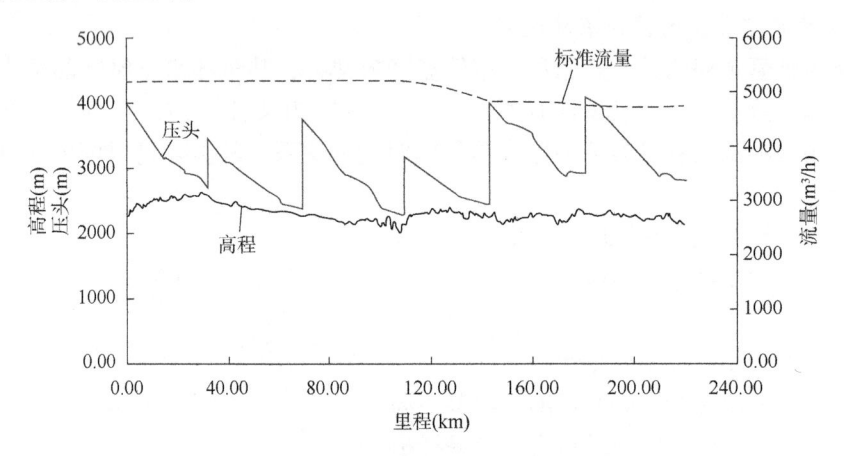

图 3-34 管线充装全线流量变化示意图

在管线的实际运行中,充装现象是不可避免的,如启泵等。因此,作为中控调度员,在操作管线运行时,应严格按照运行规程进行操作,控制好调节压力或阀门开度的幅度和频次,使管线运行平稳适中,尽量减少充装现象造成的压力波动对于管线的影响。

(五) 管线泄流

管线泄流全线流量变化示意图如图 3-35 所示。

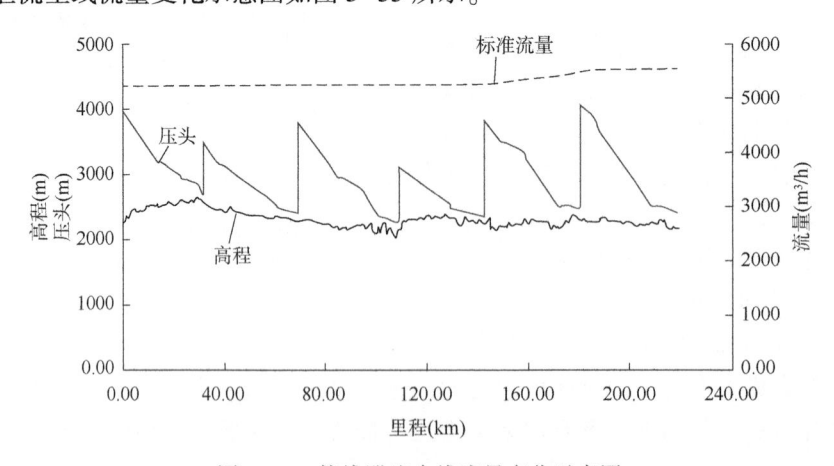

图 3-35 管线泄流全线流量变化示意图

在管道运行状态中,当下游流速高于上游流速时,管线发生泄流现象。当发生管线泄流现象时,下游压力会降低。

与充装现象相对应,泄流现象常发生在停泵、阀门关断等管道瞬变现象中,在管道运行中同样不可避免，因此，相应的措施与充装现象相同。

（六）干线关阀

干线关阀全线水力坡降和流量示意图如图3-36所示。

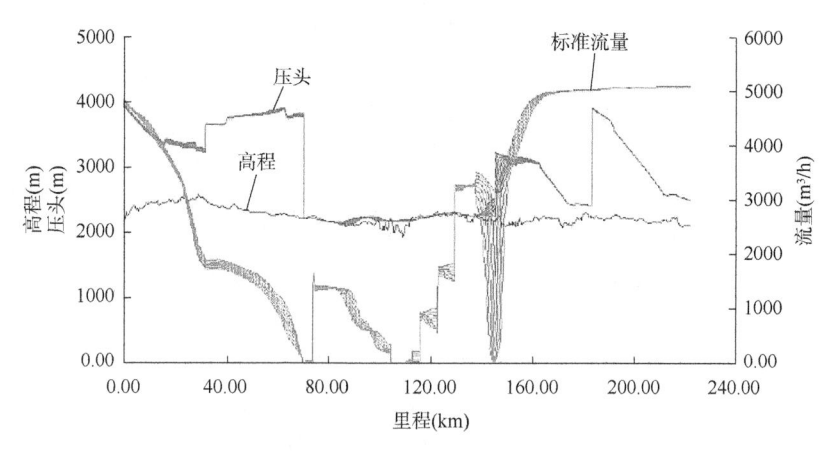

图3-36 干线关阀全线水力坡降和流量示意图

当阀门关度达到90%以上时，参数才会明显的发生变化。关闭阀门之后较短时间内，流速和阀后压力迅速减小，下游泵站陆续停泵。由于阀门关闭，上游压力升高，超出安全范围时停泵。

当干线阀门意外关断之后，全线会触发水击超前保护程序，全线紧急停输。如果出现意外工况，全线没有自动触发水击超前保护程序，则需要调度员进行人工操作，首先紧急停事故阀门上游泵站的泵机组，下游正常停输，最后完成全线停输。

（七）液柱分离

当管道受到减压波的作用，管内压力低于溶解气的饱和压力时，液体中的溶解气就会饱和逸出，在液体内形成许多小气泡。当压力进一步下降，低于液体的饱和蒸气压时，管内液体就会汽化，产生蒸气。蒸气与已形成的溶解气泡结合，形成较大的气团在管内上升。液体内的气泡倾向于停留、聚集在管道高点或某些顶端的局部位置，形成较大的气泡区，而液体则在气泡的下面流动。这种情况称为液柱分离。管线液柱分离全线水力坡降变化示意图如图3-37所示。

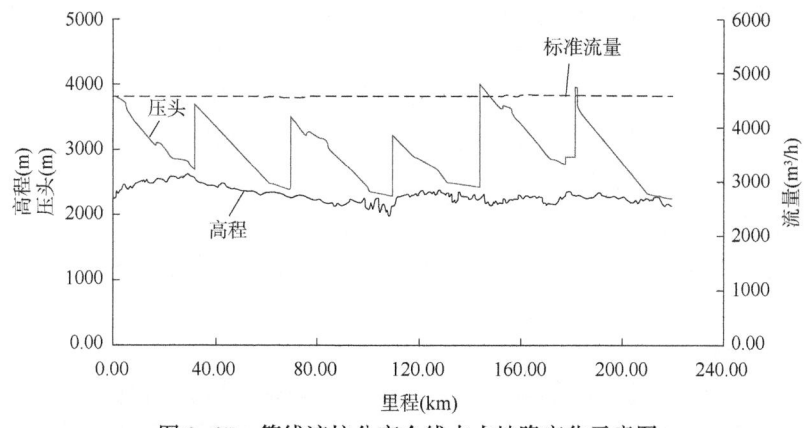

图3-37 管线液柱分离全线水力坡降变化示意图

减小管线压力可能引起液柱分离，水力坡降线与管线纵断面图的交点为液柱分离点，如图3-38所示。

液柱分离会导致管线的压力控制变得复杂，液柱分离自身并不能影响上游的压力和流量，但会导致下游压力和流量缓慢下降，从而影响泄漏检测系统正常运行。如果气泡在到达下游泵站前没有消除，则会对泵造成汽蚀。为了恢复液柱分离工况，需要提高管线压力，使发生液柱分离的高点处的压力高于油品的饱和蒸气压。采取措施之后，仍需对液柱分离点进行监视，防止再次发生液柱分离现象。

对于调度员来说，液柱分离很像管道泄漏，因为两种情况下下游压力和流量都下降。如果调度员将泄漏当作液柱分离来处理，而采取增加上游压力的办法，将会增加泄漏量，因此尤其应引起注意。

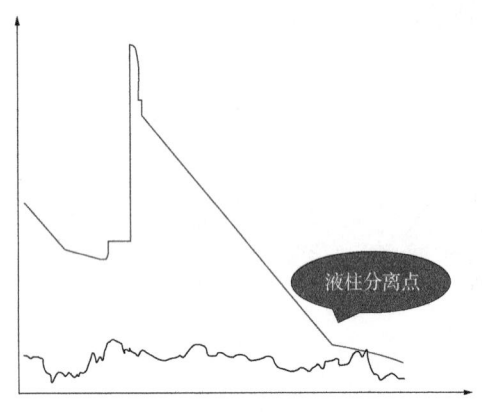

图3-38 液柱分离点示意图

液柱分离和泄漏的区别在于对于上游的影响。泄漏初期比液柱分离更能引起压力和流量的快速变化，泄漏时上游和下游压力都将降低（上下游没有控制的前提下）。泄漏引起上下游泵站的压力下降，使上游流量增大，水力坡降线的斜率变陡。

二、原油管道的工况调节

输油管道的调节就是通过改变管道的能量供应或改变管道的能量消耗，使之在给定的输量条件下，达到新的能量供需平衡，保持管道系统不间断、经济地输油。

管道的调节就是人为地对输油工况加以控制。从广义上说，调节分为输量调节和稳定性调节两种情况。(1)输量调节。首站从油田的收油是不均衡的，一年之内各季不均衡，甚至各个月份也有差别；末站向外转油受运输条件或炼厂生产情况的影响，有时出路不畅。这些来油和转油的不均衡必然要求管道的输量相应变化，这些输量的改变要靠调节来实现。(2)稳定性调节（即自动调节）。密闭输送的管道为了维持输油泵的正常工作和管道的安全运行，要求中间站的入口压力不能过低，出口压力不能过高。输送工况不稳定表现在泵站进出口压力的波动。当压力波动超出规定值时，就要对管线进行调节。

造成压力不稳定的原因有：各泵站泵机组运转台数或运转泵性能变动；泵站输油泵因调速使其工况变化；所输油品种类改变或因温度改变造成油品黏度变化；管道因结蜡、气袋或其他原因造成一定程度的阻塞等。

（一）输量调节方法

根据管道系统的能量供需特点，调节方法可以从两个方面考虑：改变泵站特性（从能量供应方面考虑）和改变管路特性（从能量消耗方面）。

1. 改变泵站特性

改变泵站特性即是改变总的能量供应，从而实现对输油管道的调节。当泵站特性由A降为B时，由于全线提供的总压力减小，管道的输送能力降低，流量降低，压头降低，如

图 3-39 所示。

改变泵站工作特性主要有以下几种方法。

(1) 改变运行的泵站数。输量大幅度变化时常采用这种方法。

(2) 改变运行的泵机组数。对于装备串联泵的管道，采用这种方法是很方便的。对于装备并联泵的管道，采用这种方法时经常还要改变运行的泵站数（停泵时要先停开泵站，然后停开泵机组，否则可能造成运行的泵机组过载）。

(3) 改变泵的转速。由于泵的排量近似与转速成正比，压头近似与转速的平方成正比。当离心泵的转速变化20%时，泵效基本无变化，因此，调速是效率较高的改变输量的方法。

但改变泵的转速往往受到现有设备条件的限制。在串联工作的泵站上，如果泵的原动机为燃气轮机或柴油机，则每台泵都可调速。目前我国长输管道所使用的大多数为异步电动机，调速比较困难，一般在泵与电动机之间加变速装置（如液力偶合器）或加串级调速装置，亦可采用变频调速；若采用价格昂贵的变速电动机，会使投资和维修费增加。为了节省投资，对于串联泵站，每座泵站可备有一台调速机组。对于并联泵站则必须所有泵机组都可调速，才能起到调节输量的作用。

(4) 改变多级泵的级数。这种方法适用于装备并联离心泵的管道。要求降低输量时，拆掉若干级叶轮，而需要恢复大输量时则将拆掉的叶轮重新装上。

(5) 切削叶轮（或更换不同直径的叶轮）。通过对输油泵更换不同直径的叶轮可以在一定范围内改变输量，但泵的叶轮不能切削太多，否则泵效下降较大，因此这种方法不适用于大幅度改变输量的情况。

图 3-39 改变泵站特性对工作点的调整

2. 改变管路特性

改变管路特性主要是节流调节。节流调节就是人为地调节泵站出口阀门的开度，增加阀门的阻力来改变管路特性以降低管道的输量。如图 3-40 所示，管道调节前的工作点为 a 点；关阀节流后，由于流动阻力的增加，管内流量变为 Q_b。此时，管路的总摩阻损失为 H_1，泵站提供的总压头为 H，Δh 即为阀门的节流损失。由于节流损失的增加，使管道特性曲线变陡，致使工作点发生了变化，如图 3-40 中虚线 B 所示。

节流调节是一种最简单易行的方法，但能量损失比较大。

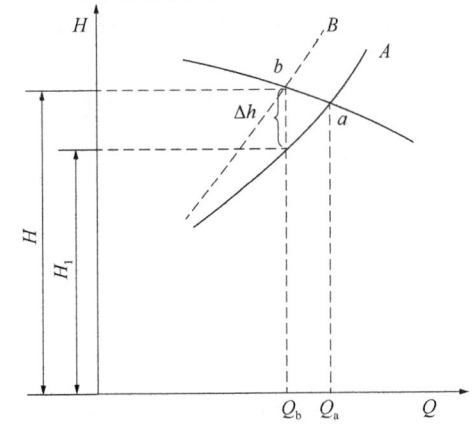

图 3-40 阀门节流时的工况

(二) 稳定性调节方法

稳定性调节（即自动调节）的目的是为了保障输

油泵的正常工作和站间管路的强度安全,调节实际上是对管中油品压力的调节,其要求是能经常性工作,调节机构的动作速度应使管道中压力的变化等于计算的扰动速度,以避免压力变化达到保护给定值而发生保护性停机。调节压力有一定的精确性要求,一般要求在下一站停一台泵时调节压力偏差不应超过 98~147kPa,调节时能量消耗小,在正常输油时的压力损失应不超过 19.6kPa。压力调节所使用的方法有改变泵机组转速、节流等。

1. 改变泵机组转速

如果泵站上装有可调速泵机组,可以利用这种方法进行压力调节。从节省能量角度讲这是一种较好的方法。但如果只从压力调节方面考虑采用调速泵机组一般是不合理的。

2. 节流调节

节流是人为地造成油流的压能损失,降低节流调节机构后面的压力。

输油管道除非发生水击或泵机组开停等较大压力波动情况,一般情况下调节压力的时间不超过全部输送时间的 3%~5%。调节幅度不大于单泵扬程的 10%~25%。在这种情况下使用节流法调节是非常合适的。目前密闭输送管道除了少数靠变速调节外,绝大多数使用节流法。

三、原油管道停输后的再启动

长输管道刚开始停输时,沿线各点的油温是不同的,在加热站间的前段,油温较高;而后段则油温较低。尽管油温高处的温降比油温低处快,在停输若干时间后,沿线仍有一定的温度梯度。图 3-41 为某管径 300mm 的管道停输不同天数后沿线温度的分布情况。由图 3-41 可见,虽然经过三天的停输,管道入口处的油温仍较高,略高于原管线正常时的出口油温。

由图 3-41 可知,管线再启动时,随油品物性和停输时间不同,沿线管道内的情况也是不同的。可能出现两种情况,在油温较高的段落,再启动时管中心部分仍为液相;而在油温较低的段落,则在整个横截面上都已形成网络结构。

必须强调指出,当管道沿线有某些热力情况很差的特殊段落时,如管沟浸水的坡地、严重塌陷、覆土很浅的段落以及有地下水流过管沟的地方,管内存油的温降可能像水中或架空的管道那样快,整个横截面最先凝结,并随着温度的降低,网络结构不断增加。

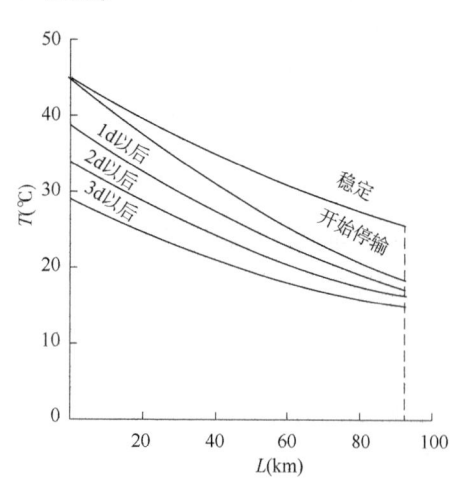

图 3-41 某 300mm 管道停输不同天数后的沿线温度分布

(一) 从管道中顶挤出冷油的再启动过程

停输后再启动时,管道中充满了冷油,一般是在管道允许的最大操作压力下,用低黏油品、水或热油作顶挤介质,把管内存油顶挤出去。

对于高黏稠油或未形成结构的含蜡原油的顶挤过程,大致可以分成两个阶段:顶挤开始至顶挤液到达管道终点;继续冲刷黏附在管壁的高黏原油。

再启动时一般采用容积泵顶挤。若在泵正常排量下顶挤压力超高时，需通过回流或旁路调节减小顶挤流量，维持顶挤压力在允许范围内。随着冷油被顶出管道，顶挤流量逐渐增大，直至达到泵的正常排量。这阶段是在最大顶挤压力下顶挤流量逐渐增大的过程。以后就在维持在正常流量下继续顶挤，泵出口压力逐渐下降。若采用高压离心泵顶挤时，与上述不同之处在于离心泵排量应维持在泵允许的流量范围之内，泵出口压力变化情况与离心泵特性有关。

（二）管中心为液相的再启动

这是在埋地的大直径管道中常见的情况，油温降低只是在靠近管壁的外围环形截面上形成了网络结构，中心部分的油仍为液相。再启动时类似于在管壁结蜡层很厚的管道上输送温度等于管中心油温的冷油。尽管是在允许的最大压力下启动，开始时排量难免较小，随着冷油被推出和凝油层厚度逐渐减薄，排量逐渐增大，直至接近正常流量。

启动过程中流量恢复的快慢决定于再启动压力的大小、顶挤液的性质、停输时间长短及管内存油的流变性等一系列因素。为了尽快恢复正常输送，应在强度允许的压力范围内，尽可能加大排量。因为流速越高，对管壁上凝油层的剪力越大，可以带走更多凝油。

当管道输送低凝点高黏度的原油或重油时，由于停输后黏度急增，在管道强度的限制下，流量恢复的时间可能长达半月以上。如国外有一条长 37km 的管径 203mm（8in）原油管道，正常输油能力为 3500m³/d，加热温度为 60℃。停输后再启动时，在最大允许泵压 4.8MPa 下输送 70~75℃ 的热原油，开始流量仅 151m³/d，24d 后才达到 2850m³/d。在后来的停输过程中，在管道中途增设一个临时泵站，再启动后达到上述输送能力只要 4d。

（三）管截面为凝油的再启动

若管内存油已冷却至全部凝结，由于凝油具有一定的结构强度，必须外加剪力破坏其结构后，才能恢复流动。在外加剪力下胶凝原油结构的破坏是沿管长逐段产生的，开始在前面的管段内原油的晶格裂降，剪切应力下降至较小的数值后，启动压力的大部分逐渐施加在后面的管段上，引起后面管道内逐段产生胶凝原油的裂降。故这种情况下需要一定的加压时间后才有凝油顶出管道。为了管道的安全，正常情况下不允许管内原油冷却至全部凝结。

若整个管道截面已形成凝油，再启动的压力需要破坏蜡晶结构才能使其开始运动，油温越低，网络结构的强度越高；以及凝油段的长度越长，所需的顶挤压力就越大。受到管路允许操作压力的限制，这种情况往往需要分段顶挤，使处理事故的工作量增大，花费的时间也很长。

当管道沿线有热力情况很差的特殊段落时，各段凝油的结构强度可能相差很大。如东北地区的某 ϕ426mm 支线，在四月初停输检修而发生凝结事故，不得已而分段顶挤时，在停输约 80h 后，在管道两端埋置情况较好的段落，管中的存油仍能流动；在热力情况较差的段落，停输 87h 后，凝油的平均屈服强度约为 170Pa；在有水流淌过管沟的段落，屈服强度还远大于此值。在停输 154h 后，该淌水段的平均屈服强度约达 4650Pa。

（四）热油管道的允许停输时间

加热输送管道能够安全地再启动所允许的停输时间与多种因素有关，目前要准确地预测还很困难。但它又是保证加热输送管道不致再启动失败的重要参数，在生产运行中需要对其有所了解，并能大致确定其范围。

安全再启动应满足管道允许的操作压力不小于再启动所需压力的条件。这与最大顶挤压力、管内油温、原油的黏温关系、凝点等因素有关。在所输的原油性质已确定的条件下，问题的关键在于停输温降的情况。由于停输温降属于不稳定传热过程，而且影响传热的因素很多又是随时间变化的，难以准确取值。埋地管道的不稳定传热目前尚没有简便而准确的计算方法，工程上常采用的是一些近似计算的公式，可以计算出停输后管内油温随时间的变化。目前也有根据不稳定传热的数学模型，使用数值计算方法并利用计算机求解管道停输后的温度场变化。最后由所需再启动时的油温来估算出允许停输时间。

不同季节、不同的稳态运行工况条件下，管道的允许停输时间也不同。例如，当夏季地温较高，或正常运行时的油温较高时，允许的停输时间就比较长。反之，若在冬季地温低时，同一管道的允许停输时间就较短。

（五）加热输送管道安全再启动

应根据管道的实际条件及不同的稳态运行工况，计算不同季节、工况时的允许停输时间。由于目前还不能得到准确的温降计算结果，在条件许可时，应通过与同类管道类比或现场试验来验证管道的停输温降情况，从而修正允许停输时间。

在制订事故应急预案及组织抢修力量时，应尽力保证事故处理时间不超过热油管道的允许停输时间。对于通过岩石地区或架空敷设的管段，要注意保证它们的保温层完好，并及时维护，以避免这些管段的停输温降过快而使再启动压力增加过多。

另外，为了顺利再启动及防止凝管事故，在加热输送管道的设计中，可以在泵站加设一台输量较小的容积泵，站场应设置反输流程等。

四、水击与分析

（一）水击对水力坡降的影响

当管线中的压力发生变化（升高或降低）时就会产生瞬态或压力振荡（又叫水击）。对管线进行压力控制是至关重要的，所以，操作人员需理解并知道如何控制瞬态。

1. 压力瞬变

当管线中的压力或流量发生变化时就会产生压力瞬变或水击。当管线中的流量发生变化时，压力波动就会以波的形式沿管线向上、下游传播。因此，瞬变或水击就是当管线内的流速变化时，引起压力的变化。开关阀、起停泵、液柱分离被消除时均会产生压力瞬变。

对不可压缩的液体而言，压力瞬变的后果会更严重，如：不含气体的液体无法靠膨胀或压缩来吸收压力的变化；对厚壁管而言，水击的影响也更为严重，因为压力变化时，厚壁管只能发生很小的径向变化；另外，如果壁厚相同，因小管径的管子的刚性更大，所以，水击对小口径管线的影响相对要大。

压力波动是一种时效现象，或当管线中两种稳态之间跃变时，此时，压力波动值在一定时间内是固定不变的，如图3-42所示。

发生在两个稳态流之间的压力跃变B点处，压力被提高。流体在高于泵汽蚀余量（简称NPSH）的压力下进站，并在低于最大允许操作压力（简称MAOP）的压力下出站，且流量恒定。泵向流体提供能量，从而使管线的压力增加，而此增幅是不变的，且只发生在泵站。

图 3-43 的水力坡降线显示了启泵后泵出、入口的压力跃变，同时流量从低到高的变化过程。

图 3-43(a)压力波动随时间变化曲线，管道中的流量线和水力坡降线都是直线，流量曲线及均一的水力坡降线指明管线的初始流量为一稳定状态。图 3-43(b)中所显示的因启泵而产生的压力跃变将随时间的变化而变化，在 B 点启泵水力坡降线斜率增加，流量上升。

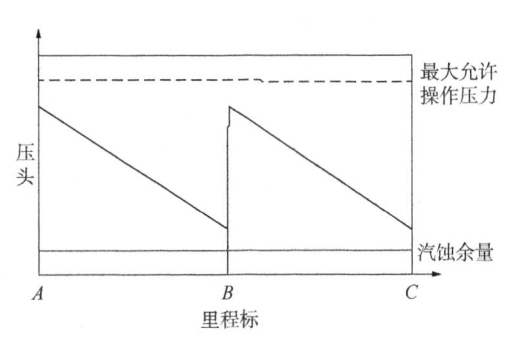

图 3-42 发生在两个稳态流之间的压力跃变

泵站 A 提供的压头可在泵站 A 到泵站 C 之间维持一个稳定流量 1。此时流速较小，压头损失也较小，因为压头损失是流速平方的函数。

在泵站 B 启泵会改变水力坡降线，因为泵的入口压力会降低，而出口压力会增大。泵提供的能量表现为由压能转化来的流速的增加。

水力坡降线会向一个稳态方向变化，在新的稳态下会有更大的流量。如图 3-43(c)所示，在泵站的上下游，压头损失随着流量的增加而增加。进入管线的压能转化成了相应的摩阻损失和动能。

在泵站 A 与 C 之间建立了流量 2 的新的稳定状态，如图 3-43(d)所示，水力坡降线要比流量 1 下的更陡，说明压头损失随着流量的增加而增加。

由泵引起的压力波沿管线向上、下游传播，直到建立一个新的稳定状态。泵运行时会向管线提供稳定的压力。

(a)压力波动随时间变化曲线

(b) 在B点启泵水力坡降线

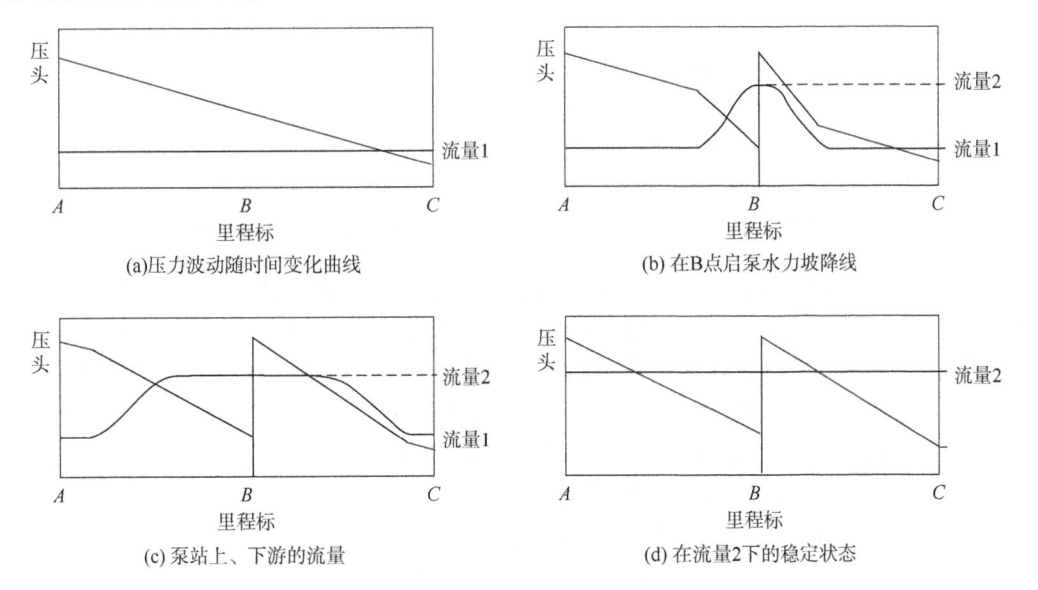

(c) 泵站上、下游的流量

(d) 在流量2下的稳定状态

图 3-43 启泵的水力坡降线

2. 阀门操作

阀门可以通过节流来调节流量。阀门操作对压力波动有重大影响，因为阀门开启或关闭的速度会影响压力波的大小。

（1）关阀操作。

水击：在运行的管线上，由于快速关阀引起的压力波动称为水锤或水击。阀门关闭后，管线中的流动会瞬时截止。由此而产生的压力波从阀门处向上游传播，同时，上游流动逐渐停止。压力波的大小取决于管线的规格、流体的流速和关阀的速度。

（2）开阀操作。

在静止的管线上开阀产生的压力波会向下游传播，并促使流体流动。随着流体开始流动，管线中的压力能也就转变为了动能。

在运行的管线上开启注入阀而产生的压力波会使下游流量增加，上游流量减小，如图3-44所示。水击波沿管线向上、下游传播，直到能量被耗尽而建立新的稳定状态。开启分输阀会产生相反的影响。

（3）操作阀门的速度。

在运行的管线上快速关阀而引起的压力波会以声波速度向上下游传播。水击波以声波速度 a 向上游传播的距离为 L。L 是从压力波产生点到注入点或分输点间的距离。L/a 是传播所需的时间。例如，一条大口径的原油管线，距离为30mile（48km），水击波在两站间的传播时间为45s。

如果关阀的时间超过了 $2L/a$ s，这时压力波动是最小的，如图3-45所示。大口径管道上的许多阀门在3.5min关闭。如果在该阀上游没有别的阀门、泵在操作，那么这个时间内会产生很小的压力波。缓慢关闭阀门，使压力升高到静压值而又低于最大允许操作压力。

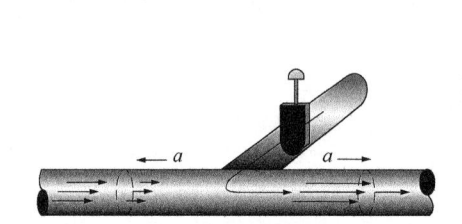

图3-44 在运行的管线上开启注入阀开阀的操作引起压力波

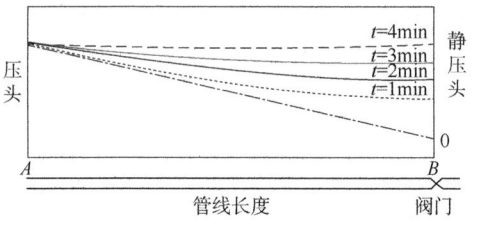

图3-45 在开关阀过程中，第1min、2min、3min、4min时的压力曲线

在超过 $2L/a$ s 的时间内开启或关闭阀门会使流量波动。流量波动与管子的弹性和流体的压缩性无关。流量波动不是由钢管的弹性收缩或膨胀而是由动量变化引起的。如果阀门操作能使管线在操作完成后就达到稳定状态，那么压力波动是最小的。然而，阀门的操作要足够快以达到控制系统的目的，同时又要足够的慢以使产生的压力波最小。

在长为48km的管线上快速关阀而产生的压力波在45s内传播到上游，之后又返回，如图3-46(a)所示。在180s内压力会持续增加。

快速开阀产生的压力波向下游传播，同时流体开始流动，如图3-46(b)所示，迅速开启阀门，5s、15s、25s时的水击情况，阀门的迅速开启导致阀前压力突然下降并迅速波及上游。压力波会一直往下游传播，直到遇见阀门或下游的低速流体而返回。

（4）闸阀。

闸阀用作截断阀而不能用作调节阀。闸阀只有两种状态：全开和全关，如图3-47所

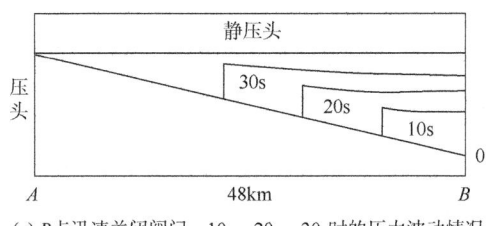

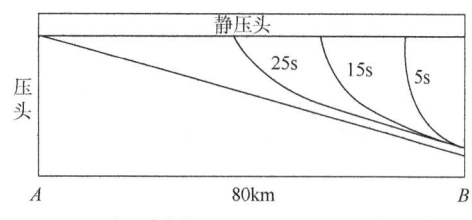

(a) B点迅速关闭阀门,10s、20s、30s时的压力波动情况 　　(b) 迅速开启阀门,5s、15s、25s时的水击情况

图 3-46　迅速开关阀门的水击情况

示。因此,只有当闸阀近乎全关时,流量才会减小。部分关闭的闸阀引起的压能损失很小。因此,当阀门开度还剩 2% 时,接下来的关阀时间一定要超过 $2L/as$ 以防发生水击。开阀时,起初的 10% 的开度对流量有 98% 的影响;关阀时,最后的 10% 的开度对流量有 98% 的影响。

(5) 压力控制阀。

同球形阀和柱塞阀一样,压力控制阀用来进行压力调节,因为在该类阀逐渐关闭的过程中能更好地控制流量。在部分关闭的压力控制阀前后的压头损失会占总压头的一大部分,如图 3-48 所示,流经球形阀的流体压力恒定,流量的变化与开度直接相关。

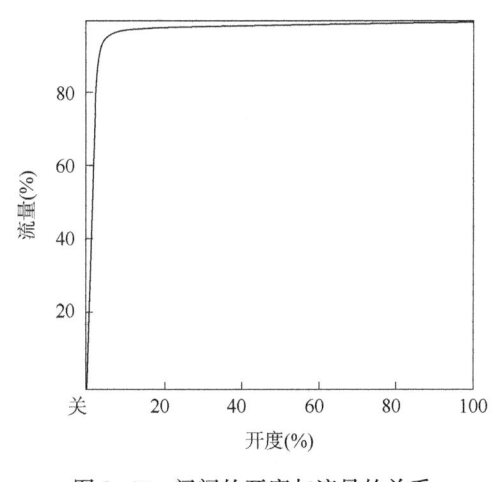

图 3-47　闸阀的开度与流量的关系 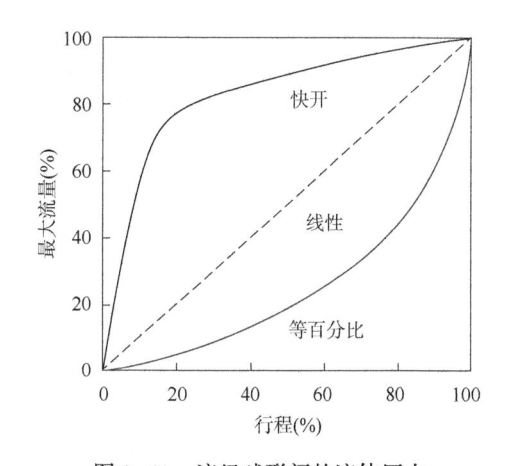　　图 3-48　流经球形阀的流体压力

(6) 单向阀。

单向阀安装在河流穿越的下游侧。河流穿越处通常是管线的最低点,因此静压最高。如果在单向阀完全关闭之前发生了倒流现象,那么就会产生很大的水击。任何的倒流现象都会随阀门的完全关闭而骤然停止,从而产生压力波沿管线向回传播。伴随单向阀操作的一个问题是可能会发生管道断裂,这种情况往往在下山坡的流体被单向阀截断时发生。

在发生倒流时如果单向阀能缓慢关闭则会减小水击,当流动停止时迅速关闭单向阀可以完全消除水击。

3. 泵操作

泵向管线提供能量从而使流体在管线中流动。泵的启动或停止都会影响管道系统的能量(压力和流量)平衡。

(1) 泵启动。

在运行的管线上启泵,如图3-49所示,产生的水击波向管线下游传播同时管线中流速增加。泵启动时的减压波向管线上游传播。在启泵时将泵与管线隔离开,这样会减小水击。之后,要缓慢开启出口阀使泵投入运行。

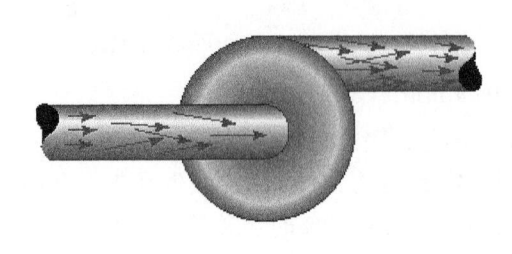

(2) 改变泵转速。

改变泵转速会改变泵向管线提供的能量。能量增加会使管线的压力和流量都增加。改变泵转速引起的压力波会向管道的上下游传播。

图3-50给出了泵的扬程—流量曲线,泵曲线随泵转速的改变而不同。下面的线为低转速线,上面的线为高转速线。保持排量不变(线1—2),提高转速会提高泵的扬程。扬程的提高使水力坡降线向最大允许操作压力方向移动。保持扬程不变(线1—3)提高转速会使排量增加。

图3-49 泵启动时产生压力波

(3) 停泵或电力故障。

图3-51给出了在停泵或电力故障时的泵曲线,工作点降到扬程为零。管路曲线和泵曲线的交点为工作点(图3-51中的"1"点)。在停泵过程中,由于泵机组的惯性,泵会继续向管线提供能量(1—2—3),直到泵的扬程减小到零(点3)。只要泵的叶轮转动,就会有流体过泵。泵机组的惯性和效率共同决定了泵机组停运的速度。

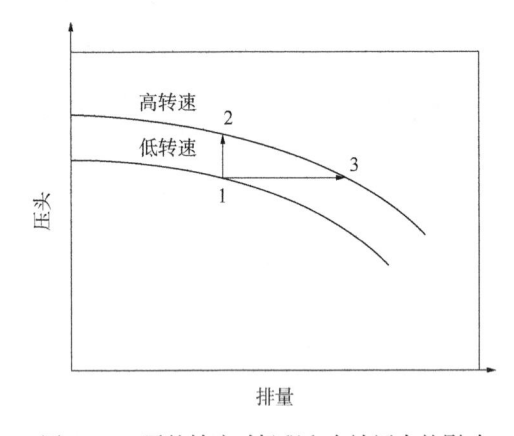

图3-50 泵的转速对扬程和出站压力的影响 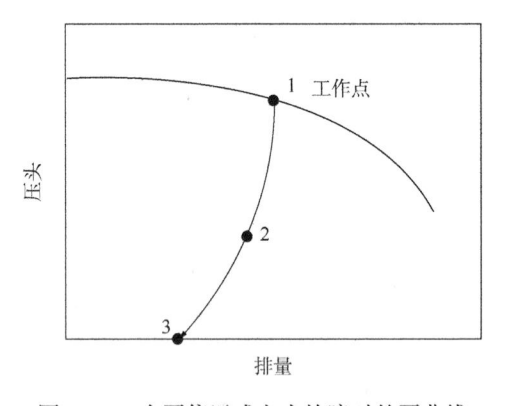　　图3-51 在泵停运或电力故障时的泵曲线

泵的突然停止会产生巨大水击。在泵突然停止时,泵的扬程减小同时减压波向管线下游传播。管线下游的流量减小从而建立新的水力坡降线。停泵同样会影响该泵上游的流量:当泵突然停止时,增压波向管线上游传播,从而使上游流量减小。

4. 水击的影响

管道系统的迅速变化就会产生水击。水击会产生很高的压力,这个压力会以声速在管道中传播。因为有很高的水击压力,所以水击可能造成不可预测而又后果严重的破坏。水击可能产生的后果包括管道断裂、皱瘪、液柱分离和因剧烈振动而对阀门和泵造成损坏。

(1) 正压波。

在管道的低点，水击波可能会导致管道的运行压力超过管道的最大允许操作压力。在超压状态下，管壁就会超出弹性极限而处于屈服状态。这样，管径就会增大或者管壁出现破裂，如图3-52、图3-53所示。在管线高点容易发生液柱分离而在低点容易发生管线屈服或破裂。

(2) 负压波。

在管道的高点，一个负压波可能会导致液柱分离。正压波可使管线压力升高以致管线产生裂纹，负压波可使管线压力降低以致出现液柱分离。

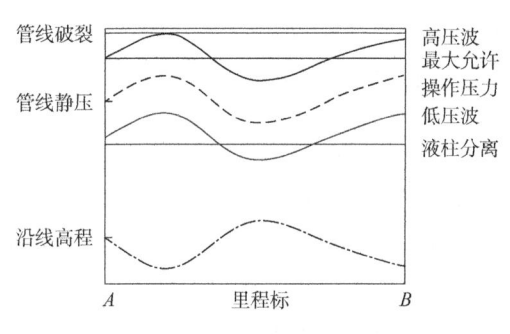

图 3-52 水击对静止管线的影响

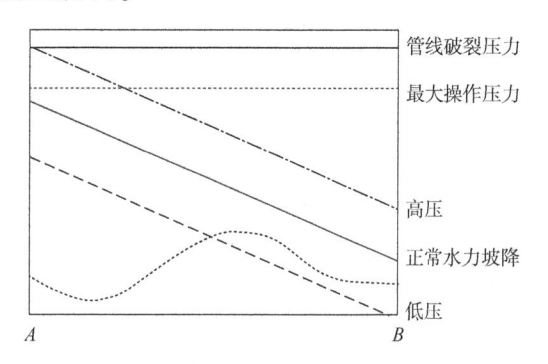

图 3-53 水击对运行中的管线的影响

(3) 振动。

因为水击压力有巨大的能量，可以产生很大的力，使管道上的组件承受很大的应力并产生位移。管道组件的位移可能是一个独立事件，也可能与水击波发生共振，由水击产生的巨大的力使管道及其附件发生位移，如图3-54所示。

当阀门关闭后，流体在逐渐停止的过程中会继续传递压力而冲击阀门。在管径为122cm的管道中，如果在阀门关闭后冲击阀门的压力为3447kPa(689~4136Pa)，阀门所受到的力为900000lbf。900000lbf的力相当于五节装满谷物的火车车厢的重量，足以使管线和阀门运动。如果水击波是从上游的泵站返回的，那么这个水击波会使管道及其附件产生额外的位移。

(二) 事故分析

管线中流体的体积受许多因素的影响，主要包括以下几种：(1)泵的输出流量；(2)管线的流动摩阻；(3)管线压力；(4)管壁的膨胀；(5)管线中流体的压缩性；(6)流体的温度。

在稳定运行状态下管线中流体的体积和压力直接相关。管线中压力的波动就表明流体的体积发生了变化(上升或下降)。水击波以声波的速度沿管道向上下游传播，水击波的传播速度和以下因素有关：流体的

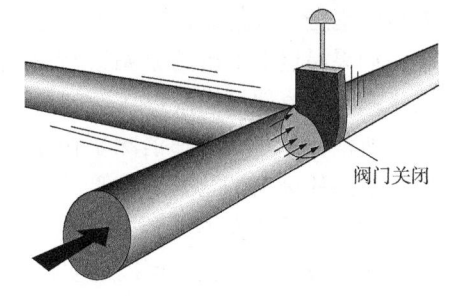

图 3-54 由压力扰动引起的管道振动

密度和体积弹性系数，管道的弹性模量，管径，管壁厚度和流体中是否存在气体。

管道泄漏打破了管道系统的能量平衡，并且将过渡到一个新的稳定状态。

管道在稳定状态运行时,泄漏是很容易而且可以非常可靠地检测到,但是,管道泄漏通常不发生在稳定状态。启停泵、沿管线注油和分输、顺序输送以及混油界面的变化,以上这些瞬态变化使平稳输油变得相当困难。另外,沿程摩阻随混油界面的移动和过泵而变化,沿程摩阻会影响液体的流动,还有沿线高程的变化也会破坏管道的稳态运行。

由于管道的泄漏或破裂事故是非常严重的且具有潜在的危险,运行人员需要了解如何识别泄漏和破裂。另外,运行人员也需要了解泄漏和破裂对管线的影响。

如上所述,管道泄漏导致了管道系统的能量不平衡。管道系统中能量平衡的任何变化都会使当前状态开始向另一个新的稳态过度。随着能量平衡已经趋于稳定并且由泄漏导致的瞬态已经消失,就产生了一个新的稳态。

在稳态运行期间,水力坡降线保持平稳,如图3-55(a)所示。水力坡降线的斜率相同表明各站间流量相等。假定本例从泵站 A 到泵站 D 的管线中只有单一的、均匀的油品流动。

由于油品的泄漏导致管线压力下降。随着油品从漏点流出,压能转变成流体的动能,如图3-55(b)所示。随着油流从泄漏点处漏出,该点处压头降低。管线压力下降导致管壁收缩和油品膨胀。压力的下降产生压力波沿管线以声速向上下游传播。漏点前的流速增加,漏点后的流速降低。

泵站 B 和 C 之间的水力坡降线逐渐建立了一个新的平衡,如图3-55(c)所示,随着流量发生变化,水力坡降线的斜率随之发生变化。漏点前水力坡降线的斜率变大表明流量增加。漏点后的水力坡降线的斜率变小说明流量减少。压力波向下传播经过泵站 C,减压波导致泵站 C 的吸入压头降低,由于泵站 C 的扬程保持恒定,所以出站压头和吸入压头一样也降低相同的量。

泵站 B 的吸入压头和出站压头均有降低,且上游流量增加,如图3-55(d)所示。由于泄漏而影响全线的压头损失,泄漏使下游两个泵站和上游一个泵站的进站压头降低。泄漏影响了整个管道系统,最终达到一个新的稳态。

新的稳态可以从水力坡降线上看出来,如图3-55(e)所示。漏点上游的水力坡降线比以前变得更陡,表明由于流量增加而致使压头损失增加。下游的水力坡降线变得更加平缓,是由于流量降低而致使压头损失减小。所有泵站的进出站压力都下降。随着压力波从漏点处沿管道进一步传播,这些压力将持续下降。

如果漏点上下游的泵站进行进出站压力控制,那么压力波将不会向其他的泵站传播。调压阀将节流使压力维持在设定点。新的稳态导致漏点下游流量发生变化,这个变化由调压阀所消耗掉。调压阀消除了由于泄漏所产生的影响,限制其在距离泄漏点最近的站间。所有泵站的进出站压力均降低,水力坡降线的斜率反映了新的流量。

(1) 泄漏的大小。

水力坡降线的状态可以表明泄漏的大小。例如,下游完全停止流动说明所有的流体都从泄漏点流失了。相反,非常小的泄漏就不容易检测到,因为它所产生的压力降比压力传感器所能检测到的正常干扰还要小。管线中的压力波动和(或)批次界面的移动也能将实际的泄漏掩盖起来,致使检测工作更难进行。

泄漏量的大小决定了水力坡降线的变化趋势,如图3-56所示,泄漏对管线压力的影响

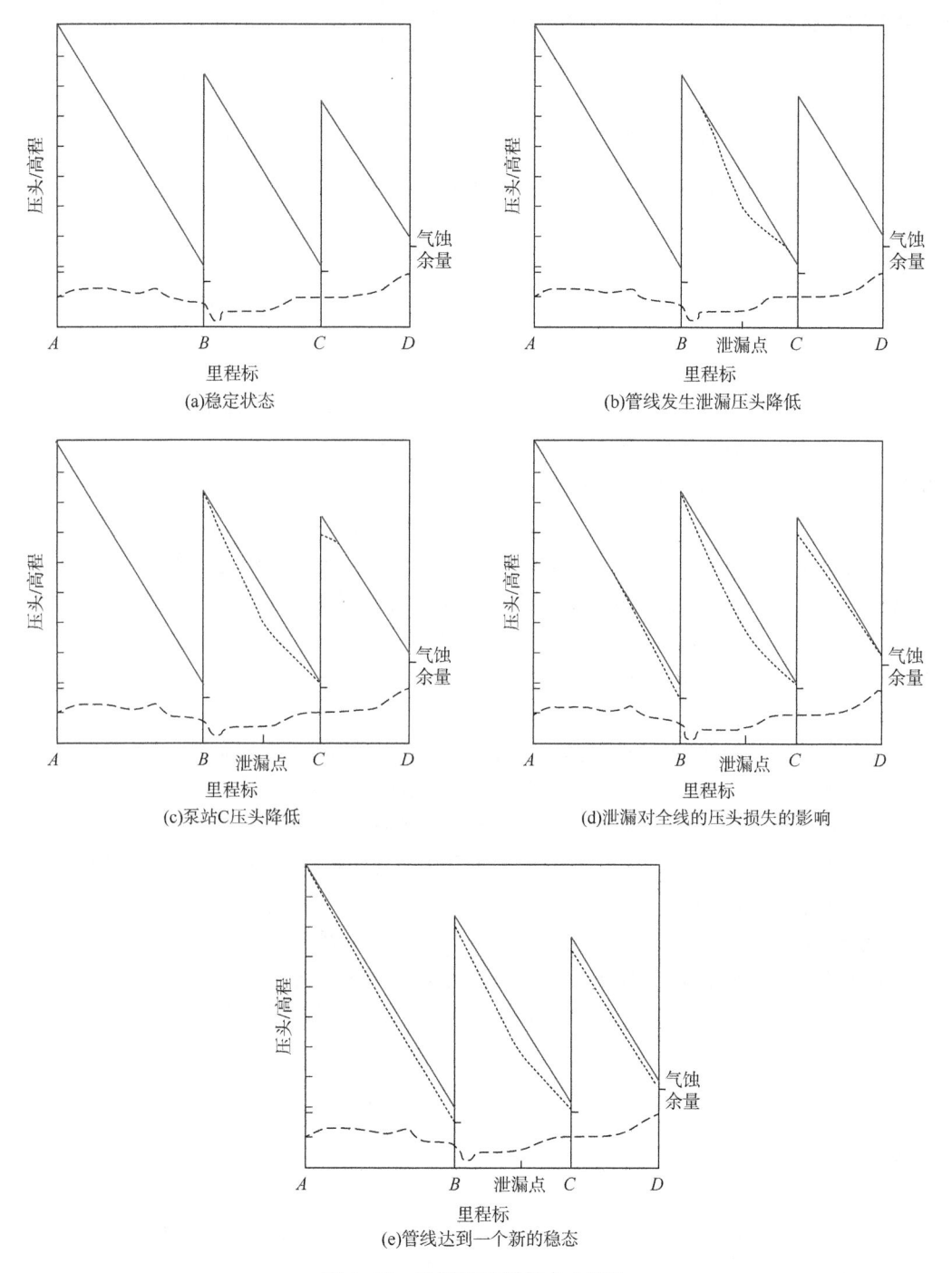

图 3-55 泄漏和破裂的水力特性

取决于开口的大小，1/3 管径大小的开口能够将整条管线的流量全部从该点漏出。非常小的泄漏对管道压力的影响很小，不易被检测到，在直到通过其他方式检测到泄漏存在之前，管线将在伴有少量油品外溢的情况下继续正常运行。很大的泄漏能被很快地检测到，这主要是由于水力坡降线的变化幅度很大。口径在 13~25mm 之间的泄漏可以导致管线压力减小，并且可以使管线重新建立一个新的稳态。

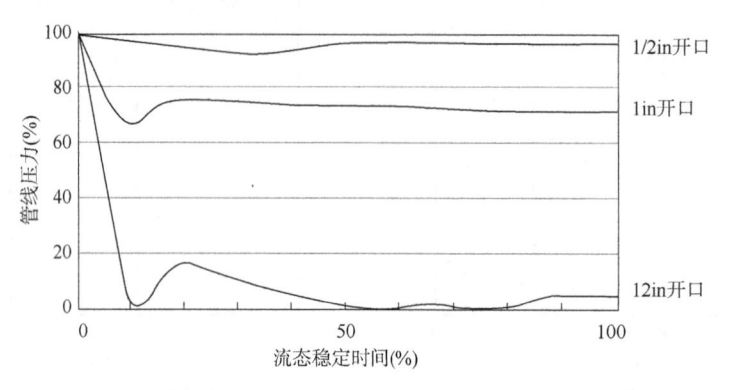

图 3-56 在 34in 管线上发生泄漏时，泄漏压力和达到稳态所需时间的关系

开口为 13mm 的泄漏使管线压力逐步下降。当管线重新稳定下来时，管线的压力大概下降了 5% 左右。小的泄漏对流量的影响并不是很大，管线压力和管道充装也仅是轻微的下降。开口为 25mm 的泄漏对流量的冲击很大，在系统重新达到稳态时压力大概下降了 30%。泄漏口处的压头损失仅仅是限制了管线的泄漏量。泄漏量正比于泄漏处的开口形状及压力降。从波形上看流量上升处（实际上是过渡状态的一个瞬态）发生在泄漏开始后很短的时间内。不管泄漏尺寸是 25mm 还是 305mm，上升波发生在系统重返稳态所需时间的 10%。图 3-59 也说明了随着压力流量达到新的稳态，波动也就消失了。

（2）泄漏位置。

管线上的泄漏位置影响着水力坡降线的分布。靠近出站处的泄漏位于管线上压力最高的部分，如图 3-57(a) 所示，由于泄漏点处的压力较高，所以泄漏量很大。对于给定尺寸的泄漏点有着最高的泄漏量。靠近出站处的泄漏也影响着上游泵站，泄漏发生后，该站的进出站压力也随即下降。随着压力波向上下游最近的泵站传播，压降的变化幅度将会减小，这主要是由于水力坡降线的斜率发生了变化。

接近进站处的泄漏导致进站压力下降，使其接近泵的最小汽蚀余量，如图 3-57(b) 所示。甚至可能导致液柱分离。如果泄漏尺寸很大则可能导致进站压力低于泵所允许的最小

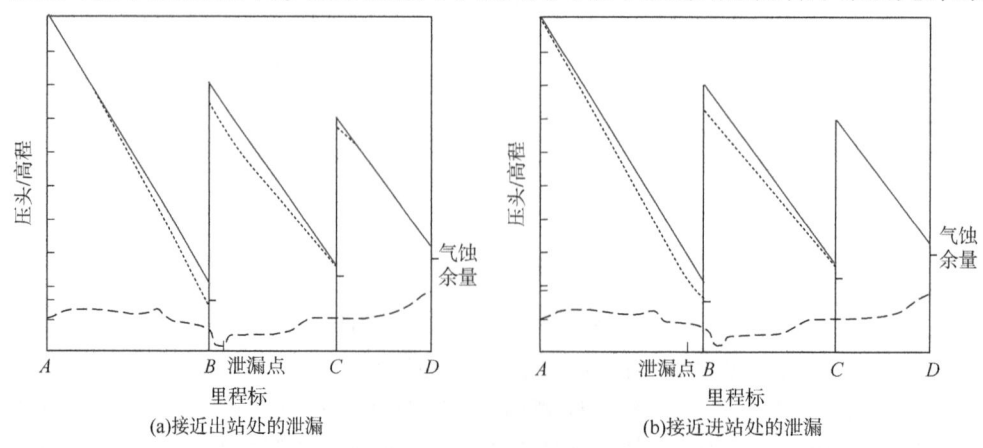

图 3-57 接近进出站处的泄漏

汽蚀余量，从而在泄漏点和泵站之间发生液柱分离。

发生在两个泵站之间的泄漏对上下游泵站有着相同的影响，随着距离泄漏点的远近不同，影响压力降减小的程度也就不同。可以使用站间减压波传递的时间来确定泄漏点的大概位置。首先要知道压力波到达两站时的时间差。由于压力波以声速传播，可以很容易计算出压力波在两站间传播的总时间，用这个数减去两个站检测到压力波信号的时间差，再除以2就得到了压力波从泄漏点到最近站间传播的时间。这个时间乘以声速就是该站到泄漏点处的距离，如图3-58所示，水击波到达两泵站的时间能够用来确定站间泄漏点的位置。

当管线存在比较大的压力变化时（例如水力坡降线较陡），压力的波动非常容易检测到。当水力坡降线比较陡时（大流量和高摩阻），泄漏检测将更加精确。这是因为相对于比较平缓的水力坡降线，发生在比较陡的水力坡降线上的微小压力变化将更明显一些。因此，随着流量变大和泄漏尺寸的增加，利用水力坡降线的变化来定位漏点位置的精确度将会有所提高。另外，精确度的提高也是水力坡降线变化的结果。

有些泄漏很容易检测到，而有一些则不能。在大管径的管线上流量发生10%的变化（450 m³/h）很容易被检测到。然而小的泄漏就很难确定。压力降至少在20kPa到34kPa之间的泄漏才能被检测到。假定一个泵的出口压力为5516kPa，吸入压力为241kPa。由于34kPa仅为出口压力的0.6%，但实际上却占吸入压力的15%左右，因此操作员判断是否发生泄漏时，一般通过入口压力的相对变化来判断，而不用出口压力。

当泄漏对管线的影响不能被仪表或者水力模块程序所反映时，泄漏是不会被检测到的。

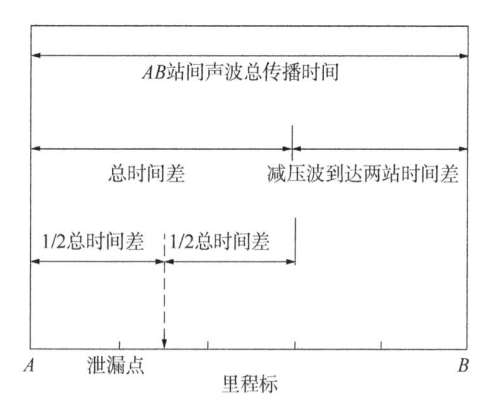

图3-58 用压力波到达泵站的时间确定泄漏点位置

五、含蜡原油管道的蜡沉积与清蜡

(一) 蜡沉积

由于含蜡原油的凝点一般高于管道周围环境温度，因此必须加热输送或者降凝后输送。目前多采用加热输送。

含蜡原油管道运行中的一个显著特点是：随着管道中沿程油温的降低，当温度低于析蜡点后，原油中的石蜡逐渐析出并沉积在管壁上，使管道的流通面积减少，管道输送能力降低；同时又增大了油流至管内壁的热阻，使总传热系数下降，减缓了油品温度的降低。

原油析蜡和管壁结蜡的过程如下。

(1) 温降过程中石蜡的析出。

当温降到其含蜡量高于溶解度时，某种熔点的蜡就开始从液相中析出。由于蜡晶粒刚开始析出时，不易形成稳定的结晶核心，故原油常在溶蜡量达到过饱和时，才析出蜡晶。在原油的温降过程中，必然有一个从开始析出少量的高熔点石蜡，到大量析出中等分子量的蜡，以至析蜡量又逐渐减少的过程。蜡结晶大量析出的温度范围称为析蜡高峰区，随原油的组成而不同。

(2) 管壁"结蜡"现象。

"结蜡"是指在管道内壁上逐渐沉积了某一厚度的石蜡、胶质、凝油、砂和其他机械杂质的混合物。在长输管道的沉积物中,凝油的含量要高些。

管壁结蜡的机理包括:布朗运动、剪切弥散和分子扩散。影响管壁结蜡强度的因素有以下几种:

① 油温和油壁温差的影响。结蜡强度随油壁温差的增大而增强。采用外伴随加热输送,壁温高于油温,阻碍蜡晶粒的沉积。

② 流速的影响。

③ 原油组成的影响。含蜡原油中含有数量不等的胶质和沥青质形成密实的结蜡层。原油含水率增大,蜡沉积速率降低。原油中含砂或其他机械杂质容易成为蜡结晶的核心,使结晶强度增大。

④ 管壁材质的影响。管壁的粗糙度越大,越易结蜡。

管壁结蜡层增加了管内油流至管壁的导热热阻,使总传热系数 K 下降。

$$\ln \frac{T_R - T_0}{T_L - T_0} = \frac{K\pi D}{GC} L \tag{3-46}$$

$$h_L = \beta \frac{Q^{2-m} U^m}{d^{5-m}} L \tag{3-47}$$

通过分析式(3-46)和式(3-47)可知,如固定出站温度 T_R 一定,T_L 增大,则平均温度上升,平均黏度下降,摩阻损失减小。如固定进站温度 T_L 一定运行,T_R 减小,平均温度下降,平均黏度增大,摩阻损失增大。

(二) 管道清蜡

1. 清蜡的基本方法

(1) 化学添加剂防蜡与清蜡。

(2) 采用塑料管或在钢管内壁刷上涂层,以减少结蜡。

(3) 采用清管器清蜡。其中清管器清蜡是生产中常用的方法。

2. 长输管道常用清管器类型

(1) 橡胶清管球:由耐油橡胶制成,中空,注水后使其成为实体,弹性较好,在管道内有一定的顶挤能力,在管道内做任意方向额转动,通过弯头、变形部位的性能较好。多用于投产初期或管道运行一段时间后又变形大的管段,用于管道清管则效果较差。

(2) 聚氨酯泡沫塑料清管器:外貌呈炮弹形,头部为半球形或抛物线形,外径比管线内径约大2%~4%,尾部呈蝶形凹面,内部为泡沫塑料,外涂强度高、韧性好和耐油性较强的聚氨酯胶。泡沫清管器具有回弹能力强、导向性能好、变形能力高等优点,能顺利通过变形弯头、三通及变径管。

(3) 机械清管器:机械清管器是一种刮、刷结合的清管器,皮碗略大于管内径1.6~3.2mm,当清管器随油流移动时,皮碗可刮去结蜡层外部的凝油层,刷子和刮板则除去管内壁上的硬蜡层。经过机械清管器清蜡后,管内壁残留的结蜡层约为1mm。目前使用最普遍。

3. 清管系统装置

(1) 收发清管器筒。

(2) 清管器转发筒。

(3) 收发清管器指示器。

4. 输油管道清蜡操作的要求

(1) 收发筒充油排气的速度要控制适当，防止产生"气锤"。要排尽空气，防止进入管路使泵抽空。

(2) 凡清管器通过的阀门，操作前应将其行程开关调至最大安全开度，防止"卡球"和清管器的钢丝刷擦坏阀门密封面。

(3) 应严密观察运行泵进出口压力变化情况，输油泵机械密封运行状况，防止清管器破碎进入泵入口，造成泵汽蚀或汇入压力超低保护停机。

(4) 清管器发出后，发出站的各运行参数尽量保持稳定。若发现运行参数有变化，应立即把变化的时间和参数做好记录，向调度汇报，及时处理。

(5) 为保证安全生产，清管器发出的时间和越过中间站的时间，须准确记录并报告调度。

(6) 清管器发出前，下站倒好接收流程。

(7) 清管器发送过程中，如无特殊情况，不得中途停输。

(8) 同一管段内不得同时运行两台清管器。

六、顺序输送

在同一条管道中，按一定顺序连续地输送几种油品，这种输送方法称为顺序输送。顺序输送描述了在某一给定管道中对不同油品进行输送时，影响油品流动的一些因素。

监控管线和设备的运行工况是管道运行作业的主要内容。运行人员必须相当熟悉正常工况下管线和设备的运行参数，这样才能识别并处理管线运行中流量的变化和批次特性的变化(例如密度和黏度)。

在管线运行时经常发生流量和批次特性的变化。同样，季节性温度变化和日常温度波动也影响着管线的运行。由于冬夏季温度不一样，管道输量也不一样；日常温度的变化对管道运行的影响不大。

管路特性(例如管径)影响管线的流量。尽管对于某段特定管道而言，管径是固定的。但对于整条管道来讲，它可能是由不同管径的管线连接而成的，可称之为变径管。由于管线常规操作很频繁，因此运行人员必须非常熟悉管线的常规操作。

(一) 流量变化

当管线输量发生变化时，应当考虑多种因素。摩阻损失和流量的平方成正比，因而流量增加一倍，沿程摩阻就会增加为原来的四倍。沿程摩阻损失对管线的运行有着重要的影响。工作人员不仅要考虑到增加泵的扬程，也应考虑由于流量变化而导致泵工作性能的变化。

运行人员还必须要了解流量变化对管道沿线高点和低点的影响。流量增大，低点处压力可能会超过管线最大操作压力；流量降低，高点处压力可能会小于管线最低操作压力，造成泵汽蚀或发生液柱分离。另外，由于高低点的存在限制了管线的最大输量和最小输量。如果这些点处的压力接近管线的最高或最低操作压力，则将这些点称为临界点。

若管道输量发生变化，则沿线各泵站所提供的扬程也随之而变。如果过泵的流量降低，则泵的扬程会增加。泵的扬程是指泵机组进出口压力的差值。降低泵机组出口压力或升高泵机组吸入压力，泵的扬程都会降低。但是，随着管线输量的增大，又需要泵站提供更高的扬程。

输量的改变是由许多因素引起的，供需变化会引起输量的改变。有时输量的改变也是很必要的，例如泵站突然停电就需要管线降低输量。运行人员应该清楚地知道：当某个泵机组停机或某泵站越站运行时，管线的输量要大大地降低。所有的运行人员都必须时刻关注管线的运行状况，确保管线压力不超过极限值。

（二）批次变化

批次界面是指两个批次的油品在管道中首尾相交发生混油的区域。不同批次的密度和黏度也不相同，多个批次和批次界面沿管线流动使管线的流量发生很大的变化。油品的密度和黏度对管线的运行有着很重大的影响。密度影响着压差，因为密度不同，相同高度的油品所产生的压力就不同。油品的黏度主要影响管线的摩阻损失。工作人员应该对批次变化给予足够重视，尤其是当批次界面过泵时应特别注意。

（1）批次界面中的密度变化。

对于给定的泵机组在一定流量下泵的扬程是不变的，但泵的出口压力却会随着所输送油品的密度的改变而变化。下列公式给出了压力和密度之间的关系：

$$H = \frac{p}{\rho g} \tag{3-48}$$

如果泵所输送油品的密度发生改变，那么油品过泵后的压力也随之改变。随着高程的变化，批次界面也会使管线的压力发生改变。运行人员应对油品密度和压力的变化提前做好准备。通常在距离泵入口不远的管线上装有密度计，用来预先警告油品密度的变化。

（2）批次界面中的黏度变化。

随着批次界面沿管线移动，管道的沿程摩阻也随之发生变化。两种油品的黏度差越大，管道沿程摩阻损失的变化也就越大。时刻调整泵机组的出口压力来补偿管路沿程摩阻损失的变化。

运行人员必须时刻监视批次界面在管线中流动时压力的变化，并清楚地认识到对下游管线的影响。同时也必须熟练掌握压力变化的幅值，以便发生事故时可以立即采取适当的措施来调整运行工况，使管线维持在适当的流量。

（3）减少混油的措施。

两种油品交替时，为减少混油应采取的一般技术措施，综合归纳如下

① 在保证操作要求的前提下，尽量采用最简单的流程，以减少基建投资和混油损失。工艺流程应做到盲支管少，管路的扫线、放空没有死角；线路上应尽量少用管件，以减少可能积存的死油及增加混油的因素；转换油罐或管路的阀门，在不产生水击的情况下开关时间越短越好，以减少切换油品时的初始混油。

② 顺序输送管道尽量不用副管，因为副管会增加混油，尤其当副管管径和干管不同

时，由于副管和干管内流速不同，在干管和副管的汇合处会产生激烈的混油。变径管亦会使混油增加，但当输油管全线各管段输量存在较大差异时，变径管的使用是难以避免的。

③ 当管道沿线存在翻越点时，翻越点后自流管段内的油品的不满流以及流速的陡增会造成混油，因而需采取措施尽可能消除不满流管段。

④ 确定批次顺序时，应尽量选择性质相近的两种油品互相接触，以减少混油损失，简化混油处理工作。

⑤ 在两种油品交替时，应尽量加大输量。流量大时，相对混油体积会小一些。

⑥ 管道顺序输送时最好不要停输，如果必须停输时，应尽量做好计划，使混油段停在平坦地段；若是高差起伏管道，应考虑油品输送顺序，尽量使停输时重油在下，轻油在上。

⑦ 在起点、终点、分油点、进油点储罐容量允许的前提下，尽量加大每种油品的一次输送量。

⑧ 混油头和混油尾应尽量收入大容量的纯净油品的储罐中，以减少进入混油罐的混油量。

七、减阻剂在原油管道运行中的应用

（一）减阻剂的作用机理

减阻剂是一种能够减少液体流动时摩擦阻力的添加剂，通常为高分子聚合物。目前利用配位聚合催化体系生产的减阻剂为原油输送节约了大量的能源。当流体中含有某些特定物质，在湍流状态下其摩擦阻力会大大降低，这种现象称为减阻。

减阻剂通过改变管道中流体的流动状态，具体通过影响湍流场的宏观表现来实现减阻作用。减阻作用只是单纯的物理作用，减阻剂不与油品物质发生化学反应，所以不影响油品的化学性质，只对其流动特性产生影响。减阻剂进入流体中后，由于其具有黏弹性，分子链沿流体流向方向自然伸展，从而对流体分子的运动产生影响。减阻剂分子受到流体分子径向作用力，发生扭曲变形的同时，因其分子间引力而对流体分子产生反作用力。受到该反作用力的影响，流体分子作用力方向和大小发生改变，一部分径向作用力转变为顺流向的轴向作用力，无用功的消耗降低，宏观上起到减少摩阻损失的作用。

（二）原油管道中减阻剂的应用

在管道输油过程中加入减阻剂，产生的影响有两个方面：(1)减少摩擦阻力，在原定输量一定的情况下，流体摩擦阻力降低，减少管道沿程压力损失；(2)增加输送量，在原定压力一定的情况下，流体摩擦阻力降低，从而使得管道输送量得以增加。一般情况下，在管道中使用减阻剂的主要原因是为了增加管道的输送量。

应用于油品减阻增输用途的减阻剂为油溶性减阻剂，分子结构主要呈线性长链结构，具有较大柔弹性。应用于原油管道中的减阻剂要具有如下特点：使用量少，减阻效果好；本身抗剪切能力强，可有效防止储运和使用过程中发生降解；与油品接触不发生化学反应，对油品加工和油品质量无负面影响；使用方便，设备简单；国内已经实现规模化生产；应用范围广，无论是在新设计管线还是已有管道中使用减阻剂，均能发挥良好的减阻增输效果，产生较好的经济效益和社会效益。

在输油管道上应用减阻剂主要有以下几个方面的积极意义。

（1）大幅降低管道建设投资。管道的年输量是设计新管线的一个重要参考依据，但由于影响因素复杂多变，年输量无法精确预计。比如油田储量测算结果的准确程度、市场变化导致管道输油量和油品种类发生改变等因素都会造成管道年输量在较大范围内发生波动。针对这种情况，可以按照相对经济的条件进行设计，然后使用减阻剂来解决实际应用中超出设计范围的情况。这样一来，可以有效减小管道设计管径、调低泵站建设规模从而实现大幅降低管线建设投资的目的。

（2）在维持现有管道设备条件的情况下，使用减阻剂提高输送效率。尤其是在瓶颈部位，使用减阻剂的效果非常明显，可以提高全管道的输送能力，达到多输快输的要求。

（3）使用减阻剂可以减少长距离输送对泵站的需求，不仅可以降低输送能耗和操作成本，而且可以在不停输状态下对泵机组或泵站进行检修维护、更新改造，使得维修改造成本也有所下降。此外，使用减阻剂可以减少恶劣环境下的泵站建设数量，减少工作人员。

（4）使用减阻剂可以在不影响输送效率的前提下降低管道工作压力，从而提高管道运营的安全可靠性。

减阻剂的使用条件包括：（1）要保障对输送油品的减阻作用，减阻剂必须连续使用；（2）要防止管道嘴处油泵、管件、孔板等对减阻剂的剪切作用；（3）要注意不同管径大小的管道对减阻剂使用效果的影响。部分减阻剂的使用效果受管径大小影响明显。在小管径上得到的试验结果，在大管径上不一定适用，甚至管径大到一定程度时，减阻效果接近于零。

（三）东北原油管道减阻剂增输应用研究

1. 铁锦原油管道添加减阻剂运行分析

2017年抚顺石化（石油二厂）按计划进行停产设备检修，铁抚线采用先输后停的运行方式。见表3-3，铁锦线未添加减阻剂运行时的最大输量为1290m^3/h，无法满足抚顺石化检修期间的铁锦线输量要求，因此，为了平衡抚顺石化检修期间大庆油资源，铁锦线需进行添加减阻剂增输运行，铁锦线新民站、黑山站加剂浓度分别为30mg/L。

表3-3 铁锦线未添加减阻剂时的最大输量稳定工况

站名	输量（m^3/h）	泵组合	进站温度（℃）	出站温度（℃）	进站压力（MPa）	出站压力（MPa）	最高出压定值（MPa）
铁岭	1290	1 1 0	36.0	45.2	1.15	5.50	7.5
法库	1290	1 1 0 0	36.5	45.3	1.69	6.67	7.5
兴沈	1290	—	36.0	45.6	3.0	2.95	—
新民	1290	1 1 1 0	36.0	45.4	1.25	7.51	7.7
黑山	1290	1 1 1 0	36.0	45.7	1.45	7.40	7.7
凌海	1290	1 1 0	36.0	45.3	1.25	5.95	7.5
松山分输	390	—	36.0	45.6	1.50	0.90	2.26
松山	390	1 0 0	36.0	45.6	1.50	3.05	7.5
葫芦岛			36.0		0.25		
松山	510	1 1 0	36.0	45.7	1.50	7.40	7.5
锦州港			40.0		0.30		

通过对铁锦线加剂运行前后的全线输量、压力、温度等数据的观察、比对、分析，结

果如下。

（1）铁锦线添加减阻剂运行情况。

铁锦线添加减阻剂后稳定运行工况见表3-4。

表3-4　铁锦线添加减阻剂后最大输量稳定工况

站名	输量（m³/h）	泵组合	进站温度（℃）	出站温度（℃）	进站压力（MPa）	出站压力（MPa）	最高出压定值（MPa）	添加减阻剂浓度（mg/L）
铁岭	1500	1 1 0	36.0	45.2	1.15	5.75	7.5	0
法库	1500	1 1 1 0	36.5	45.3	1.03	7.45	7.5	0
兴沈	1500	—	36.0	45.6	3.0	2.95	—	0
新民	1500	1 1 1 0	36.0	45.4	0.75	7.25	7.7	30
黑山	1500	1 1 1 0	36.0	45.7	0.87	7.54	7.7	30
凌海	1500	1 1 1	36.0	45.3	0.68	6.28	7.5	0
松山分输	482	—	36.0	45.6	0.75	0.90	2.26	—
松山	530	1 1 0	36.0	45.6	0.75	5.27	7.5	0
葫芦岛			36.0		0.25			—
松山	488	1 1 0	36.0	45.7	0.75	6.88	7.5	40
锦州港			40.0		0.30			—

铁锦线添加减阻剂增输20%预测工况见表3-5。

表3-5　铁锦线添加减阻剂增输20%预测工况

站名	输量（m³/h）	泵组合	进站温度（℃）	出站温度（℃）	进站压力（MPa）	出站压力（MPa）	最高出压定值（MPa）	添加减阻剂浓度（mg/L）
铁岭	1600	1 1 0	36.0	45.2	1.15	6.8	7.5	0
法库	1600	1 1 1 0	36.5	45.3	1.05	7.40	7.5	30
兴沈	80	—	36.0	45.6	3.0	2.95	—	0
新民	1520	1 1 1 0	36.0	45.4	0.75	7.35	7.7	30
黑山	1520	1 1 1 0	36.0	45.7	0.87	7.55	7.7	40
凌海	1520	1 1 1	36.0	45.3	0.68	6.50	7.5	0
松山分输	482	—	36.0	45.6	0.75	0.90	2.26	—
松山	550	1 1 0	36.0	45.6	0.75	5.60	7.5	0
葫芦岛			36.0		0.25			—
松山	488	1 1 0	36.0	45.7	0.75	6.88	7.5	40
锦州港			40.0		0.30			—

（2）铁锦线添加减阻剂增输运行结果。

实际减阻率的计算公式如下：

$$D.R. = \frac{\Delta p_{\text{untreated}} - \Delta p_{\text{treated}}}{\Delta p_{\text{untreated}}} \times 100\% \tag{3-49}$$

式中 $\Delta p_{\text{untreated}}$——未加剂时的压降，MPa；

$\Delta p_{\text{treated}}$——加剂时的压降，MPa。

在计算减阻率时，加剂和未加剂时管道的压降必须是同一流量下的。如果流量不同，加剂时的压降必须用以下公式换为基础流量下的压降，得到换算后的压降：

$$\Delta p_{\text{corrected}} = \left(\frac{Q_{\text{base}}}{Q_{\text{treated}}}\right)^n \times \Delta p_{\text{treated}} \tag{3-50}$$

式中 $\Delta p_{\text{corrected}}$——换算后的压降，MPa；

Q_{base}——不加减阻剂时的流量，m^3/h；

Q_{treated}——加减阻剂时的流量，m^3/h；

n——流动修正系数(雷诺数大于3000时，一般为1.8)。

修正的减阻率计算公式为

$$D.R. = \frac{\Delta p_{\text{untreated}} - \Delta p_{\text{corrected}}}{\Delta p_{\text{untreated}}} \times 100\% \tag{3-51}$$

实际增输率的计算公式如下：

$$F.I. = \frac{Q_{\text{treated}} - Q_{\text{base}}}{Q_{\text{base}}} \times 100\% \tag{3-52}$$

加入减阻剂后，流量增大，出站压力降低，因此式(3-52)不能直接使用，而需要通过减阻率与增输率之间的关系式求得

$$F.I. = \left[\left(\frac{1}{1 - \frac{D.R.}{100}}\right)^{0.556} - 1\right] \times 100\% \tag{3-53}$$

新民—黑山段对比结果见表3-6。

表3-6 铁锦线新民—黑山段加剂增输对比表

输量 (m^3/h)	浓度 (mg/L)	新民出站 压力(MPa)	黑山进站 压力(MPa)	压降 (MPa)	修正压降 (MPa)	减阻率 (%)	增输率 (%)
1290	0	7.51	1.45	6.06	6.06	19.8	13
1500	30	7.25	0.87	6.38	4.86		

黑山—凌海段对比结果见表3-7。

表3-7 铁锦线黑山—凌海段加剂增输对比表

输量 (m^3/h)	浓度 (mg/L)	黑山出站 压力(MPa)	凌海进站 压力(MPa)	压降 (MPa)	修正压降 (MPa)	减阻率 (%)	增输率 (%)
1290	0	7.4	1.25	6.15	6.15	15	9.5
1500	30	7.54	0.68	6.86	5.23		

铁锦线新民站、黑山站未添加减阻剂前全线最大输量为1290m³/h，添加30mg/L浓度的减阻剂后，全线最大输量为1500m³/h，增输率分别为13%、9.5%；减阻率分别为19.8%、15%。从结果可知，铁锦线加剂运行后的最大输量已满足抚顺石化检修期间的铁锦线输量要求，同时，铁锦线增输运行期间瓶颈主要集中在松山站，由于松山—葫芦岛、松山—锦州港方向已经满量运行，无法再通过加剂提高全线的输量。

2. 庆铁四线原油管道添加减阻剂运行分析

2020年初疫情期间林源站存在庆油库存过高的问题，从表3-8可知，庆铁四线未加剂运行时林源出站最大输量为1850m³/h，无法实现东北管网庆油资源的平衡，因此庆铁四线添加减阻剂增输运行，太阳升、农安、梨树站加剂浓度分别为30mg/L、20mg/L、30mg/L。

表3-8 庆铁四线未加剂时的最大稳定工况

站名	输量（m³/h）	泵组合	进站温度（℃）	出站温度（℃）	进站压力（MPa）	出站压力（MPa）	最高出压定值（MPa）
林源	1850	1 1 1 0	36.0	45.2	0.50	5.65	5.75
太阳升	2350	1 0	39.5	45.3	4.10	3.85	4.60
新庙	2350	1 1 0 0	38.5	45.6	0.85	4.55	5.75
牧羊	2800	1 1 1 0	38.5	45.7	0.70	4.80	5.75
农安	2800	1 1 1 0	38.0	45.3	1.45	5.50	5.75
垂杨	2200	1 1 0 0	37.5	45.6	1.20	4.85	5.75
梨树	2200	1 1 1 0	37.0	45.6	2.0	5.50	5.75
昌图	2240	—	37.0	45.6	3.10	2.95	3.5
铁岭	2240	—	36.8	45.7	0.40	—	1.2

注：太阳升注入500m³/h，农安分输0，垂杨分输600m³/h，梨树注入40m³/h。

通过对庆铁四线加剂运行前后的全线输量、压力、温度等数据的观察、比对、分析，结果如下。

（1）庆铁四线添加减阻剂运行情况。

庆铁四线添加减阻剂后稳定运行工况见表3-9。

表3-9 庆铁四线加剂后最大输量稳定工况

站名	输量（m³/h）	泵组合	进站温度（℃）	出站温度（℃）	进站压力（MPa）	出站压力（MPa）	最高出压定值（MPa）	添加减阻剂浓度（mg/L）
林源	2100	1 1 1 0	36.0	45.2	0.50	5.70	5.75	0
太阳升	2600	1 0	39.5	45.3	3.95	3.75	4.60	30
新庙	2600	1 1 1 0	38.5	45.6	0.75	5.60	5.75	0
牧羊	3050	1 1 1 0	38.5	45.7	0.70	5.20	5.75	0
农安	3010	1 1 1 0	38.0	45.3	0.70	5.50	5.75	20

续表

站名	输量 (m³/h)	泵组合	进站温度 (℃)	出站温度 (℃)	进站压力 (MPa)	出站压力 (MPa)	最高出压定值 (MPa)	添加减阻剂浓度 (mg/L)
垂杨	2390	1 1 0 0	37.5	45.6	0.95	4.45	5.75	0
梨树	2390	1 1 1 0	37.0	45.6	0.90	5.65	5.75	30
昌图	2430	—	37.0	45.6	3.35	3.28	3.5	—
铁岭	2430	—	36.8	45.7	0.40	—	1.2	—

注：太阳升注入500m³/h，农安分输40 m³/h，垂杨分输620 m³/h，梨树注入40 m³/h。

（2）庆铁四线添加减阻剂增输运行结果。

太阳升—新庙段对比结果见表3-10。

表3-10 庆铁四线太阳升—新庙段增输对比表

输量 (m³/h)	浓度 (mg/L)	太阳升出压 (MPa)	新庙进压 (MPa)	压降 (MPa)	修正压降 (MPa)	减阻率 (%)	增输率 (%)
2350	0	3.85	0.85	3	3	17	11
2600	30	3.75	0.75	3	2.5		

农安—垂杨段对比结果见表3-11。

表3-11 庆铁四线农安—垂杨段增输对比表

输量 (m³/h)	浓度 (mg/L)	农安出压 (MPa)	垂杨进压 (MPa)	压降 (MPa)	修正压降 (MPa)	减阻率 (%)	增输率 (%)
2800	0	5.5	1.2	4.3	4.3	7.2	4.2
3010	20	5.5	0.95	4.55	3.99		

梨树—昌图段对比结果见表3-12。

表3-12 庆铁四线梨树—昌图段增输对比表

输量 (m³/h)	浓度 (mg/L)	梨树出压 (MPa)	昌图进压 (MPa)	压降 (MPa)	修正压降 (MPa)	减阻率 (%)	增输率 (%)
2200	0	5.5	3.1	2.40	2.4	17.5	11.3
2390	30	5.65	3.35	2.3	1.98		

庆铁四线太阳升、农安、梨树站未添加减阻剂前，太阳升—新庙段、农安—垂杨段、梨树—昌图段最大输量分别为2350m³/h、2800m³/h、2200m³/h，太阳升、农安、梨树站分别添加30mg/L、20mg/L、30mg/L浓度的减阻剂后，太阳升—新庙段、农安—垂杨段、梨树—昌图段最大输量分别为2600m³/h、3010m³/h、2390m³/h，增输率分别为11%、4.2%、11.3%；减阻率分别为17%、7.2%、17.5%。从结果可知，庆铁四线加剂运行后的最大输

量已满足2020年初疫情期间庆吉油的输油任务，同时，庆铁四线增输瓶颈集中在垂杨—铁岭段，垂杨以南已满负荷运行，即梨树站加剂30mg/L，运行压力为5.65MPa（上限5.75MPa），最大输量为2430m³/h，昌图站缺少加剂注入口，影响垂铁段增输效果。

3. 庆铁三线原油管道添加减阻剂运行分析

2017年庆铁三线部分站场需就地更换输油泵机组、输油泵叶轮及电动机，庆铁三线新庙、垂杨、昌图三站采用压力越站、全站输油泵一起更换的方式进行更换。2017年3月21日—23日，庆铁三线对新庙、垂杨、昌图三站越站运行方式最大输量测试，从表3-13可知牧羊—垂杨段最大输量为2850m³/h。为了完成庆铁三线新庙、垂杨、昌图站越站运行期间的输油任务，庆铁三线需添加减阻剂增输运行，林源站加减阻剂40mg/L。

表3-13 庆铁三线未添加减阻剂时新庙站压力越站最大输量运行工况

序号	站名	输量（m³/h）	泵组合	进站温度（℃）	出站温度（℃）	进站压力（MPa）	出站压力（MPa）	最高出压定值（MPa）
1	林源	2050	1 1 0 0 1	36.0	49.3	0.60	5.75	6.0
2	太阳升	2400	1 0	42.5	49.5	4.82	4.63	6.3
3	新庙	2400	0 0 0 0	39.5	43.9	3.10	2.90	5.7
4	牧羊	2850	1 1 0 0 0	37.0	41.9	0.50	2.82	5.7
5	农安	2850	1 1 0 0 0	37.0	41.5	0.60	5.15	5.7
6	垂杨	2850	0 0 1 0	36.0	43.2	2.62	2.54	5.7
7	梨树	2150	0 0 1 0	34.5	42.6	—	—	5.7
8	昌图	2220	1 0 0	34.9	42.8	1.35	1.25	5.7
9	铁岭	2220	—	34.8	—	0.35		

注：太阳升注入350m³/h，农安分输0，垂杨分输700m³/h，梨树注入70m³/h。

通过对庆铁三线林源站加剂运行前后的全线输量、压力、温度等数据的观察、比对、分析，结果如下。

（1）庆铁三线添加减阻剂增输运行方式。

庆铁三线林源站添加减阻剂浓度40mg/L，全线最大输量运行稳定后的工况见表3-14。

表3-14 庆铁三线添加减阻剂后新庙站压力越站最大输量运行工况表（3050m³/h）

序号	站名	输量（m³/h）	泵组合	进站温度（℃）	出站温度（℃）	进站压力（MPa）	出站压力（MPa）	最高出压定值（MPa）	添加减阻剂浓度（mg/L）
1	林源	2100	1 1 0 0 1	36.0	49.3	0.60	5.43	6.0	40
2	太阳升	2600	1 0	42.5	49.5	4.80	4.60	6.3	0
3	新庙	2600	0 0 0 0	41.6	46.3	3.18	2.90	5.7	0
4	牧羊	3050	1 1 0 0 0	38.5	43.2	0.45	3.36	5.7	0
5	农安	3050	1 1 0 0 0	38.4	42.8	1.10	5.40	5.7	0
6	垂杨	3050	0 0 1 0	36.9	43.2	2.71	2.61	5.7	0

续表

序号	站名	输量（m³/h）	泵组合	进站温度（℃）	出站温度（℃）	进站压力（MPa）	出站压力（MPa）	最高出压定值（MPa）	添加减阻剂浓度（mg/L）
7	梨树	2150	0 0 1 0	34.5	42.6	—	—	5.7	0
8	昌图	2200	1 0 0	34.9	42.8	1.25	1.15	5.7	0
9	铁岭	2200	—	34.8	—	0.25	—	—	0

注：太阳升注入500m³/h，农安分输0，垂杨分输900m³/h，梨树注入50m³/h。

庆铁三线林源站添加减阻剂浓度40mg/L的预测工况见表3-15。

表3-15 庆铁三线新庙站压力越站预测运行工况表（3150m³/h）

序号	站名	输量（m³/h）	泵组合	进站温度（℃）	出站温度（℃）	进站压力（MPa）	出站压力（MPa）	添加减阻剂浓度（mg/L）
1	林源	2350	1 1 0 0 1	36.0	49.3	0.60	5.75	40
2	太阳升	2700	1 0	42.5	49.5	4.82	4.63	0
3	新庙	2700	0 0 0 0	39.5	43.9	3.10	2.90	0
4	牧羊	3150	1 1 0 0 0	37.0	41.9	0.50	2.82	0
5	农安	3150	1 1 0 0 0	37.0	41.5	0.60	5.65	0
6	垂杨	3100	0 0 1 0	36.0	43.2	2.62	2.54	0
7	梨树	2100	0 0 1 0	34.5	42.6	—	—	0
8	昌图	2150	1 0 0	34.9	42.8	1.25	1.15	0
9	铁岭	2150	—	34.8	—	0.35	—	0

注：太阳升注入350m³/h，农安分输50m³/h，垂杨分输1000 m³/h，梨树注入50m³/h。

（2）庆铁三线添加减阻剂增输运行结果。

林源—太阳升段对比结果见表3-16。

表3-16 庆铁三线林源—太阳升段增输对比表

输量（m³/h）	浓度（mg/L）	林源出压（MPa）	太阳升进压（MPa）	压降（MPa）	修正压降（MPa）	减阻率（%）	增输率（%）
2050	0	5.75	4.82	0.93	0.93	4.2	2.4
2100	40	5.43	4.80	0.63	0.89		

太阳升—牧羊段对比结果见表3-17。

表3-17 庆铁三线太阳升—牧羊段增输对比表

输量（m³/h）	浓度（mg/L）	太阳升出压（MPa）	牧羊进压（MPa）	压降（MPa）	修正压降（MPa）	减阻率（%）	增输率（%）
2400	0	4.63	0.5	4.13	4.13	14	8.7
2600	40	4.60	0.45	4.1	3.55		

庆铁三线林源站未添加减阻剂前，林源—太阳升段、太阳升—牧羊段最大输量分别为 2050m³/h、2400m³/h，林源站添加 40mg/L 浓度的减阻剂后，林源—太阳升段、太阳升—牧羊段最大输量分别为 2100m³/h、2600m³/h，增输率分别为 2.4%、8.7%；减阻率分别为 4.2%、14%。由于庆铁三线有葡北、新木两个注入点，稀释了太阳升—新庙段、新庙—牧羊段减阻剂浓度，因此影响了庆铁三线加剂运行期间太阳升—牧羊段的减阻率、增输率，同时，庆铁三线加剂运行期间，林源出站压力 5.43MPa 仍有余量，太阳升进站压力 4.80MPa 接近运行压力上限，从而影响了增输效果。

通过上述东北原油管道添加减阻剂后的运行分析可以得知，在东北原油管道中添加减阻剂的最终增输率一般能达到 6%~13%，同时，根据上述管线实际加剂运行经验，为了提高管线加剂增输效果，在制订管线运行方案时，应统筹考虑以下因素。

（1）尽量逐站加剂。一方面缩短相邻加剂点之间的距离，另一方面避免减阻剂经过加热炉、输油泵的剪切后影响减阻效果。

（2）尽量减少管线注入点对于加剂增输效果的影响。原油管线注入点将会稀释减阻剂的浓度，从而影响减阻剂的减阻增输效果。

（3）结合实际运行工况，最优化加剂运行方案。原油管线加剂运行期间存在运行瓶颈管段，由于减阻剂效果受管线整体水利系统影响，导致无法达到预期增输效果，因此制订加剂运行方案时应首要考虑瓶颈管段。

八、降凝剂在原油管道运行中的应用

（一）降凝剂的作用机理

关于降凝剂的作用机理至今尚无定论。一般认为，降凝剂通过改变原油中蜡晶的形态和习性，从而改善原油的低温流动性能，目前较为公认的理论有共晶理论和吸附理论。

共晶理论认为，降凝剂与石蜡相同的结构部分为烃链（非极性基团），可与石蜡共晶；而与石蜡不同的结构部分（极性基团），则阻碍蜡晶进一步生长。吸附理论认为，降凝剂将原油中的蜡晶中心吸附在其周围，阻止进一步析出的蜡晶结合，使其无法与轻组分形成三维网状凝胶结构，从而降低原油的凝固点，改善原油的流动性。Lorensen 等人还提出了抑制蜡晶三维网状结构生产的吸附—共晶理论，认为降凝剂的作用机理取决于降凝剂的种类，即部分降凝剂采用吸附机理，部分采用共晶机理。化学降凝剂一般由长链烃和极性基团组成，若其长链烃与原油中石蜡的正构烷碳数分布最集中的链相近，则在原油冷却重结晶过程中，降凝剂与石蜡同时析出共晶，或被吸在蜡晶表面。只有个别没有吸附降凝剂的蜡晶面或其棱角，此时担负起结晶中心的作用，蜡晶很快成长起来；当新生成的蜡晶又被降凝剂包围时，在棱角处重新长出新的蜡晶。这种结晶过程不断连锁，形成多个结晶中心成长起的单晶晶体的连生体，外形呈多枝状，形成树状结晶。树状结晶不易形成空间网络结构，不会将原油中的液态组分包封起来，从而降低原油的凝点、黏度等，改善原油的低温流动性能。由于降凝剂仅能改善含蜡原油的低温流动性能，并不能阻止蜡结晶的析出，因此又称为流动改性剂。

(二) 降凝剂处理条件的影响

降凝剂的筛选与复配原油是个复杂的化学体系。是石蜡基还是环烷基，胶质沥青质含量、石蜡含量、碳数分布等影响不同，处理效果各不相同。降凝剂也非单一品种，是酯型还是芳香型，不同组分的比例、分子量大小、分子中支链长短、有无降凝剂复配使用等，处理效果也不尽一致。因此，原油与降凝剂必须互相选择。现阶段与多种与原油匹配的降凝剂尚不存在，因此，必须对每一种原油研究其药效影响，并优选适用的降凝剂。目前，降凝剂有两种选择途径：一是对市售的降凝剂进行筛选；二是针对原油特性自行研制。当降凝剂确定后，原油改性效果主要取决于处理条件，主要包括降凝剂注入量、加剂温度、处理温度、急冷却速率、降温速率及方式、高速剪切、重复升温等。其中处理温度降凝剂注入量最为关键。

1. 降凝剂注入量的影响

增加降凝剂加入量，虽有助于降低管输摩阻和能耗，但降凝剂费用随之增加。同时原油的改性效果与注入量并非呈线性关系，当注入量达到一定值以后，改性效果不再随注入量的增加而大幅度的上升。

2. 降凝剂处理温度的影响

降凝剂的处理温度与原油组成和石蜡结构有关。不同的原油组成和石蜡结构，最佳处理温度也不同。因此，应根据实验选择合适的处理温度，使原油中的胶质沥青质和以 C_{16} 至 C_{36} 的正构烷烃为主的蜡充分溶解和游离，降凝剂充分分散，以发挥降凝剂的最大作用。

3. 冷却速度的影响

冷却速度对原油加剂处理后蜡的重结晶过程有明显不同的影响，因而对改性效果影响也不同。不同温度区间冷却速率的影响也不同，在析蜡点以下时，降温速率过快或过慢都会降低改性效果，冷却速度过快，晶核生成速度大于晶体生长速度，形成大量细小颗粒以致不能构成较大尺寸的蜡晶聚集体。

4. 重复加热的影响

在长输管道中，土壤温度场、中间站或旁接油罐的加热均会引起油温的回升。研究表明，析蜡点以上10℃的再次加热可减轻或消除在此之前因剪切和温度回升等因素对原油流变性的不利影响。

5. 高速剪切的影响

由于原油流经泵机组时会受到叶片的高强度剪切，研究表明，析蜡点以上的高速剪切对流变性几乎无影响；析蜡高峰区内的高速剪切对蜡晶结构产生破坏，进而对改性效果产生不良影响。

6. 时间效应

原油经过加剂处理后持续一段时间，由于黏度的提高而形成胶状结构，尤其在析蜡点以下经常发生。这归结于大量沥青质和树脂的存在或是没加抑制剂的蜡晶体的析出导致凝胶力的增加。

加降凝剂输油的最佳处理条件是上述各因素的组合，在实际应用中，应将最佳条件与实际可能结合起来，考虑管道的运行方式和设备能力，选择合适的条件。

(三）东北原油管道添加纳米降凝剂效果分析

（1）铁秦线葫芦岛改线工程投产添加降凝剂效果分析见表3-18。

表3-18 凌海站出站测试结果

序号	取样时间	取样温度（℃）	测试条件	25℃黏度（mPa·s） 10/s	20/s	30/s	40/s	50/s	凝点（℃）
1	2011-09-13 16：10	59.6	出站油样→50℃ →25℃			150			20
2	2011-09-13 17：55	59.7	出站油样→51℃ →25℃			134			19
3	2011-09-13 20：40	59.7	出站油样→51℃ →25℃			135			20

铁秦线葫芦岛改线工程投产期间经加剂改性处理后的大庆原油凝点由33℃降低至19~20℃（纳米降凝剂添加浓度为100mg/L），同时黏度降低幅度达到90%以上。

（2）添加纳米降凝剂效果分析。

大庆原油添加100g/t纳米复配剂，分别经65℃和75℃综合处理在25℃条件下，原油均为牛顿流体，75℃综合处理效果比65℃效果稍好。大庆原油添加100g/t纳米降凝剂经65℃综合处理与未处理大庆油相比，凝点降低至19℃；75℃热处理凝点降低至18℃。

九、东北原油管道非计划停输

（一）非计划停输主要原因

梳理归纳近年来东北原油管网发生的非计划停输，主要原因可以分为以下几个方面（表3-19）：火气误报警、自控系统故障、人为误操作、电力系统故障、输油设备故障等。其中既有系统和设备等物的因素，也有人的因素。

表3-19 东北原油管网非计划停输原因统计

发生原因	次数	占比（%）
火气误报警	21	25.9
自控系统故障	18	22.3
人为误操作	16	19.7
电力系统故障	14	17.3
输油设备故障	12	14.8

（二）应对措施

1. 火气误报警

非计划停输致因中，火气误报警占比高达25.9%，已经成为制约管道安全平稳运行的重要影响因素。可燃气体报警是指站场同一区域内2个或以上探测器检测可燃气浓度高于40%触发报警。火焰报警是指火焰探测器覆盖区域内任意一个探测器检测到火焰情况触发报警。两种报警如未在 3min 内进行人工确认，将触发站场 ESD 保护程序造成非计划停输。

现场未能对报警信息及时进行确认的原因包括：

（1）输油站值班人员未及时发现报警信息，没有对报警及时确认，事件占比 30%。

（2）输油站要求值班人员对报警点现场确认后才可进行站控机报警确认，而报警点距离站控室较远，无法在 3min 到达现场，因此未能对报警及时确认，事件占比 28%。

（3）站控人员确认报警的操作步骤不正确，事件占比 25%。

（4）火焰探测器受阳光直射或反射影响误触发报警，事件占比 17%。

为了避免类似事件的发生，需要从技术措施、管理制度等多方面着手。

（1）优化报警信息层级，增加 SCADA 系统火气报警的声光联动，确保站控人员能够第一时间发现事件报警。

（2）从管理制度上要求站控人员通过视频监控系统确认基本情况，在无明显事件表征的情况下，3min 内先行取消报警后再进行现场确认。

（3）规范报警信息描述，达到简洁明了，消除歧义。

（4）对受阳光直射影响的火焰探测器加装遮挡装置。

2. 人为误操作

人为误操作是指由于运维人员误操作触发系统保护所引起的非计划停输。主要有以下原因：

（1）由于站场员工责任心不强、安全意识淡薄以及业务素质不高，未严格执行操作票制度，在现场开关阀门操作过程中未严格执行"先开后关"原则，从而触发系统保护，事件占比 42%。

（2）第三方人员在电气、仪表自控系统春秋检、调试过程中误操作或工作安全分析（简称 JSA）作业分析不到位造成管道非计划停输，事件占比 37%。

（3）中控管道调控过程中，站场人员误报相关信息导致调度人员误判断，从而造成管道非计划停输，事件占比 21%。

其中，清管作业流程操作过程中，阀门开关次序错误成为非计划停输最为主要的因素。因此如何充分利用自控系统的保护功能，最大程度消除人的影响是亟待解决的问题。

（1）将清管作业流程操作方式由现场就地操作+站控确认，调整为站控操作+现场人工确认。利用站控系统的逻辑保护提升了流程操作的可靠性。

（2）利用站场进出站阀门电动执行机构中的 ESD 功能，采用 PLC 软件系统与执行机构硬件功能相结合的方式，完成 PLC 程序的编制，使阀组区阀门只能按照工艺要求的操作流程次序进行，实现了阀门就地状态下的互锁，确保了在正常运行状态下阀门"想关也不能关"，避免了因人为误操作带来的运行风险。

针对电气、仪表自控系统春秋检及调试工作的过程管控，要建立有效联系机制，明晰调试内容对运行有无影响、影响程度，以及是否需要将保护程序禁止和屏蔽理由。现场作业应严格按照审批内容严谨操作，对临时增加内容要得到调度许可后方可进行。

3. 自控系统故障

自控系统故障是指自控仪表故障、设备保护逻辑程序不合理、自控通信中断、站控 PLC 故障等。主要有以下原因：

(1) 压力信号丢失、阀门实际状态与 SCADA 系统显示不一致，系统维护人员对保护逻辑中关键点的校对不细致，存在连接错误，事件占比 44%。

(2) 设备保护程序设置不合理、水击保护误触发、阀门离开全开位触发 ESD 保护，事件占比 32%。

(3) PLC 控制网模块故障、机柜死机等数据传输故障导致 ESD 按钮误动作，事件占比 24%。

其中，在对自控通信系统、相关仪表、配电柜等设备设施的检修过程中，PLC 系统断电及再恢复时关键阀门的状态反馈与实际不符，是造成保护程序触发的主要因素。

(1) 在站控系统进行更新、调整后要对关键信号点及保护系统逻辑进行严谨细致梳理。

(2) 统一各条管线的操作原理。由于东北原油管网改造历时较长，管线间的部分保护逻辑、判断原则存在一定的差异。通过增加"阀门正在关"状态的判断，将阀门显示状态与阀门是否实际动作作为双重判定条件，避免了阀门失电后显示状态不正确触发非计划停输。

(3) 将各站站控 ESD 按钮由采用常闭触点，改为常开触点增加二次保护，极大地减少了因 PLC 断电及恢复供电时造成按钮误动作所触发的非计划停输。

4. 电力系统故障

电力系统的安全、可靠直接关系到整条管道甚至是整个管网的正常运行。尤其是对于输油泵等 6kV 以上用电设备，无论是电压波动还是失电，不仅会造成泵机组停运、管道停输，而且会造成压力余量较小的站场超压，引发严重事故。电力系统故障主要包括高压电失电和低压电失电。一般有以下原因：

(1) 供电线路及设备故障导致失电、电压波动等造成输油泵停机触发保护程序，造成非计划停输，事件占比 57%。

(2) UPS 电源未能正常为站控系统提供不间断电源，造成阀门状态失真触发保护程序，造成非计划停输，事件占比 33%。

(3) 变电所中电缆变压器、电流/电压互感器设备故障等原因造成站场失电停泵触发保护程序，造成非计划停输，事件占比 20%。

统计数据表明电力故障中高压电失电占比最多，影响程度也最大。以某站铁七乙线进线 A 相失电，B 相、C 相电压超高（达到 $8.3×10^4$ V）造成运行泵机组过负荷跳闸为例，造成庆铁三线、铁大线、铁锦线、铁抚线四条管道同时停输，给东北管网运行调整带来了严峻挑战。因此，需要采取有效手段最大程度避免、减轻电力故障对管道运行的影响。

(1) 加强与地方供电部门沟通联系，对于计划性作业要提前做好相关运行方案的编制，确保管网运行安全可控。

(2) 积极开展电气设备的春秋检工作，重点检查易损易坏的电气设备，建立完善的操作规范，确保电气设备安全运行。强化 UPS 电源维护时效性，避免因其失电造成阀门信号错误。

(3) 有针对性地制订电气设备故障应急预案，定期开展事故预案的培训和演练，提升运行人员的风险识别能力和应急处置能力，一旦发现异常情况，能够及时按照应急处置程序采取合理的应急措施，避免事件影响的扩大化。

5. 输油设备故障

输油设备故障主要包括输油泵故障、过滤器堵塞及阀门故障等。其中，输油泵故障占比最高，甩泵、泵机械密封泄漏以及电动机故障是比较常见的因素。

（1）输油泵运行过程中泵体温度、振动、泄漏量等保护参数超过限定值触发保护停机，事件占比39%。

（2）由于管道内蜡、铁锈等杂质较多造成过滤器堵塞，从而引起给油泵或输油泵入口压力过低造成停泵触发水击保护，事件占比35%。

（3）输油泵启运过程中，尤其是调速电动机控制系统出现问题，输油泵运行状态信号上传滞后触发水击保护，事件占比16%。

（4）调节阀等阀门在使用过程中关键元件出现磨损变形、卡堵、泄漏等问题，造成阀门突然关闭或误动作触发水击保护，事件占比10%。

应从加强设备管理、优化泵机组匹配方式等方面提升设备稳定性和可靠性。

（1）加强对设备、阀门的日常巡护，严格执行各项设备维护保养规程，对故障高发设备加强监管。

（2）关注过滤器前后压差变化情况，超过限值后及时进行清洗，避免因堵塞造成输油泵停运。

（3）提高对设备故障的敏感性以及解决故障的紧迫性，保证备品备件充足，提高维检修质量，确保设备可靠运行。

（4）通过合理安排运行工况，避免输油泵机组处于低效区运行，提升设备运行的稳定性和可靠性，降低设备故障率。

通过对近年来东北原油管网非计划停输事件进行了细致的归纳分析，从中找出存在一定共性的主要原因，采取一系列有效技术措施并有针对性地从加强员工培训力度、强化现场监督管理、高度重视火气报警、提升维检修管控强度等方面提出相应管理要求，非计划停输事件发生次数下降52%，取得了非常显著的管控效果。较好地解决了东北原油管网运行中的不稳定因素，提升了管道运营管理能力，为东北能源战略通道的高质量发展提供了强力保障。

十、东北原油管道优化运行

东北管网经过40多年的连续运行，管线出现了严重的老化、腐蚀，对安全生产造成了很大的威胁。为了从根本上消除老管线运行带来的安全风险，近年来东北管网进行大幅度改造，对部分老管线进行了扫线封存，新管线有条不紊地逐条投产运行。新管线的投运，一方面提高了管线的安全系数，另一方面资源配置发生改变，打破了原有的优化运行方式，需要重新跟踪运行参数，在理论的指导下，实践中不断调配运行工况，逐步完善运行方式，摸索新管线不同运行台阶下的优化方式，已达到"降本、增效"目的。

新管线投运后，通过对管线沿线的温度场、总传热系数以及管道运行压力有关数据的跟踪与分析，对东北各条管线的运行方式进行了逐步优化，在确保管线运行安全的前提下，实现了节能降耗。

（一）东北原油管道优化运行管理措施

（1）追根溯源、创新能耗管控程序。能耗管控程序：运销下达各条管线月输油计划；能源根据输量给出全月能耗指标；运行分析根据输量情况、能耗指标制订运行方案反馈给运销；运销与上下游用户协调后，将最后确认的运行方案下达给调度；调度执行方案并对方案进行完善优化；能源对方案执行效果进行跟踪，与调度实时进行沟通优化运行。

（2）精细调控、不断优化运行方案。总结分析管网运行特点，结合输油设备的配置情况，针对不同输量台阶下最优运行工况进行归纳，形成优化运行方案数据库，结合输油计划合理制订运行方案，科学指导管道运行。

（3）精准优化、深挖细扣节能空间。主要措施有：优化调整枢纽站运行方式；实施管线降温输送方案；精细调配保温管线热力负荷；合理控制储罐温度，根据季节变化对罐温进行差别式管控；优化罐区资源配置；精准控制热油管线输油站场掺混阀开度；合理控制加剂管线减阻剂注入浓度等。

（4）精细组织、科学投产。新建管道投产过程中，多种因素影响使得管道运行偏离系统高效区间，能源消耗随之大幅上升。通过细致梳理工程特点、统筹协调施工进度、精细优化运行方案、提前研究技术难点等管理举措，在确保管道投产一次成功的基础上大幅降低工程成本。

（二）东北原油管道优化运行及节能效果

1. 铁锦线的优化运行及节能效果

铁锦线（铁岭—葫芦岛）2015年9月投产，管线全长430km，全线为保温管道。设计时管线按各站加热输送方式配置设备（铁锦线设计有热媒炉、直接炉，共十三台）。2016年初，通过对管线K的跟踪计算，K在$0.5 \sim 0.75 W/(m^2 \cdot ℃)$之间；各站过泵温升为$1.5℃/$台。利用特有的热力条件，再加上管道全线为保温管道，输送排量大、运行压力高、各站过泵温升较大、沿程热损失小的特点，并结合铁岭储罐油温较高的优势，提出了对管线进行不加热输送，并按这一思路对铁锦线的运行方式进行创新及优化运行方式探讨。

结论是：当全线输量大于$1100 m^3/h$时，并利用铁岭庆油罐区储罐$35 \sim 38℃$的储油温度，铁锦线全线可以采用不加热输送方案运行。在确保管线运行安全的前提下，实际运行中，逐步停运各站加热炉，并对运行参数进行跟踪。当全线各站加热炉均停运后，管线运行平稳、温度场稳定，各站进站温度均满足规范要求，见表3-20。铁锦线运行工艺打破设计壁垒，摒弃设计理论上的教条，开创了全线不加热输送方式先河。

表3-20 铁锦线运行工况

站名	输量（m³/h）	进站温度（℃）	出站温度（℃）	运行输油泵（台）	运行加热炉（台）
铁岭	1240	37	37.8	2	0
法库	1240	36.9	38.6	2	0
新民	1150	37.5	39.3	2	0
黑山	1150	37.9	39.9	2	0
凌海	1150	38.5	40	2	0
松山	1150	39.1			
松山—葫芦岛	250		39.2	0	0
葫芦岛		36.4			

续表

站名	输量（m³/h）	进站温度（℃）	出站温度（℃）	运行输油泵（台）	运行加热炉（台）
松山—锦州港	510		41.8	2	0
锦州港		42.2			

2016 年铁锦线完成输量 $920×10^4$ t，全线累计耗油量为 2290t，油单耗为 $14.7kg/10^4 t·km$；2015 年铁秦线完成输量 $990×10^4$ t，全线累计耗油量为 24908t，油单耗为 $65.01kg/10^4 t·km$。由此可以看出，铁锦线的不加热输送取得了十分可观的经济效益，节能降耗成果显著。

另外，设计中铁锦线各站调节阀最大开度为 85%，这使得管线在实际运行中存在一定的节流损失，造成了电力能耗的浪费。经与相关部门沟通后，将调节阀最大开度调整为 100%。通过对管线运行情况的跟踪，管线及调节阀运行平稳。这一定值的改变，使得全线平均每天节电 $3531kW·h$，电单耗下降了 $21.8kW·h/10^4 t·km$，节电效果十分明显。

2. 铁抚线优化运行及节能效果

铁抚线（铁岭—抚顺）2015 年 9 月全线贯通投产。管线改造后，铁岭—抚顺管段为保温管线，且取消了柴家堡加热站，使全线的运行工况发生了一定改变，给提升运行管理带来空间。

通过长时间的运行数据跟踪与总结，发现管道在输量相对较小的情况下，利用管线保温及储罐原油温度较高的热力条件，停运铁岭站加热炉，就能满足抚顺站进站温度。与此同时，启运抚顺站加热设备来满足东洲站进站温度要求。虽然还是一台加热设备在线，因配置的调整，使得燃料油的每日消耗由铁岭站的 8t 降至抚顺站的 4t，全月可节约燃料油 32t。

同时，在动力方面，通过运行发现抚顺输油站换热器进出口压差较大，对全线的输量有一定的影响。在全线只运行铁岭一台输油泵的情况下，抚顺站冷热掺混 $28^#$ 阀开度为 45%，此时全线最大输量为 $1050m^3/h$。当任务输量大于该输量时，需要抚顺站启运输油泵。经过对设置参数的分析以及与输油站运行的人员沟通后，当全线输量较大时，抚顺站利用管线的热力优势，停运加热设备，并将冷、热掺混阀的开度调整为 83%，在保证换热器油流流动的同时，减少了换热器前后压差。经测试，全线最大输量提升至 $1200m^3/h$，不仅提高了管线的输送能力，而且避免了抚顺站在输量为 $1050\sim1200\ m^3/h$ 工况下启运输油泵，见表 3-21。这一设置参数的改变，每日可节约用电约 $12000kW·h$。

表 3-21 铁抚线运行工况

工况	铁岭	康乐	前甸	东洲
进站温度（℃）		38.1	40.3	36.7
出站温度（℃）	39.2	43.6	40.1	
进站压力（MPa）		1.92	0.61	0.26
出站压力（MPa）	2.82	1.72	0.59	
输油泵（台）	1	0	0	
加热炉（台）	0	0	0	

第三章 原油管道输送调控运行技术

3. 庆铁四线的优化运行及节能分析

庆铁四线(林源—铁岭)2014年投产以来,不同输量的最优化运行工况一直处于摸索中。对于输送介质为俄油的庆铁四线而言,在优化运行方面探讨了三种运行方式。

(1)间歇输送:在库容允许情况下,全线最大量运行,完成计划后,全线停输。
(2)不同输量梯度差输送。
(3)利用调速电动机全线输量按计划量输送。

对不同任务输量,分别采用以上三种运行方式进行了节能降耗技术探讨。通过对能耗情况的对比、分析、总结,得到以下运行规律,见表3-22和表3-23。

表3-22 不同输量对应的输送方式

不同运行方式	间歇输送	差量输送	均量输送
不同输量 (m^3/h)	0~1600	1600~1800	1800~1900
		1900~2050	2050~2250
		2250~2350	2350~2400

表3-23 不同运行方式能耗对比

不同运行方式	间歇输送	差量输送	均量输送
全线月能耗($10^4 kW \cdot h$)	709.2	445.1	491.5

通过对比可以看出,采用不同运行方式,管线运行能耗相差较大。差量输送比均量输送,全月节约耗电量为$46.4 \times 10^4 kW \cdot h$,差量输送比间歇输送,全月节约电量$264.14 \times 10^4 kW \cdot h$。不同输量的细化管理科学指导了庆铁四线的调度运行,大大降低了能耗的损失,实现了管线运行的降本增效。

4. 调整不合理资源配置,控制库区储油罐的温度

铁岭14#、15#罐,原来储备大庆油。受伴热管网末端伴热回水循环不好的影响,需要经常排水,使能源浪费。因俄油不需要伴热,可以规避这个风险条件。在运行中,将14#、15#罐储存油品改为俄油,有效提高了冷凝水的回收率,节约了能源消耗;根据季节变化及下游运行方式的安排,对储油罐温度进行有效控制与调节,例如利用庆油储油温度参与保温管线系统运行;2016年控制储油罐在37℃左右,比2015年下降3℃。罐区优化管理,有效降低了能耗,节能效果显著,2016年铁岭库区锅炉燃料油消耗比上一年减少728.3t,耗气减少$105.7684 \times 10^4 m^3$。

东北管网优化运行是在确保管线运行安全的前提下,通过对管线沿线的温度场、总传热系数、管道摩阻及工艺参数设置等因素的跟踪分析,不断优化设备配置,合理利用动力与热力资源。在采取相应优化方式后,管道的能耗得到了很大的改善,管道的经济效益得到了很大的提升。管道的运行状态是一个动态过程,对管道运行数据进行不断地跟踪与分析、总结,摸索运行规律,提升管网优化运行水平。

第四章　原油管道投产技术及应用

由于实际原油管道条件和输送介质的不同，导致原油管道投产方式不尽相同，目前原油管道投产方式一般分为空管投油与充水投油，东北原油管道投产方式主要采用充水投油。充水投油过程中首先将原油管道部分充水，其次对原油管道性能进行测试，使之能达到投产要求，最后用油顶水的方式将管道内的水顶替出来，最终完成原油管道的投产工序。本章第一节介绍了原油管道投产技术，主要包括管道投产准备、管道投产方式、充水、充油排气、运行操作原则、试运行等内容，在此基础上，本章第二节介绍了典型的东北管网管道投产案例，包括庆铁三、四线对调工程投产、铁锦原油管道投产、铁大复线原油管道投产、配合抚顺石化大检修、配合吉林石化大检修等。

第一节　原油管道投产技术

原油管道投产应根据管道状况、原油物性和环境温度选择投产方式。明确界定管道投产界面与投产范围。投产宜采用调控中心与现场控制相结合的方式，调控中心集中调度、统一指挥，管道运行单位负责现场操作与监护。

一、管道投产准备

（一）工程条件

管道投产前应完成以下内容：

（1）管线投产相关工程已经全部完工，线路、阀室和站场的试压应符合要求，投产临时设施已安装完毕。

（2）站场、阀室数据应上传调控中心，调控中心与现场单体设备及站 ESD 应联调完成。

（3）应完成管道投产前检查，影响投产的问题已经整改。

（二）技术条件

管道投产前应完成以下内容：

（1）完成管道投产方案、各系统试运方案的编制、审查及批复。

（2）管道沿线站场和阀室的非投产部分与投产部分应进行有效隔离，阀门等设施应进行锁定管理。

（3）完成管道操作原理、设备操作与维护保养体系文件的编制并发布。

（4）调控中心与输油站场应按照投产方案要求编制完成投产期间操作票。

（5）投产工程保驾和维抢修保驾队伍已落实，抢修保驾协议已签订，并于投产前由运行单位组织相关保驾单位针对河流、人口密集区等环境敏感区域进行保驾演练。

(6) 管道上下游单位、油库、调控中心、运行单位等投产相关方已建立完善的联系机制。

(7) 运行单位应编制完成管道巡线方案。

（三）人员条件

(1) 应建立健全管道投产及生产管理组织机构，相关管理、运维、管道人员按要求配备到位。

(2) 所有参加投产的人员应经过培训，现场人员应能熟练操作单体设备和配套系统，调控中心投产调度应熟悉投产方案等相关知识。

（四）物资条件

(1) 投产前应准备齐全车辆、设备、机具等相关物资和工器具，以及相关备品备件。

(2) 投产所需油源应根据管道投产方案要求协调准备到位。

(3) 应按照投产方案要求，完成投产所需液氮(氮气)、水、降凝剂、燃料油(天然气)等物资的准备工作，准备量应符合管道投产方案要求。投产用水应符合工业用水水质标准，并有水质分析报告，注氮量及纯度应符合管道投产方案要求。

(4) 管道下游储罐罐容应根据投产方案要求协调准备到位，具备投产试运用水、油水混合物、原油的接收与处理条件。

二、管道投产方式

管道投产方式可采用空管投油与充水投油两种方式。管道干线宜采用充水投油，管道支线根据管道长度和上水、收水等条件确定投产方式，优先采用充水投油，也可采用空管投油。

（一）空管投油

空管投油时，管道置换方式为氮气置换空气、原油置换氮气。置换过程中氮气段下游应保持充分放空。管道注氮距离应根据管道高程差、排气点等因素确定，不应小于投产管线最大阀室间距，宜选取 1.2 倍富裕系数。投产前对起始管段注氮时，注入氮气的纯度应在 98% 以上。注氮期间，若注氮温度和注氮流量要求不能同时满足时，应优先保证注氮温度。当注氮管段排气口检测含氧量低于 2% 时关闭临时排气流程，停止注氮。注氮车加热装置氮气出口温度范围为 5~25℃，注氮车加热器的负荷需满足氮气出口温度不应低于 5℃，且氮气出口温度不应高于 10℃，注氮车带的注氮管线上应安装温度显示表。氮气段压力宜为 0.02~0.1MPa，管段内的站场或阀室宜安装小量程(0~0.16MPa)精密压力表。根据管道投产方案规定的氮气段最终压力，管道注氮施工用时计算见下式：

$$T = \frac{24M}{Q\rho_N} \tag{4-1}$$

式中　T——注氮施工时间，h；

　　　M——注液氮的质量，kg；

　　　Q——施工状态下氮气供应流量，m³/d；

　　　ρ_N——氮气密度，取值 1.2504，kg/m³。

当管道氮气封存所需压力确定后，氮气封存段的注氮量计算见下式：

$$M = \frac{Va}{b} = V_0 a \left(1 + \frac{p_1 T_0}{p_0 T_1}\right)(1+q)/b \tag{4-2}$$

式中 M——液氮质量，kg；

a——标准状态下氮气的摩尔质量，取 0.028，kg/mol；

b——标准状态下氮气的摩尔体积，取 0.0224，m³/mol；

V——所需氮气量（标准状态下），m³；

V_0——氮气置换段容积，m³；

p_1——管段置换后氮气压力（表压），MPa；

p_0——标准大气压，取 0.10132，MPa；

T_0——标准温度，取 293.15，K；

T_1——氮气注入温度，K；

q——氮气损耗量，根据天然气管道投产经验，取 0.3。

（二）充水投油

充水投油时，管道置换方式为水置换空气、原油置换水。管道充水距离应大于投产管线最大阀室间距，宜选取 1.2 倍富裕系数。注氮、充水工作应至少在投油前48h完成。

三、投产输送工艺

原油管道投产时采用的输送工艺，一般有常温输送、加热输送、热处理输送、综合热处理输送、顺序输送工艺等。根据管道状况、原油物性和环境温度，一般常用常温输送、加热输送工艺。

（一）常温输送工艺

管道投产前，沿线温度场可以确保投产原油到达末站时进站温度高于所输原油凝点3℃以上时，可采用常温输送工艺投产。

（二）加热输送工艺

当沿线温度场不能确保投产原油到达末站时进站温度高于所输原油凝点3℃以上时，应采用加热输送方式投产。加热输送管道投产时，投产方式应根据管道状况、原油物性和环境温度，按流动安全性评价结果确定，主要有以下四种方式。

（1）提前对管输原油进行预热的方式。管道投产前，在首站储罐内对原油进行预热，在确保预热温度低于原油初馏点的前提下，满足试运投产方案确定的预热温度后，方可投油。

（2）提前预热建立管道沿线稳定温度场的方式。预热介质一般有水、低凝原油和成品油。预热前应按照预热介质的性质进行水力及热力校核计算，预热时的运行参数应控制在工艺参数规定的允许范围内。采用低凝原油和成品油预热时，应在预热前加水隔离段或氮气隔离段。当全线各站预热介质的进站温度均达到试运投产方案确定的预热温度后，方可投油。预热燃料油消耗量工艺计算见下式：

$$m = \frac{1000\rho Q_V (t_2 - t_1) Tc}{q\eta} \tag{4-3}$$

式中 m——燃料油消耗量，kg；

ρ——被加热流体密度，kg/m³；
Q_V——被加热流体体积流量，m³/s；
t_1——被加热流体进炉温度，℃；
t_2——被加热流体出炉温度，℃；
T——加热时间，s；
c——被加热流体比热容，a/(kg·℃)；
q——燃料油热值，a/kg；
η——加热炉热效率。

(3) 对所输原油加剂改性降低凝点和黏度的方式。
(4) 提前预热与所输原油加剂改性结合的方式。

四、管道投产过程

(一) 充水、充油排气

(1) 输油站场及部分中间阀室宜作为集中排气点，管线高点或附近阀室应作为高点排气点。
(2) 管道投油前应导通站内和沿途排气阀室的排气、排水流程，排气、排水临时设施如图4-1所示。

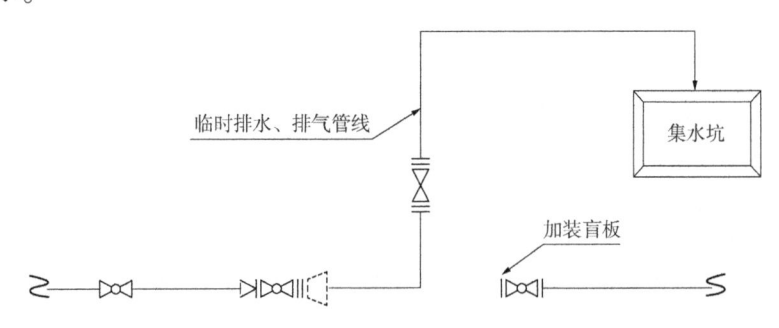

图4-1　管道输油站排水、排气临时设施示意图

(3) 站内管线利用过滤器、消气器和管道高点等排放残余气体。
(4) 站场置换应以工艺区为单位，根据工艺流程合理安排置换顺序，逐一对站内工艺管线和设备进行充油或充水排气。
(5) 在排气过程中应始终保持正压排气，严禁负压排气。
(6) 采用空管投油方式时，管道应在纯氮气段期间完成排气工作，排气口含氧量低于20%后停止排气。
(7) 采用充水投油方式时，管道应在纯水段期间完成排气工作，检测到水质清澈停止排气、排水。
(8) 下游站场或末站建立背压后，采用分段或全线在高点进行间歇式正压排气，排出管道内残余气体。
(9) 采用充水投油方式时，油头到达各站后，对站场死管段内积水进行置换，油头达到各阀室后，对旁通管线的水进行置换。
(10) 站场与阀室进行充油排气过程中，应使用可燃气体检测仪实时检测排气口可燃气体浓度。

（11）排气、排水管路应做好加固措施，避免排气、排水过程中发生剧烈振动；排气、排水口应加装临时立管，管口应加装弯头且弯头向下；临时排气、排水管线应有临时接地，临时排气、排水区域应设置警戒线。

（12）脏水头通过临时排气、排水流程排放至集水坑。

（13）临时排氮气、油气点需安装风向标。投油期间大量放空氮气时应安排专人用相应的气体检测仪对放空立管周围环境进行监测，放空氮气时如果检测人员在地面检测到空气中的含氧量低于18%时应暂停放空，等大气中的氧气含量恢复正常(21%)再放空氮气。

(二) 运行操作原则

（1）投产过程中，各站场充油排气阶段采用就地控制方式，由现场操作；充油排气结束后控制方式切换为中心控制方式，由调控中心操作。

（2）应结合管道最小允许输量、泵的特性曲线、加热炉最小允许流量、工艺限值等因素确定投产输量，各管段流速宜保持在0.7~1.0m/s之间，不应超过1m/s。

（3）管道投产期间，应确保管道运行平稳，压力调节幅度不宜超过0.5MPa/min，输量调节幅度每分钟不宜超过50m³/h。

（4）投产期间油品计量根据现场实际情况确定，具备流量计投用条件的宜以流量计计量为准，不具备流量计投用的应以储罐计量为准。

（5）管道启输前首站出站调节阀应预留一定开度，开度宜为5%。

（6）投产期间管道输量根据泵特性曲线、泵压及调节阀开度进行控制，辅以储罐罐位进行实时校核，具备超声波流量计投用条件的管线也可参考流量数值。

（7）接收储罐进水及混油过程中，在进、出管未浸没前，进罐速度应控制在1m/s以下，浸没后进罐速度应控制在3m/s以下。

(三) 界面跟踪与检测

（1）采用空管投油方式时，应在油头前发送清管器，并对清管器进行跟踪，跟踪界面如图4-2所示。

（2）采用充水投油方式时，应在水头前和油水界面间发送清管器，并对清管器进行跟踪，跟踪界面如图4-3所示。

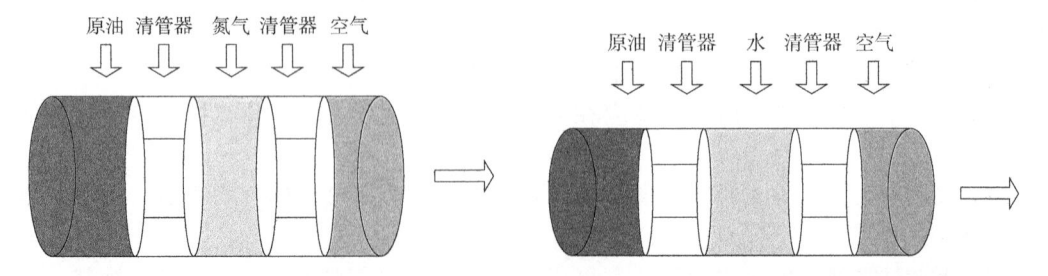

图4-2 管道空管投油检测界面示意图

图4-3 管道充水投油检测界面示意图

（3）隔离清管器应具有良好的通过能力、密封性和耐磨性，不应设置泄流孔，过盈量应满足投产过程中的运行要求。

（4）电子定位发射机连续工作时间不小于200h，电源供电方式宜采用干式电池供电。

(5)界面跟踪由中控调度统一指挥,现场人员负责界面间清管器的收发、跟踪与信息报送,管道置换界面跟踪记录表见表4-1。

表4-1 管道置换油头跟踪记录表

站场及阀室	里程(km)	计算时间(h)	实际时间(h)	值守人员	备注
XX站					
XX阀室(监控)					

(6)界面间清管器跟踪点应满足以下要求:
① 在各站进、出站段2~5km处各设置1个监测点;
② 沿线各阀室设置监测点;
③ 沿线大中型河流穿越处两端设置监测点,小型河流设置1个监测点;
④ 沿线其余地段跟踪点设置间距不宜超过5km,特殊地段(山顶、进出困难等)可根据现场情况适当调整。
(7)界面间清管器经过跟踪点后,现场人员应立即向中控调度、输油站进行汇报。
(8)清管器跟踪过程中,若跟踪点发现清管器未按时到达,应及时向中控调度汇报,并密切监视下一跟踪点情况。
(9)界面间油水混合物应进入投产专用储罐。
(10)当混油界面到末站时应实时进行取样观测,确认纯净油品到达后,导通纯油储罐接收流程。
(11)采用加剂原油进行投产的管道,应对加剂原油油头进行跟踪并进行物性测试,掌握加剂改性效果,由现场检测人员向中控调度汇报并记录。

(四)试运行

(1)应明确试运行期间各分系统的调试和试运内容。
(2)管道升压至投产方案要求的压力后,开始进行72h试运行。
(3)试运工作应包括管道正常启输、正常停输、停输再启动、出站调节阀自动功能调试、管道在不同输量下的运行、各泵站输油泵切换等。
(4)根据投产方案要求,测试不同输量台阶下的管道运行方式。
(5)试运行过程中应定期进行管道线路和站场的巡检,及时发现和整改存在的各项问题。
(6)管道连续安全运行72h后试运行结束,相关单位应编制试运投产总结报告。

第二节 东北原油管网管道投产案例

一、庆铁三、四线对调工程投产

(一)工程背景

庆铁三、四线对调工程是在中俄原油增输、大庆原油减输的大背景下实施的工程项目。

从2013年7月起，俄罗斯在每年向中国出口原油$1500×10^4$t的基础上逐年增加，到2018年，我国东北方向通过管道引进的俄油每年将达到$3000×10^4$t，而承担输送任务的庆铁四线最大年输油能力为$2000×10^4$t。与此同时，庆吉油输量逐渐由$2800×10^4$t降至$2000×10^4$t。为解决俄油、庆油输送瓶颈问题，保证庆铁三线、四线安全输送原油，需要进行庆铁三、四线对调工程。

庆铁三、四线对调工程涉及林源、太阳升、新庙、牧羊、农安、垂杨、梨树、昌图、铁岭9座站场。改造后，庆铁三线常温输送俄油，庆铁四线加热输送大庆原油、吉林原油。

庆铁三线原运行方式为加热密闭输送庆吉油，线路全长542.2km，管道规格为D813×8.7(9.5)，设计压力为6.3MPa，设计输量为$(1900\sim2800)×10^4$t/a。对调工程实施后，庆铁三线改输俄油，全线采用常温密闭输送工艺，设计输量为$(2900\sim3000)×10^4$t/a。庆铁四线原运行方式为常温密闭输送俄油，线路全长548.5km，管道规格为D711×8，设计压力为6.3MPa，设计输量为$1500×10^4$t/a。对调工程实施后，庆铁四线改输庆吉油，全线采用加热密闭输送工艺，设计输量为$(1500\sim2000)×10^4$t/a。庆铁三、四线站场均为合建站场，对调完成后，庆铁线全线共设9座站场：林源首站、太阳升输油站、新庙输油站、牧羊输油站、农安输油站、垂杨输油站、梨树输油站、昌图输油站、铁岭输油站。

（二）投产准备

庆铁三、四线对调工程投产分以下三个阶段进行。

第一阶段：庆铁三、四线系统改造。

第二阶段：庆铁四线管道预热。

第三阶段：庆铁三、四线油品置换、72h试运及联合调试。

庆铁三、四线对调工程投产过程中以中控方式为主，站控及就地控制方式为辅。各站场输油设备充油排气期间采用就地控制方式，由各输油站投产人员操作，充油排气结束后控制方式切换为中心控制方式。

1. *庆铁三线系统改造运行方案实施*

（1）庆铁三线新庙、垂杨、昌图三站压力越站输送方案实验。

2016年9月26日，在不提高原有压力定值，不提温不加减阻剂的情况下，庆铁三线太阳升、新庙两站压力越站运行，进行了输量测试。试验得出庆铁三线林源—牧羊段在新庙压越工况下，测试结果如下：

① 林源—牧羊段在新庙越站的条件下，最大输量为$2500m^3$/h左右，但太阳升和新木无法同时满足计划量；

② 为平衡太阳升和新木注入量满足输油计划，此时林源启1大1小机时，林源—牧羊段为$2400m^3$/h，太阳升注入$450m^3$/h，新木注入$500m^3$/h，此工况为最节能工况。

根据上述实验结果显示，林源—牧羊段在新庙越站的条件下，林源—牧羊段最大输量为$2400m^3$/h，无法满足铁三线、四线水力系统改造期间计划输量。沈阳调度中心将实验结果反馈至中国石油天然气管道工程有限公司（简称CPPE）东北分公司，并建议根据实验结果修订运行方案。

（2）庆铁三线提压、提温增输方案实验。

2017年初多次与第四项目部、东北设计院、技术服务公司沟通协调，项目部和设计院对设计方案、工程进展进行进一步落实。2月初完成现场工艺准备工作，随即数次召开庆铁三、四线站场改造工程新庙、垂杨、昌图越站调试准备工作协调会，会议决定CPPE东北分公司修订庆铁三线新庙、垂杨、昌图站压力越站期间临时工艺操作原理。2017年3月17日CPPE东北分公司提供庆铁三线新庙、垂杨、昌图站压力越站期间临时工艺操作原理。3月20日下发2017年第01号调度令，3月21日9：00对庆铁三线新庙、垂杨、昌图输油站压力越站期间的临时运行工况进行自动化联合测试，并明确要求涉及定值调整和自动化保护系统功能测试的各输油气分公司所属输油站要根据设计要求进行调试后的技术确认，确认合格反馈沈阳中心调度。测试期间，庆铁三线各输油气分公司所属输油站（包括新木计量站）生产站长带领相关专业（工艺、仪表、电气）配合联合测试，测试工作由中心统筹，北线调度统一下达调度令执行。大庆公司做好减阻剂注入的各项工作，保证越站期间东北管网庆吉油输油任务顺利完成。

2017年3月21日—25日庆铁三线林源—牧羊段提温进行庆铁三线太阳升、新庙、垂杨、昌图输油站压力越站期间增输测试。因管道建立温度场过程缓慢，为加快测试进度，林源3月25日14:05添加减阻剂，3月25日—4月7日进行林源添加减阻剂运行输量测试。4月7日牧羊进站温度达到41.1℃，满足测试需求，4月7日15:30停减阻剂，4月7日至4月9日进行提温不添加减阻剂输量测试。4月9日18:22太阳升添加减阻剂，4月9日至4月11日进行提温太阳升添加减阻剂输量测试。4月11日14:23太阳升停止添加减阻剂，庆铁三线林源—垂杨段全线加热设施恢复正常运行，降低各站运行温度，温度满足要求后，19日10:30新庙添加减阻剂，4月19日至4月21日进行不提温新庙添加减阻剂输量测试。21日10:00新庙站提高减阻剂浓度为30mg/L；22日8:55新庙站减阻剂浓度降为20mg/L，太阳升站添加减阻剂浓度为20mg/L，4月22日至4月23日进行不提温太阳升、新庙站添加减阻剂输量测试。各阶段测试结果如下。

① 庆铁三线不提温不添加减阻剂输量测试结果，牧羊—垂杨段最大输量为2800m³/h。由测试结果看，庆铁三线牧羊—垂杨段为2780m³/h工况无法完成输油任务。

② 庆铁三线提温林源站不添加减阻剂测试结果，牧羊—垂杨段最大输量为2950m³/h。由测试结果看，庆铁三线正常输油牧羊—垂杨段2950m³/h工况接近输油任务2920m³/h，没有调节余量。若有异常或计划性停输作业，则无法完成输油计划。

③ 庆铁三线提温林源站添加减阻剂浓度50mg/L，测试结果庆铁三线牧羊—垂杨段最大输量为3050m³/h。全线最大输量为3050m³/h，未添加减阻剂前全线最大输量为2950m³/h，庆铁三线林源—牧羊段增输约3.4%；林源—太阳升段、太阳升—新庙段、新庙—牧羊段减阻率分别为27%、17%、9.5%。

测试结果分析：庆铁三线有葡北、新木两个注入点，稀释太阳升—新庙段、新庙—牧羊段减阻剂浓度，因此试验结果林源—太阳升段、太阳升—新庙段、新庙—牧羊段减阻率呈逐渐递减趋势，符合预期。

庆铁三线林源—牧羊段整体增输率约为3.4%，未达到预期效果即增输率为15%。因林源—太阳升段、太阳升—新庙段、新庙—牧羊段减阻率效果逐渐下降，造成太阳升进站压力为4.80MPa接近运行压力上限，林源出站压力为5.43MPa（最高出站压力设定值为6.0MPa，泄压值为6.3MPa）仍有余量，影响增输效果。

④庆铁三线提温太阳升站添加减阻剂浓度 23mg/L（林源停剂），测试结果庆铁三线牧羊—垂杨段最大输量为 3200m³/h。

⑤庆铁三线不提温新庙站添加减阻剂浓度 20mg/L，测试结果庆铁三线牧羊—垂杨段最大输量为 3000m³/h。

⑥庆铁三线不提温新庙站添加减阻剂浓度 30mg/L，测试结果庆铁三线牧羊—垂杨段最大输量为 3110m³/h。

⑦庆铁三线不提温太阳升站添加减阻剂浓度 20mg/L，新庙站添加减阻剂浓度 20mg/L，测试结果庆铁三线牧羊—垂杨段最大输量为 3180m³/h。

（3）制订庆铁三线水力改造阶段最优运行方案。

庆铁三线提压、提温增输方案实验测试结束后，沈阳调度中心组织各相关专业讨论研究庆铁三线水力改造期间最优运行工况。综合对比庆铁三线测试各运行工况，结合庆铁三线水力改造期间施工安排，制订了庆铁三线站场改造期间推荐最优运行方案。

①庆铁三线站场改造期间运行台阶：

工况 1——庆铁三线牧羊—垂杨段为 2950m³/h；

工况 2——庆铁三线执行太阳升添加减阻剂方案（牧羊—垂杨段 3200m³/h）。

②庆铁三线站场改造期间运行台阶边界条件：庆铁三线正常输油，庆铁三线牧羊—垂杨段 2950m³/h 工况运行；庆铁三线若因管道动火作业、异常停输等原因停输，庆铁三线执行太阳升添加减阻剂方案，即牧羊—垂杨段 3200m³/h 工况运行。

（4）站场改造期间输油成本核算。

庆铁三线按照站场改造期间推荐最优运行方案运行，截止到 10 月 15 日（庆铁三、四线介质对调前），减阻剂累计消耗：庆铁三线站场改造期间输送方案添加减阻剂实验共消耗减阻剂 47 桶；庆铁三线站场改造运行期间，共消耗减阻剂 112 桶；合计消耗减阻剂共 159 桶。站场改造期间实际共增加运行成本 874.5 万元。

原庆铁三线站场改造期间采用的运行方式是在林源站添加减阻剂浓度为 40mg/L，同时为提高输量，全线提温以降低油品黏度，林源运行 4 台加热炉，其余各站加热炉全部在线运行。此工况与去年同期相比，多运行 8 台加热炉，每日多消耗燃料油约 64t。如按此运行方式运行，整个施工期间：燃料油消耗增加约 11520t，费用增加 2800 万。减阻剂消耗：林源添加减阻剂 2.5bbl/d，6 个月合计添加减阻剂 450bbl，每桶减阻剂以 5.5 万元/bbl 计算，费用合计 2475 万元。站场改造期间共增加运行成本 4995 万元。

庆铁三线按照中心制订的庆铁三线水力改造期间最优运行方案运行，累计节约运行成本共计 4120.5 万元。

2. 庆铁三、四线自动化系统改造调试

2017 年初沈阳调度中心各专业与设计部门就庆铁三、四线对调工程的水击超前保护、ESD 保护、泄漏监测系统对调整合方案进行复核。在确保原系统安全运行的同时，组织项目经理部、输油气分公司进行点对点的中控功能确认，保护功能的系统联合实验，系统 ESD、水击保护模拟实验，保护定值确认等工作。

庆铁三、四线自动化系统改造调试工作有以下具体措施。

（1）严格审查自动化系统整合调试方案、ESD、水击模拟实验的方案，并提出合理化建议。

(2) 完善自动化系统和泄漏检测系统的设计要求；根据中控管理要求进行作业指导文件的重新编制；委托设计部门编制过渡期临时操作原理，为庆铁三、四线自动化整合调试工作提供依据。

(3) 协调配合工程新增站场及单体设备与老系统的联合安装调试，确保对调工程顺利实施。

(4) 庆铁三、四线对调工程各站新增输油泵、加热炉等单体设备及新增输油站场并入系统后，尤其太阳升投入运行后，输油系统发生重大改变，保护系统要及时进行修改调试。沈阳调度中心多次组织相关单位对自动化整合调试安排进行讨论，会议决定在确保庆铁三、四线输油任务顺利完成的同时，自动化整合及调试工作要与施工动火停输的机会相结合，分阶段、逐步进行自动化整合及调试工作。优化并编制自动化系统调试整合及ESD、水击模拟实验的时间安排。

(5) 提前做好庆铁三、四线通信信道的切换准备工作。

3. 管道动火施工

2016年8月，沈阳调度中心组织项目部、设计院等单位对三四线各站进行了设计交底、动火量优化和投产方案技术比选。通过与工程进度计划的深度对接，明确了动火时间和制约条件，简化了动火工作量，不仅节用了大量工程费用，降低了复杂的动火作业风险，而且把工程对运行的影响降到最低。把投产工作的边界条件由复杂变为简单，劳动强度由集中变为分散，从而降低了投产的难度和风险。

庆铁三、四线对调工程改造工程量大，现场施工作业与生产运行并行，动火投产任务繁重，改造工期紧迫。面临诸多困难，沈阳调度中心于2017年5月16日、8月16日等多次组织召开庆铁三、四线对调工程动火工作审查会议，相关专业人员对动火方案进行了认真审查，根据实际情况统一规划协调，科学合理安排施工人员。尤其是太阳升、新庙两站动火点多，施工难度大，在保障东北管网输油任务顺利完成的前提下，结合施工改造工期安排，优化合并相关动火方案，动火条件成熟一处干一处，由原来的147处，简化到58处，确保了庆铁三、四线改造工程站场改造施工按时完成。

4. 投产热俄油储备

林源站16#庆油储罐改为俄油储罐，用作庆铁三线置换用热俄油；19#、20#、24#、25#俄油储罐用作储备庆铁四线预热俄油。按林源站锅炉额定负荷的80%出力，估算林源储油罐每日升温幅度，编制林源站启运锅炉给俄油储油罐加热时间节点。2017年8月15日，林源站启运2台锅炉给16#、19#、20#、24#、25#俄油储罐加热。10月10日，19#、20#、24#、25#罐俄油达到36℃以上，满足预热要求；16#罐俄油达到42℃以上，满足置换要求。截止到10月10日，按方案中要求完成高温俄油储备：庆铁四线预热用36℃高温俄油31×10^4 m³；庆铁三线置换用42℃高温俄油6×10^4 m³。

5. 庆铁四线预热及庆铁三线高温俄油输送

(1) 庆铁四线预热方案。

根据庆铁三、四线对调工程进度安排，庆铁四线于9月10日进入全线预热阶段(9月10日—13日加热炉调试)，庆铁四线整个预热过程分为两个阶段，共36天。其中，第一阶段为常温俄油全线加热预热，时间为9月10日至10月9日，共30天；第二阶段为高温热俄油全线加热预热，时间为10月10日至10月15日，共6天。

（2）庆铁三线高温俄油输送方案。

为使庆铁三线油品置换期间垂杨站进站温度满足26℃，垂杨—铁岭段的俄油头需满足林源出站温度高于24℃。以3450m³/h输量计算，俄油头从垂杨到铁岭的时间为44小时22分（垂杨—铁岭段管道容积为115345m³），安全系数取1.2。庆铁三线油品置换前，林源站剩余储备预热俄油约为80000m³。根据上述条件重新核算庆铁三线输送热俄油运行方案，林源出站温度降温时间节点见表4-2（以开始置换时间为起点）。

表4-2 林源出站温度降温时间节点

时间	林源输送俄油温度（℃）	累计量（m³）	林源预热俄油量（m³）
10月15日9:00	42	10000	10000
10月15日12:51	37	10000	8437
10月15日16:42	32	10000	6875
10月15日20:33	27	10000	5312
10月16日0:24	24	96896	42392
10月17日6:35	20	10000	3125
10月17日10:26	15	10000	1562
10月17日14:17	常温俄油	—	—
10月19日6:58	停输	—	—
合计	—	—	77703（满足条件）

（三）投产过程

10月15日8:56庆铁三线开始进行俄罗斯原油置换大庆原油，8:36庆铁四线开始进行大庆原油置换俄罗斯原油，油品置换期间沈阳调度与各公司跟踪介质隔离清管器人员密切合作，精确预计清管器到达时间，时刻掌握介质混油头准确位置，根据油头位置合理安排庆铁三、四线各分输注入管线切换油品切换。庆铁四线混油头于18日23:30到达铁岭站，完成大庆油切换；庆铁三线混油头于19日9:15到达铁岭站，完成俄罗斯油切换。确保了庆铁三、四线油品置换的按时完成。

庆铁三线俄罗斯原油置换大庆原油期间重要工作内容见表4-3。

表4-3 庆铁三线俄罗斯原油置换大庆原油期间重要工作内容

时间	庆铁三线油品置换重要工作内容
10月15日8:56	庆铁三线改输高温俄油，俄油出温44℃
10月15日13:10	庆铁三线改输高温俄油，俄油出温37℃
10月15日16:32	庆铁三线太阳升站停止葡北注入
10月15日16:55	庆铁三线改输高温俄油，俄油出温32℃
10月15日18:20	庆铁三线太阳升站隔离清管器进站
10月15日18:43	庆铁三线太阳升站隔离清管器出站

第四章 原油管道投产技术及应用

续表

时 间	庆铁三线油品置换重要工作内容
10月15日20:50	庆铁三线改输高温俄油，俄油出温27℃
10月16日5:40	庆铁三线新庙站隔离清管器进站
10月16日6:03	庆铁三线新庙站发送隔离清管器出站
10月16日6:44	庆铁三线停止新木注入
10月16日15:32	庆铁三线牧羊站隔离清管器进站
10月16日15:58	庆铁三线牧羊站隔离清管器出站
10月17日1:41	庆铁三线农安站隔离清管器进站
10月17日2:05	庆铁三线农安站隔离清管器出站
10月17日13:05	庆铁三线垂杨站确认纯俄油到达本站（化验确认）
10月17日13:22	庆铁三线垂杨站发送隔离清管器出站
10月17日18:50	庆铁三线改输常温俄油
10月18日17:42	庆铁三线昌图站隔离清管器进站
10月18日18:06	庆铁三线昌图站隔离清管器出站
10月19日5:50	庆铁三线来油切进12#罐混油罐
10月19日9:15	庆铁三线铁岭站确认纯俄油到达本站（化验确认）
19—20日	垂杨站进行换热器切换动火，配合垂杨站动火。19日5:00—20日19:31庆铁三线停输
21日	庆铁三线输送俄油中控启输

庆铁四线大庆原油置换俄罗斯原油期间重要工作内容见表4-4。

表4-4 庆铁四线大庆原油置换俄罗斯原油期间重要工作内容

时 间	庆铁四线油品置换重要工作内容
10月15日8:56	庆铁四线改输大庆油，俄油出温55℃
10月15日16:06	庆铁四线太阳升站隔离清管器进站
10月15日16:21	庆铁四线太阳升站隔离清管器出站
10月15日20:45	庆铁四线中控启太阳升1#注入泵，葡北注入切换到庆铁四线
10月16日2:15	庆铁四线新庙站隔离清管器进站
10月16日2:30	庆铁四线新庙站发送隔离清管器
10月16日11:47	庆铁四线牧羊站隔离清管器进站
10月16日12:18	庆铁四线牧羊站隔离清管器出站
10月17日7:15	庆铁四线垂杨站确认纯庆油到达本站（化验确认）
10月17日7:32	庆铁四线垂杨站发送隔离清管器
10月18日20:40	庆铁四线来油切进12#罐混油罐
10月18日23:30	庆铁四线铁岭站确认纯大庆油到达本站（化验确认）

庆铁三、四线对调工程实施后，制订庆铁三、四线运行管理措施。

(1) 20日19:31庆铁三线恢复输油后，全线采取自然降温释放管道因温度场变化所产生的管道应力(各站不启运加热炉),自然降温期间要求各输油气分公司加强管道巡护,出现异常及时采取应急措施。

(2) 庆铁四线采取按梯度逐渐降低全线运行温度(每5℃为一个温降梯度),要求各输油气分公司在此期间加强管道巡护,沈阳调度严密监视运行压力,出现异常及时按应急预案规定执行。

(四) 经验总结

1. 超前谋划、统筹协调解决交叉难题

沈阳调度中心在管线投产之前多次对设计进行点对点复核,参与投产方案的编写,组织动火方案、新系统调试方案审查,紧密跟踪并结合工程进度,对动火的工作量进行现场确认、优化和统筹安排。合理利用动火施工停输机会,分阶段安排自动化系统调试工作,及时组织协调新老系统工程实施过程中出现的问题,制订措施和方案,并及时落实。

建议今后投产之前完善水击保护系统调试。水击保护系统调试主要是站场停电、站场关闭、干线 RTU 阀室阀门误关断、站场停泵等工况的调试。当某一水击工况触发,水击逻辑判断在中控未屏蔽的情况下,执行降量或者停输的逻辑。水击保护已经成为投产前的必备条件,其降低了管道的运行风险。

2. 科学分析、结合实际优化运行方案

(1) 合理优化庆铁三线越站方案。

沈阳调度中心根据庆铁三线新庙、垂杨、昌图站压力越站期间运行方案,预测庆铁三线太阳升、新庙站越站工况运行,牧羊—垂杨段最大输量为2500m³/h,无法满足庆铁三线2017年牧羊—垂杨段输油计划量2920m³/h。为确保庆铁三线、四线系统改造工作顺利实施,对庆铁三线太阳升、新庙站越站工况进行输量测试,优化庆铁三线越站运行方案,确保庆铁三、四线对调工作顺利实施。

(2) 合理优化庆铁四线高温预热方案。

庆铁四线预热阶段实时跟踪庆铁四线沿线运行温度参数及各站加热炉负荷,每日对庆铁四线预热情况进行分析总结及对下一周期预热情况进行预测。并利用软件,针对目前庆铁四线的热力情况,对预测温度进行了重新核算,优化庆铁四线高温预热阶段运行方案,确保庆铁三、四线对调工作顺利实施。

(3) 及时调整庆铁三线热俄油输送方案。

因庆铁四线预热阶段方案调整,为保证庆铁三、四线油头推进时间不能相差过大,调整庆铁三线置换期间运行输量,结合林源站剩余储备预热俄油,重新核算并编制庆铁三线输送热俄油运行方案,合理安排管道热俄油输送梯度。庆铁三线油品置换期间垂杨站进站温度始终保持26℃以上运行,为置换期间管道安全运行提供了保障。

(4) 提前制订储备俄油预热方案。

2017年7月,沈阳调度中心制订庆铁三、四线对调工程林源站储备预热俄油方案。在俄油储罐加热期间,每日跟踪储油罐温升幅度,及时优化林源站储油罐加热进度,最终按要求完成了投产用高温俄油储备。

建议今后在不同管输介质更换过程中采取控制管线温度场的措施来保障投产的顺利进行。建立管线温度场之前需储备所需的热俄油并保障储罐加热设施正常运行;然后通过输送预热俄油建立管线温度场，同时需在温度场建立过程中重新核算预测温度；最后为了避免温降过程中管线应力问题，需对管线所输油品温度进行按阶段分梯度进行控制。

3. 输量把控精准、置换有序推进

为确保庆铁三、四线介质对调期间清管器跟踪准确、及时，采取了以下措施。

（1）提前编制庆铁三、四线介质对调期间油头隔离清管器跟踪方案；推算油头隔离清管器位置，清管器跟踪人员应提前在跟踪点布控。线路布控要求如下：一是跟踪人员提前30min以上到达预定地点，将跟踪装置按操作要求摆放至管道正上方，并开机等待清管器通过，清管器通过后填写《清管跟踪点及运行时间一览表》，向调度和线路组组长汇报，并通知下两组跟踪点的跟踪人员；二是如清管器在预定时间未通过，跟踪人员应继续在该点跟踪，并将情况及时通知组长和下一点的跟踪人员，下一点的跟踪人员在确认清管器通过后，应及时通知组长和上一点的跟踪人员；三是在清管器运行过程中，调度应及时将输量的变化通知跟踪人员，跟踪人员应适当调整各跟踪点的预定时间；四是确认清管器发生卡堵后，两组相邻跟踪人员立即在卡堵范围内搜寻内清管器，第三组跟踪人员根据实际情况给予协助，尽快确认卡堵位置；五是在应急抢险过程中，跟踪人员应重复确认内清管器卡堵位置，为应急抢险提供支持。

（2）调度统一指挥，平稳控制庆铁三、四线输量。庆铁三、四线管道对调工程联合调试庆铁四线预热阶段，庆铁四线全线输量控制在2300m³/h，庆铁四线将进入高温俄油预热阶段，林源站输量为2350m³/h；庆铁三、四线管道对调工程联合调试介质对调阶段，庆铁四线林源站出站温度维持60℃，输量维持2950m³/h，太阳升分输200m³/h，垂杨分输750m³/h。庆铁四线输送庆油5小时30分后，沈阳调度停止太阳升分输，停分输后，林源外输调整至2750m³/h。庆铁四线输送庆油9h后，沈阳调度通知太阳升启注入泵，注入量为300m³/h，林源外输量调整至2450m³/h。庆铁四线输送庆油24h后，庆铁三线预计俄油头到达132km处（距新木阀室7km），沈阳调度将新木注入切换到庆铁四线，林源外输量调整至2000m³/h，太阳站注入量调整至300m³/h后，新木阀室注入流量450m³/h。庆油头到达垂杨站后，庆铁四线垂杨输量保持2000m³/h，垂杨分输降量至450m³/h。

庆铁三、四线管道对调工程联合调试介质对调阶段，庆铁三线林源站外输量为2600m³/h，葡北来油300m³/h，新木来油450m³/h，垂杨分输450m³/h。庆铁三线输送俄油12小时30分后，沈阳调度将太阳升葡北分输切换到庆铁三线分输，林源站外输量提高至3000m³/h。庆铁三线输送俄油24h后，预计俄油头到达132km处（距新木阀室7km），沈阳调度将新木注入切换到庆铁四线，林源出站输量提高至3450m³/h。

庆铁三、四线介质置换期间，利用林源储罐液位准确计算庆铁三、四线输量结合超声波流量计输量对比，选取合适管线输量，结合清管器跟踪计算的管线实际输量，核实所选取的管线输量的准确性，提高了油头隔离清管器跟踪准确，确保了庆铁三、四线各分输、注入位置切换安全精准。

4. 拓宽沟通渠道、保障信息畅通

建立庆铁三、四线对调工程联系机制，并建立信息发布平台，相关单位及时汇报管道施工进度及管道运行情况，加强生产信息交流，保障庆铁三、四线对调工程实施期间信息沟通及时、准确。

建议今后投产前建立完善的投产组织机构、明确投产指挥、信息汇报流程以及各投产小组的职责落实情况。投产组织机构应包括投产领导小组、总调度长、调度组、协调组、站场组、线路组、电气通信仪表自动化组、投产保驾组、HSE检查组、后勤保障组。

投产指挥流程包括：

(1) 投产领导小组有关投产指令需通过总调度长下达。

(2) 沈阳调度中心指挥现场进行投产操作。

(3) 现场操作只听从总调度长和沈阳调度中心指挥，现场操作人员应拒绝除总调度长和调度中心以外任何形式的电话或现场指挥。

信息汇报流程包括以下几个方面。

(1) 各投产专业组应及时向调度中心汇报投产进度，紧急情况下，可直接向总调度长汇报。

(2) 调度中心负责投产信息的收集、汇总和发布，建立专用信息发布平台，便于投产各方及时了解和查询投产信息；调度中心应及时向总调度长汇报投产动态，总调度长向投产领导小组汇报。

(3) 站场汇报人向调度中心汇报投产信息的统一口令，如：报告调度中心，我是"XX"站，我站于"XX时XX分"启动XX输油泵，于"XX时XX分"停运XX输油泵，开始进行XX输油泵试运，报告完毕。

二、铁锦原油管道投产

(一) 概况

铁锦线是一条长距离加热输送大庆原油的保温管道，铁岭—松山段全长344.44km，管径DN500，设计输量为$(900\sim1000)\times10^4$t/a，松山—葫芦岛段全长56.35km，管径DN350，设计输量为350×10^4t/a，松山—锦州港段全长34.01km，管径DN250，设计输量为268×10^4t/a。铁锦线干线起点为铁岭首站，终点为葫芦岛末站；支线起点为松山分输热泵站，终点为锦州港末站。干线和支线设计压力均为8.0MPa。

铁锦线全线共设置9座输油站场：铁岭首站、法库热泵站、兴沈分输站、新民热泵站、黑山热泵站、凌海热泵站、松山分输热泵站、葫芦岛末站(干线末站)以及锦州港末站(支线末站)。另外铁锦线全线共设23座线路截断阀室，其中9座监控阀室、7座单向阀室、7座手动阀室。

(二) 投产准备

1. 管道线路及站场情况

(1) 线路、三穿、阀室、场站工程已施工完毕，并达到设计要求。

(2) 施工阶段干线管道已进行分段清管、测径、试压、吹扫，符合相关要求；并于投产前进行一次站间收、发球筒间的通球扫线、测径。

(3) 鉴于管道建成后放置时间较长，投产前应由项目经理部组织开展管道充水试压工作，并编制完成分段试压方案，试压方案经过审批并下发。

(4) 电气、通信、仪表自动化等分系统安装调试完毕并验收合格；SCADA系统安装调试完毕，满足中心控制要求，ESD程序投入运行；高低压泄压系统调试完毕并投入运行。

（5）投产前利用柴油对新建加热炉进行点火试运，保证投产期间加热炉能够正常运行。

（6）影响投油阶段投产的所有动火均完成，动火方案已通过审核，并取得批复文件。

（7）投产临时设施已安装完毕。

（8）建设单位组织投产前检查及确认，影响投产安全问题整改完毕。项目建设符合国家相关法规、标准和专业公司的相关规定，工程达到设计要求。

2. 人员配备及培训情况

铁岭—锦西原油管道复线工程投产工作由管道公司统一领导，沈阳调度中心负责试运投产期间的组织、调控、指挥、协调准备投产用油和与铁锦线有关的运行衔接工作，项目经理部负责组织施工单位和设备供应商进行投产保驾，沈阳输油气分公司、锦州输油气分公司负责投产期间的工艺流程操作和维抢修保驾工作。锦西石化、锦州港股份有限公司油品库区负责按照投产方案准备接收投产用水、油水混合物、投产油品所需的库容。

运行单位生产管理组织机构健全，各岗位人员配备到位，岗位人员培训合格，特殊工种操作人员已取得相关部门颁发的操作证书，各岗位的生产管理制度、操作规程、生产报表编制完成。

3. 投产资料准备情况

2013年12月26日，受项目经理部委托，中国石油管道公司技术服务中心编制了《铁岭—锦西原油管道复线工程试运投产方案》，经讨论铁锦线采用管道部分充常温水，俄油顶热水的方式预热，然后进行加剂庆油顶俄油的投产方式，该投产方式可以延长管道允许停输时间，从而降低管道投产过程中因异常情况导致停输的安全风险。

（三）投产过程

（1）铁岭站注水：9月10日15:16，铁岭站开始注水，11日4:35停止注水，注水10.45km。

（2）水头前清管器：11日14:55开8#阀室阀门，黑山站13日5:25收到滞留在8#阀室的水头前清管器，13日6:16黑山站发水头前清管器出站，14日17:50松山站收到水头前清管器，14日18:13松山站发锦州港方向水头前清管器出站，15日3:12锦州港收到水头前清管器，14日18:32松山站发葫芦岛方向水头前清管器出站，15日15:03葫芦岛收到水头前清管器。

（3）油头前清管器：9月10日17:06，铁岭站发油头前清管器出站，黑山站13日14:19收到油头前清管器，13日14:37黑山站发油头前清管器出站，15日04:06松山站收到油头前清管器，15日04:13松山站发锦州港方向油头前清管器出站，15日15:22锦州港收到油头前清管器，15日04:18松山站发葫芦岛方向油头前清管器出站，16日00:26葫芦岛收到油头前清管器。

（4）加剂庆油：16日2:38铁岭站开始外输加剂庆油，加剂庆油头19日22:00到达锦州港，检测油品黏度为0.8502，19日22:25来油切锦州港庆油罐；20日4:10到达葫芦岛站，检测油品黏度为0.85，20日4:50葫芦岛到庆油流量计计量，油品切锦西石化庆油罐。本次科技中心加剂效果较好，固定检测点在铁岭站检测凝点一直在23℃，跟踪油头组检查在23~24℃之间，20日5:00停止加剂。

（5）纯庆油：20日23:14铁岭开始外输纯庆油，20日8:00铁锦线联合调试进入72h设备试运阶段，温度控制按锦州港进站40℃，其余各站(35+0.5)℃范围内逐渐控制运行。

（6）铁锦分输线投油，20日9:00停铁秦线分输，9:57兴沈站开沈阳蜡化分输；20日15:33松山站—锦州石化公司分输线投油，16:00停铁秦线锦州石化分输。至此，铁秦线分输线全部切换至铁锦线。

（7）铁秦线俄油置换庆油：20日09:00铁岭站往铁秦线输送置换干线、站场及秦京、任京线置换用俄油252000m³，计划229日16:20完成此项工作。

（8）10月20日计划铁秦线开始扫线，11月5日完成封存。

（9）10月24日兴沈站铁锦线分输二次动火，计划在铁秦线扫线期间完成。

（10）10月28日计划葫芦岛老分输线扫线、动火改临时输水线为永久线。

铁锦线投产期间重要工作内容见表4-5。

表4-5 铁锦线投产期间重要工作内容

时 间	铁锦线投产重要工作内容
9月10日15:16	铁岭站开始注水
9月11日4:35	铁岭站停止注水
9月11日14:55	开8#阀室阀门，发送水头前清管器
9月13日5:25	黑山站收水头前清管器
9月15日15:03	葫芦岛收水头前清管器
9月10日17:06	铁岭发油头前清管器
9月16日00:26	葫芦岛收到油头前清管器
9月16日2:38	铁岭开始外输加剂庆油
9月19日22:00	加剂庆油到达锦州港
9月20日4:10	加剂庆油到达葫芦岛
9月20日23:14	铁岭开始外输纯庆油
9月20日8:00	铁锦线联合调试进入72h设备试运阶段
9月20日9:00	停铁秦线分输
9月20日15:33	松山站—锦州石化公司分输线（锦州石化自建350m管线）投油
9月20日16:00	停铁秦线锦州石化分输
9月20日09:00	铁岭站给铁秦线输俄油置换铁秦线干线及站场和秦京、任京线置换备用，需要输送俄油252000m³
10月20日—11月5日	计划铁秦线开始扫线及封存

（四）经验总结

1. 关注投产过程中产生的气阻及排气

在管道分段注水过程中，由上坡段到地形平缓段，再到大落差段，管路中封存的气体由无到有，由少至多，截面含气率(管道中通过的气体截面积与管道截面积的比值)随之不断增加。当水头经过这一系列起伏地势后再次遇到上坡段地形时，平缓段和下坡段所封存的气体就会被低低洼处的积液封存在管路的顶部，从而形成液封。

当液体经过高点后，首先会由于其剩余能量形成不满流，随着管道底部积液体积的增大和水头在管道内的推进，逐渐对气体起到了封闭和压缩的作用，此时管道内也仅仅封存了气体，但是当地形再次升高，气体压力大于大气压并开始被压缩时，气阻就形成了。理论上讲，只要有一段大落差的管段存在且没有通球排气，就会形成一段气阻。这些起伏管段所形成的气阻效应可以向上游管段叠加，尤其是在地形紧凑起伏的地段，这种气阻的叠加现象则更加明显。这种情况下如果不尽快将这段气体通球排出，很可能会导致气阻管段之前的某一位置超压，或很可能会由于泵所提供扬程不足而导致流量降为零。

对于投产过程中气阻问题，合理采取有效措施进行排气是关键，一般采取的技术方法包括：

（1）利用气、液界面清管器进行排气，分别在油头和水头前各发送一枚清管器，过盈量为4%。

（2）在管道沿途高点和站场进行临时管道排气，有效降低管道中积压的气体。

2. 投产关键设备需及时安装

由于客观原因铁锦线铁岭首站流量计没有在投产前完成安装。泄漏检测系统也在调整过程中，流量数据没有太大参考价值。虽然可以通过铁岭首站罐位进行估算，但罐位变化在非稳态运行管线短时间内并不准确，尤其在投产初期管线处于充装状态，流量波动很大，实际估算的数据仅有参考价值。

建议投产前需完成：

（1）对投产有直接影响的关键设备应优先安装，以保证投产顺利进行。

（2）输油泵备品备件准备充足，在长输管道投产过程中，泵站尤其是首站作为全线能量的提供者，要确保重要设备(泵、阀、炉等)备品备件充足。

基于SCADA系统的自动化控制系统是提高管道运行效率，减少人工误操作，有效保障原油长输管道安全稳定运行的重要保障。铁锦线投产开始时，部分站场还在进行自动化编程，中控也刚刚完成自动化调整，受时间限制很多功能没有实际测试。在实际投产时存在边干边投的情况，例如在管线进行俄油预热阶段，法库站站内自动化调试过程中三小时内引起两次铁锦线全线ESD停输，不仅拖慢投产进度，更是变相提升了投产的风险。

建议相关编程测试问题能提前完成，在投产时能够接受检验发现问题。

3. 完善原油管道投产前准备工作

完善投产前的准备工作，从而保证原油管道的完整性和投产的安全性。具体内容包括：安全问题整改，相关手续、方案审查与报批，投产组织结构、人员配置、应急演练，仪表自动化、通信、电气、阴极保护、消防、供热、ESD系统和水击超前保护系统的调试，排水、排气等临时设施、输送介质、物资准备等。

铁锦线投产前相关资料不完全统一。因为投产涉及方面较多，投产资料虽然在前期已经多次审核，仍然存在一些问题。实际使用前后不断修改，产生了许多差异很小的不同版本，例如各输油气分公司现场跟油球组与项目经理部跟水球组手中管线里程数据与沈阳调度中心数据存在一定偏差，导致对清管器实际位置描述不清，从而对投产精确性造成了一定的影响。

建议投产前最终确定的文件标明修改日期后指定人员统一发送，并强调各单位应统一使用，杜绝使用早期版本的情况。

4. 完善投产工程联系机制

建立投产工程联系机制，并建立信息发布平台，相关单位及时汇报管道施工进度及管道运行情况，加强生产信息交流，保障投产期间信息沟通及时、准确。

铁锦线投产时在联系机制上存在以下问题。

（1）指挥不统一。现场测试设备较多，在调度中心统一操作时可能存在命令冲突的情况。投产时调度中心电话频繁，对传达内容产生疑问后又要向现场确认，较为混乱。

（2）投产指挥与投产大表冲突。在实际投产过程中根据现场人员配置和时间充裕程度对设备测试顺序进行了临时调整造成的压力波动使投产管线处于不稳态运行，对于管线的平稳运行以及油头、水头位置的准确计算造成了一定程度的影响。

鉴于以上情况，提出以下建议。

（1）确定本次投产唯一指令发布人员，由该人员统一协调现场调试进度，并对中控下达操作指令。或由现场就地统一操作，并在测试完成后将控制权由就地切换成中控。

（2）在投产准备期间讨论设备调试、特殊状况、突发问题等可能存在的相关影响，并进行取舍。确定一个相对稳定的投产大表，并在实际投产中减少大表确定内容的变化，使得整个投产过程尽量按照计划进行，从而实现风险可控。

三、铁大复线原油管道投产

（一）概况

铁大复线起点为铁岭首站，终点分别为大连石化和大连新港，常温输送俄罗斯原油。其中铁岭—鞍山段已于2014年9月联合调试运行，此次投产工程为鞍山—大连管段。

铁大复线（鞍山—大连段）线路起点为辽阳分输泵站，终点为小松岚输油站。新建辽阳—瓦房店段（DN813mm）、瓦房店—小松岚段（DN711mm）管线常温输送进口俄罗斯原油，设计输量为$2000×10^4$t/a（沈阳输油站未投运），管线长度为346.8km。新建辽阳站至已建鞍山站之间利用已建铁大复线（铁岭—鞍山段）管线（长度约为20km）向辽阳石化分输俄油。已建铁大线鞍山—小松岚段停输扫线封存。在新港—小松岚—鞍山段设置反输流程，反输设计输量为$700×10^4$t/a。

铁大复线投产以中控方式为主，站控及就地控制方式为辅，原因如下：

（1）铁大复线（鞍山—大连段）管道为密闭输送工艺系统，采用中控方式便于全线统一调控；

（2）全线ESD与水击超前保护依靠SCADA系统以中控方式实现。

投产过程中，各站场充油、充水排气阶段采用就地控制方式，由现场操作；充油、充水排气结束后控制方式切换为中心控制方式。

本次投产采用管道部分充水，以俄油顶水，常温输送的方式进行，充油顶水期间分段进行稳压检漏，水头前和油头前各发送一个清管器。原因如下：

（1）本管道设计为常温输送，投产所输油品的凝点低于-25℃，沿线管道埋深处最冷月地温为0.1℃，无最低输送温度要求；

（2）采用管道部分充水可满足投产需求的前提下节约用水，管道发生意外事故时，有较充足的抢修时间；

(3) 避免投油过程中管内油气直接与空气接触所带来的安全风险;

(4) 避免投油过程中排放管内油气所带来的安全风险;

(5) 水头前发送清管器,利于排净管线内的气体,油头前发送清管器,利于判断混油头位置;

(6) 充油顶水期间在充水段进行新建管段的稳压检漏,便于检测管道泄漏点,若发生泄漏可减少环境污染。

（二）投产准备

2017年8月16日6:00—8月24日辽阳站安装临时上水设施,干线充水至20#阀室,充水长度为81.3km,充水量为$4×10^4m^3$。8月23日,项目经理部、相关施工单位投产及保驾人员到达现场,完成投产条件确认。8月24日,项目经理部负责编制水头前清管器跟踪方案,全程跟踪清管器,大连输油气分公司负责编制油头前清管器跟踪方案,全程跟踪清管器,编制充油排气方案及投产期间站控操作票。8月24日8:00辽阳站进出站联络管线、辽阳站、瓦房店站、小松岚站完成站内管线充满氮气。铁岭站准备投产期间俄油,辽阳石化、大连石化已具备连续接油条件,其中大连石化准备一座$10×10^4m^3$空罐用于接收投产用水及油水混合物。1#监控阀室、瓦房店分输泵站和小松岚输油站临时排气、排水管线已加,集水坑已开挖完成。8月25日,新建鞍大线自动化中控、站控联调完成。

9月13日8:00—15日8:00,沈阳调度中心安排铁大、新大线停输,期间完成新建、改扩建站场与全线自动化系统的整合调试工作。9月14日9:00,协调召开铁大复线安全改造工程(鞍山—大连段)联合调试工作协调会。现场准备情况如图4-4所示。

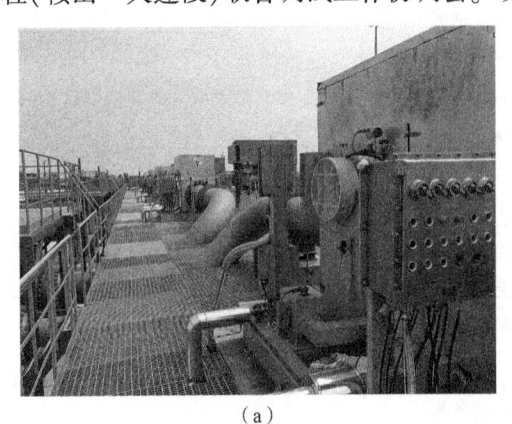

（a） （b）

图4-4 投产现场准备情况

（三）投产过程

2017年9月15日6:06铁大复线铁岭—辽阳段启输,辽阳站分输辽阳石化。8:56辽阳站油水隔离清管器出站,辽阳—松岚段投产开始。管道跟踪组密切关注水头前清管器和油水隔离清管器的位置,投产组按阶段安排管道稳压检漏。在油头通过辽阳站、瓦房店站后,两站分别进行了输油泵中控调试。20日18:50水头到达大连石化,由于管道沿线高程起伏较大,管道出现气阻现象,经过站场排气和降低输量等措施,气阻现象有所缓解。22日6:46油水隔离清管器到达松岚站,12:00松岚站化验为纯俄油到达本站。至此铁大复线辽阳—松岚管道投产圆满结束。

铁大复线投产期间重要工作内容见表4-6。

表4-6 铁大复线投产期间重要工作内容

时 间	铁大复线投产重要工作内容
2017年9月13日前	庆大线鞍山—大连段进油条件确认
2017年9月13—15日	沈阳调度中心安排铁大线(老线)全线停输,停输后开始新老管线动火连头工作,预计动火时间约需48h
2017年9月15日	沈阳调度安排铁大线启输,铁岭出站排量维持在2150m³/h,此时出站压力为6.8MPa。鞍山站分输流量为1100m³/h
2017年9月15日	随着油头的前进,辽阳站逐渐调节出站调节阀开度(预开5%),控制辽阳站出站流量为1050m³/h
2017年9月15日	管道投油约16h10min后,预计俄油头到达233.6km处,水头到达314.9km。本站启动变频泵P0405,使泵的排量维持在1050m³/h
2017年9月16日	管道投油约29h后,预计俄油头到达260.6km处,水头到达341.9km,启p0401#泵,使泵的排量维持在1050m³/h
2017年9月18日	管道投油约73h40min后,预计俄油头到达355.9km,水头到达瓦房店分输泵站(437.2km)处
2017年9月18日	站内管网设备充水排气结束后,导通清管器发送流程,清管器出站后切换为清管器接收流程
2017年9月19日	管道投油约111h40min后,预计俄油头到达瓦房店分输泵站(437.18km)处,水头到达543.4km(距离小松岚输油站进站约2km)
2017年9月20日	水头到达小松岚站后,通过临时排气、排水流程排放至集水坑。清管器到达本站后,水质清澈后导通正输流程,关闭临时排气、排水流程。对站内管网设备进行充水排气,利用站内过滤器、收球筒、站内高点等进行排气,见水后关闭排气阀,进行间歇式排气,直至排尽管道内残余气体
2017年9月20日	小松岚输油站充水排气完成后,导通清管器接收流程,取出收到的清管器。通知新港输油站值班调度停止新港站向新大一线注入俄油。具备启输条件后通知沈阳调度中心,全线贯通准备铁大线全线启输
2017年9月20日	沈阳调度中心安排全线启输,全线输量为2150m³/h,鞍山分输1100m³/h。导通清管器发送流程,向下游发送一个清管器
2017年9月20日	管道投油118h40min后,预计水头到达大连石化末站(568.6km),油头达到456.5km,进站压力为0.3MPa
2017年9月22日	管道投油约150h30min后,预计俄油头到小松岚输油站(545.4km)处,水头已到大连石化
2017年9月22日—25日	铁岭首站外输量为2150m³/h试运72h

(四) 经验总结

1. 合理优化稳压检漏方案

铁大复线鞍山—小松岚段投产前辽阳—20#阀室段管道干线充满水,充水长度为

81.3km。鞍山—小松岚段管道沿地形线起伏大,为防止油头推进过程中产生油、水气混合造成气阻,共设有瓦房店和小松岚输站两处临时排气、排水点,投产中及时调整输量,控制两站排水排气量,根据现场取样情况,多次对两站进行排气减少管道内残留气体。

铁大复线鞍山—小松岚段投产油头推进过程中,确认20-24#阀室段管道充满水后,24#阀室后约4km处为全线最高点(288m),因此辽阳站—高点处运行压力始终保持在2.6MPa以上,辽阳站停泵后,关闭24#阀室阀门(原方案为利用调整辽化分输将辽阳—瓦房店段运行压力调整至2.0MPa),20-24#阀室段管道压力高于2.0MPa满足稳压检漏条件,及时安排进行20-24#阀室段稳压检漏。

2. 及时准确跟踪清管器运行

为确保铁大复线鞍山—小松岚段投产期间清管器跟踪准确、及时,采取以下措施。

(1)提前编制铁大复线鞍山—小松岚段投产期间水头及油头隔离清管器跟踪方案;推算水头及油头隔离清管器位置,清管器跟踪人员提前在跟踪点布控相关要求如下:一是跟踪人员提前30min以上到达预定地点,将跟踪装置按操作要求摆放至管道正上方,并开机等待清管器通过,清管器通过后填写《清管跟踪点及运行时间一览表》,向调度和线路组组长汇报,并通知下两组跟踪点的跟踪人员;二是如清管器在预定时间未通过,跟踪人员应继续在该点跟踪,并将情况及时通知组长和下一点的跟踪人员,下一点的跟踪人员在确认清管器通过后,应及时通知组长和上一点的跟踪人员;三是在清管器运行过程中,调度应及时将输量的变化通知跟踪人员,跟踪人员适当调整各跟踪点的预计时间;四是确认清管器发生卡堵后,两组相邻跟踪人员立即在卡堵范围内搜寻清管器,第三组跟踪人员根据实际情况给予协助,尽快确认卡堵位置;五是在应急抢险过程中,跟踪人员应重复确认清管器卡堵位置,为应急抢险提供支持。

(2)平稳控制铁大复线输量。投产期间,利用铁岭站储罐液位及鞍山计量站流量计计算铁大线辽阳—小松岚段输量,并结合清管器跟踪推进速度对管线输量进行修正,提高了水头及油头隔离清管器跟踪的准确性,为投产期间临时排水、排气点操作提供了保障,确保稳压检漏试压管道内充满原油。

3. 完善投产工程联系机制

建立铁大复线鞍山—小松岚段投产联系机制,并建立信息发布平台,相关单位及时汇报管道施工进度及管道运行情况,加强生产信息交流,保障铁大复线鞍山—小松岚段投产实施期间信息沟通及时、准确。

铁大线安全改造工程(鞍山—大连段)试运投产工作由管道公司统一领导。沈阳调度中心负责试运投产期间的组织、调控和指挥;第三项目经理部负责组织施工单位和设备供应商进行投产保驾;大连输油气分公司负责投产期间的工艺流程操作和维抢修保驾工作。辽阳石化负责准备接收俄油的库容,大连石化负责按照投产方案准备接收投产用水、油水混合物、投产用油所需的库容。投产工作结束后,铁大线(鞍山—大连段)各站场的运行管理权移交给沈阳调度中心和大连输油气分公司。

投产指挥流程包括:

(1)投产领导小组有关投产指令需通过总调度长下达。

(2)沈阳调度中心指挥现场进行投产操作。

(3）现场操作只听从总调度长和沈阳调度中心指挥，现场操作人员应拒绝除总调度长和调度中心以外任何形式的电话或现场指挥。

信息汇报流程包括以下几个方面。

（1）各投产专业组应及时向调度中心汇报投产进度，紧急情况下，可直接向总调度长汇报。

（2）调度中心负责投产信息的收集、汇总和发布，建立专用信息发布平台，便于投产各方及时了解和查询投产信息；调度中心应及时向总调度长汇报投产动态，总调度长向投产领导小组汇报。

（3）站场汇报人向调度中心汇报投产信息的统一口令，如：报告调度中心，我是"××"站，我站于"××时××分"启动××输油泵，于"××时××分"停运××输油泵，开始进行××输油泵试运，报告完毕。

四、抚顺石化检修

（一）概况

2017年6月1日至7月15日抚顺石化分公司石油二厂炼化装置检修，检修期间厂内装置无法加工铁抚线来油。石油二厂停产检修期间，铁抚线需俄油置换庆油封线33d，低输量运行12d；庆铁三线（垂杨—铁岭段）低输量运行45d；铁锦线法库、新民、黑山三站加减阻剂超设计输量1600m³/h运行45d。

石油二厂作为东北原油管网庆油重要的外销出口，此次装置大修涉及铁岭庆油总库存的调整、庆铁三线超低量输油、铁锦线添加减阻剂超输量运行、丹东铁路装车用油等一系列问题，对东北管网输送庆油水力系统是一次严峻考验。

（二）石油二厂检修准备情况

沈阳调度中心在接到抚顺石化公司石油二厂停产检修同制后，立即安排调度科、运销科等相关部门，与各地区公司、石油二厂、东北设计院等有关单位充分接洽，落实铁岭、丹东、抚顺石油二厂库存能力、铁路装车转运等具体事项，编制《抚顺石化检修期间东北管网原油平衡方案》，划定了运行边界条件，提出了庆铁三线超低量输油、铁抚线低输量输送保障前旬铁路装车至丹东、铁抚线俄油置换庆油封线、铁锦线添加减阻剂增输、铁抚线俄油预热管线再启动运行方案思路。2017年2月22日，调度中心参加了中国石油天然气集团有限公司生产经营管理部召开的抚顺石化检修期间资源平衡协调会议，会议初步认可了《抚顺石化检修期间东北管网原油平衡方案》内容。根据会议精神，调度中心委托技术服务中心编制了《抚顺石化检修期间庆油管道系统运行方案》，进一步细化了平衡方案中关键内容具体实施步骤及过程，通过理论计算，为调度运行提供坚实的科学依据。

5月22日，调度中心组织抚顺石化、辽河油田、管道公司三家召开协调会，进一步落实生产经营管理部会议纪要要求，对接三家运行方案，明确关键时间节点，建立了微信群，加强了生产信息交流。

5月25日，调度中心组织技术服务中心、科研中心、锦州分公司、沈阳分公司在沈阳召开了协调会议，细化各项方案与预案并对技术服务中心编制的《抚顺石化检修期间庆油管道系统运行方案》进行了审查，提出了完善意见。

2017年5月，调度中心组织协调地区公司和减阻剂生产商，进行铁锦线添加减阻剂增输试验，根据铁锦线实际运行工况和运行参数，各站加注不同浓度的减阻剂，达到输量与加剂浓度的最优配合，最终试验结果达到预期效果。2017年4月起，调度中心开始着手铁岭降低库存工作，至5月31日，铁岭库存降至$13×10^4 m^3$（约$11×10^4 t$），达到方案要求。5月2日10:02开始预热铁岭站14#罐俄油，5月31日14#罐俄油达到40℃，满足置换要求，为俄油置换封线做好准备。

（三）石油二厂检修期间运行情况

2017年6月1日8:00铁抚线开始低输量运行，输量650m³/h，调整全线热负荷，东洲末站进站温度维持42℃上下，高于庆吉油析蜡点，减少低输量期间管道结蜡。铁锦线添加减阻剂运行，输量增至1650m³/h；严格控制庆铁三线进铁岭油库的输量为2200m³/h。

6月12日15:35铁岭站按1000m³/h开始俄油置换庆油，13日12:50纯俄油头到东洲末站，13:17停铁岭1#主泵，13:30铁岭关出站阀门，铁抚线全线俄油置换庆油全部完成，进入停输封存阶段。在此期间抚顺站、东洲末站站场工艺管网完成俄油置换。

6月15日15#罐俄油停运开始预热。

6月22日6#罐庆油停运开始预热。

7月3日调度中心参加了公司生产处组织的铁抚线再启动方案审查会议，会议决定铁抚线再启动时高温庆油不添加降凝剂置换预热俄油，高温庆油与俄油之间不加隔离清管器等重要改变，调度中心根据审查意见进一步完善了投运时间大表。

7月10日抚顺石化根据检修进度及装置开车准备情况向调度中心提交确定的后续生产安排。

7月14日14:06铁抚线以1000m³/h输量启输，输送14#罐预热俄油（罐温45℃）。

7月17日6:00抚顺站进站温度为44℃，东洲站进站温度为37℃，达到运行方案中各站进温高于34℃预热要求，铁抚线改输6#罐高温庆油（罐温55℃）。

7月18日4:50油头到达东洲末站，进站温度为40.9℃。铁岭站6:11将外输罐改为11#、12#罐输送常温庆吉油；6:19开前甸分输。

7月19日3:40常温庆吉油到东洲站，东洲站进站温度为46.6℃，铁抚线完成停输再启动工作。

抚顺石化检修期间重要工作内容见表4-7。

表4-7 抚顺石化检修期间重要工作内容

时 间	抚顺石化检修期间重要工作内容
5月30日14:00前	抚顺石化检修前准备工作
	铁岭首站将庆油储罐液位降至最低安全罐位，庆油库存降至$12.8×10^4 m^3$（$11×10^4 t$）
	确认铁岭首站14#罐存储10m俄油，罐内俄油加热至40℃
	确认铁岭首站15#罐存储17m俄油，罐内俄油加热至40℃
	确认抚顺石化提供1座$10×10^4 m^3$空罐、3座$5×10^4 m^3$庆油储罐，并将储罐降至最低安全罐位
	确认丹东储油库库存54000t
	确认与抚顺石化建立联系机制，调度人员配备已到位，提供详细联系人员名单

续表

时　间	抚顺石化检修期间重要工作内容
6月1日8:00—12日8:00	铁抚线低输量输送庆油
6月12日15:35—13日13:30	铁抚线改输预热俄油。铁抚线俄油置换
6月13日8:00—7月14日14:06	铁抚线停输
7月14日14:06—7月17日6:00	铁抚线预热投产(庆油置换俄油)

(四) 经验总结

1. 保障站场设备在线率

当原油管道处于非正常运行工况下，输油设备极易能超出自身合理运行区间，原有设备性能得不到保证，设备振动、噪声加大，调节阀频繁动作，流量计计量误差增大，设备磨损速度加快，影响管道的安全平稳运行。铁抚线低输量期间，铁岭站依靠泵出口阀调节出站压力，极易使电动机温度超高，铁岭及抚顺站所有加热炉满负荷运行保障东洲进站温度；整个检修期间，铁锦线超设计输量运行，减阻剂设备及输油泵机组同样不容有失。调度中心和相关各输油气分公司密切合作，提前做好设备的备品备件准备工作及设备发生故障后的抢修预案，确保了整个检修期间管网的安全有序运行。

2. 结合实际工况控制原油温度

铁抚线再启动置换期间温度与理论计算值有一定偏差。理论计算预热俄油运行66h后，东洲进站温度达到34℃，实际运行38h后，东洲进站温度即达到34.4℃。这与地温选取，铁抚线抚顺—东洲段为非保温管段，且进站处有穿河管段，造成取值趋于保守。

3. 统筹规划、确保库存充足

为了保证投产期间铁岭、丹东油库庆油罐存余量充足，需要多方面协调解决。

(1) 抚顺石化停产检修前预留铁岭大庆油储罐 $64.43\times10^4\,m^3$ 库容，另有 $3.39\times10^4\,m^3$ 库容备用(铁岭油库提前采取抚顺石化借还的方式转出 $10\times10^4\,t$ 商储油)。

(2) 抚顺石化检修前，确保丹东原油储罐库存达 $5.8\times10^4\,m^3$ (丹东库区最大安全库存 $6.79\times10^4\,m^3$)，保障用油安全。

(3) 抚顺石化在装置检修前将厂内原油储罐降至最低罐位，检修期间确保收储原油 $20\times10^4\,t$ 。

(4) 铁锦线在抚顺石化检修期间通过加减阻剂增输的方式增加输油量，最大程度上缩小庆铁三线与铁锦线输量差，减缓铁岭油库庆油库存上涨压力。

(5) 庆铁三线密闭加热输送大庆油，在抚顺石化检修期间维持最低输量 $2200\,m^3/h$ 。为避免低输量运行期间管道热力不足的风险，提前沟通确认庆铁三线各站加热装置的运行状况。庆铁三线应密切关注抚顺石化检修动态，做好间歇应急停输准备，同时关注林源首站油库库容动态，确保期间大庆油田正常生产和东北管网安全运行。

铁抚线封存及再启输用油量见表4-8。

4. 科学分析、合理制订运行方案

在综合考虑各项边界条件的前提下，抚顺石化检修期间铁抚线采用低输量运行、俄油置换封线、热俄油启输预热、庆油置换的运行方案。一方面，低输量运行延长了前甸分输

第四章 原油管道投产技术及应用

时长，保证了丹东的用油安全；另一方面，利用俄油低凝点的物性优势确保了停输封线及启输预热的管道安全。

表 4-8 铁抚线封存及再启输用油量

油品	项目		油量（$10^4 m^3$）	加热油量（$10^4 m^3$）	提前预热（d）	铁岭备油（$10^4 m^3$）
俄油	管道停输置换用油		2.27	3.77	40	9.53
	管道预热油量		6.60	8.76	40	
庆油（含加剂庆油）	加剂庆油置换俄油		2.27	3.77	20	14.57
	不加剂庆油低输量运行	前甸分输	1.44			
		抚顺石化	9.36			

五、吉林石化检修

（一）概况

长春—吉林输油管道全长 166km。设计压力为 6.4MPa，管线规格 $\phi 508mm \times (6.4 \sim 7.9)$ mm，管材等级 L415。全线设有四座输油站场依次为长春输油站、双阳输油站、永吉输油站和吉林输油站。

根据检修方案安排，吉林石化公司两套常压炼油装置于 2018 年 5 月 7 日—6 月 15 日进行停产检修。沈阳调度中心在与长春输油气分公司及吉林石化进行充分对接后，根据可用资源及边界条件制订了切实可行的长吉线配合吉林石化设备检修的运行方案。在检修过程中，沈阳调度密切关注运行参数，协调上下游输量，根据实际情况及时调整运行方案，克服了因松原地区突发地震、吉林石化公司常压装置延迟开车等因素带来的运行压力，实现了吉林石化公司检修期间长吉线以及东北管网庆油系统的平稳运行。

长吉线收输油示意图如图 4-5 所示。

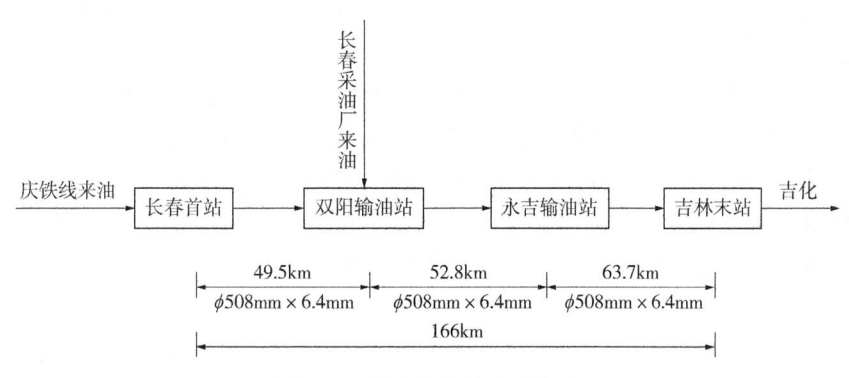

图 4-5 长吉线收输油示意图

（二）吉林石化检修准备情况

1. 最低输量的确定

沈阳调度中心组织技术人员通过对长吉线运行数据的长期跟踪，反算 2018 年 5 月至 6 月管线沿线传热系数，结合各站的热力与动力条件及安全余量，确定检修期间长吉线最低输量为 380m³/h。

2. 可用库容的确定

（1）庆油系统。

根据长吉线及东北管网庆油系统运行安排，考虑因异常情况导致庆铁四线、铁锦、铁抚线的降量运行及停输，对林源、铁岭库存的影响，林源储油库预留 12×10⁴t 可用庆油库存，铁岭储油库预留 25×10⁴t 可用庆油库存。

（2）长春首站。

根据规程要求长春站 1#、2#、4# 罐作为泄压罐，最高罐位不能超过 14m。同时，为避免庆铁四线意外停输等因素造成来油不稳定，在低输量输送期间，长春首站库容应保证一天外输量，最低罐位控制应在 3m，实际可用库容 57584m³。

（3）吉林石化。

为了尽可能地利用吉林石化公司库存，在与吉林石化运行人员充分沟通后，根据吉林石化公司储罐配置情况，在原方案的基础上吉林石化罐区增加了 3×10⁴m³ 的可用库存，大大缓解了长吉线及庆铁四线的运行压力。

（4）吉林末站。

为了应对检修期间的突发事件，沈阳调度中心在符合运行规程要求的前提下，把吉林末站 1×10⁴m³ 的泄压罐作为备用储罐，提高了管线运行的安全余量。

3. 运行方案的确定

根据吉林石化公司检修期间东北管网上下游收输油计划、长吉线最低输量以及可用库容情况，沈阳调度中心对长吉线多种不同运行方式及相应庆铁四线运行方式进行了论证计算，综合各方面意见后确定了检修期间长吉线低输量结合反输的运行方式。

（三）检修期间运行情况

2018 年 4 月 28 日长吉线长春首站开始输送庆吉油，长吉线各站加热炉满负荷运行，提高管道温度场，为日后的低输量输送提供安全保障。5 月 2 日混油进入吉林末站后，长吉线开始逐步降量运行，至 5 月 6 日 9:00，长吉线正式进入最低输量运行阶段，每小时输送混油 380m³/h。

5 月 15 日 14:22 吉林输油站成功启动 1# 反输泵，第一次反输正式开始，反输油品在吉林末站利用蒸汽换热器进行加热外输。21 日 9 时 04 分，吉林站停 1# 反输泵，完成第一次为期 6d 的反输任务，长吉线恢复输量为 380 m³/h 的低输量正输运行。

5 月 24 日，为了配合长吉线各站的中控调试工作，沈阳调度中心在确保管线安全、库存允许的前提下，安排长吉线全线停输 9h，管线启输后做到了各项运行参数正常、库存情况安全可控。

5 月 28 日 1 时 50 分，吉林省松原市突发 5.7 级地震，造成庆铁三线（俄油）甩机，长吉线在低输量的情况下管线进入了大量高比例庆油，对管线安全造成了很大威胁。沈阳调度中心第一时间与长春输油气分公司、吉林石化公司进行积极协商，及时调整运行方案，安排长吉线反输运行，将高风险油品段反输到长春首站 1# 罐后恢复正输运行，保证了管线的安全。

6 月 6 日—6 月 10 日，长吉线完成第二次为期 4d 的反输操作，吉林石化公司检修期间的两次反输操作圆满完成。

由于吉林石化"二常减压装置"开车时间由原计划的6月12日推迟至6月13日,"一常减压装置"开车时间由原计划的15日推迟至16日,给长吉线的正常运行以及庆油系统的输量调配带来了一定的难题。沈阳调度中心与长春输油气分公司、吉林石化积极沟通后,根据实际情况调整运行方案,在吉林石化的混油库存即将达到上限的情况下决定长吉线不停输维持低输量运行,将吉林末站$1\times10^4m^3$的备用储罐投入运行,接收长吉线来油。12—16日期间吉林末站油罐罐位由3.74m涨至12.56m。同时,因庆铁四线林源站外输及垂杨站分输提量时间的延后,与原方案相比林源站庆油库存多上涨了$3.2\times10^4m^3$,铁岭站庆油库存多上涨了$4.3\times10^4m^3$。6月16日吉林石化"一常减压装置"开车,至此,吉林石化检修装置恢复正常运行。6月25日长吉线按照计划恢复正常输油,配合吉林石化检修的工作任务顺利完成。

吉林石化检修期间重要工作内容见表4-9。

表4-9 吉林石化检修期间重要工作内容

时 间	吉林石化检修期间重要工作内容
4月28日	长吉线长春首站开始输送庆吉油
5月2日	长吉线开始逐步降量运行
5月6日9:00	长吉线正式进入最低输量运行阶段
5月15日14:22—21日9时04分	长吉线第一次反输
5月24日	长吉线全线停输9h
6月6日—6月10日	长吉线第二次反输
6月25日	长吉线按照计划恢复正常输油

(四)经验总结

1. 完善吉林石化检修前准备工作

(1)在方案制订时充分考虑管线运行的安全余量以应对突发事件的影响。

(2)加强信息沟通,建立有效联系机制,确保了检修期间各项工作安全可控。

(3)做好应急预案的演练,提前对可能发生的、影响管线运行的事件进行桌面推演,使调度运行做到有的放矢。

2. 合理优化长吉线运行方式

(1)低输量运行方式。

为保证长吉线输送庆吉油运行安全,一是在吉林石化公司检修开始前,利用长吉线现有较高温度场,优先安排长吉线连续输送纯庆吉油,以备炼厂一常压装置开工所需。二是分梯度逐次降低混油输量至最低输量,确保全线温度变化平稳。三是严格控制混油中俄油分输比例不低于60%,油品凝点满足运行要求。四是各站合理控制出站温度,做好热力优化。

(2)保障反输运行措施。

① 在正输期间,将反输用油提前经吉林站换热器加热后输送进吉林石化储罐,确保反输运行温度满足技术要求。

② 为了防止反输期间首末站工艺管网发生凝管，要及时对工艺管网的伴热系统进行检查，同时也要防止管线死油段憋压现象的发生。庆油分输管线在反输期间应进行早晚 8:00 各活线一次，每次分输混油量 300m³左右，防止管线发生凝管。

③ 吉林站进站侧管线一直在低压状态下运行，反输期间加强进站侧管线的巡护工作。

④ 各站水击保护应在倒反输流程之前打到禁止状态，防止倒反输流程时发水击令，倒正输后恢复水击保护。

第五章　调度管理

为进一步规范原油管道日常运行过程中值班调度员的管理，提高管道运行安全，特制订本章节。本章主要从沈阳调度管理角度列举了调度控制中心的功能、调度工作程序和制度、调度人员的各项工作职责及管理规定、调度操作、管道控制、调控管道异常处理、调度值班岗位规范、交接班管理规定、纪律管理规定及屏幕巡检管理规定等。原油管道的运行人员通过对本章节各项管理规定的学习，能够更加科学的使原油管道安全、平稳、高效的运行。

第一节　生产运行调度程序

一、调度控制中心功能

（1）负责油气管道生产数据的采集、处理、分析及调度管理。
（2）下达调度命令、对油气管道生产运行实行统一调度指挥。
（3）监视各站场和监控阀室的主要运行参数和设备运行状态。
（4）采集和处理主要工艺变量数据，实时进行显示、报警、存储、记录、打印。
（5）管道系统动态变量记录及趋势图显示。
（6）界面检测、批次跟踪、清管器或内检测器跟踪定位。
（7）模拟计算，包括水力系统计算、管存计算、混油切割计算等。
（8）在控制中心的操作界面上对站场主要工艺参数进行设定。
（9）通过 SCADA 系统向站控系统和监控阀室下达操作指令，对现场设备进行操作控制。
（10）投用或屏蔽水击保护程序，发布站场、设备 ESD 指令。
（11）全线启输、增量或减量输送，全线计划停输和紧急停输。
（12）管道应急处理，如管道发生泄漏、威胁管道安全的水击、沿线各站、阀室非正常关闭等工况处理。
（13）控制权限的确定和切换。
（14）数据传输信道故障时主备信道的自动切换。

二、调度工作程序和制度

（1）油气管道运行调度系统由调控中心和各输油气单位调度室、油气管道站场等组成，包括组织、制度、标准、人员等。

(2) 调度系统应遵循下级调度服从上级调度的原则。

(3) 应按照安全、可靠、高效的控制原则安排管道运行。

(4) 调控业务往来应通过管道生产系统传递调度令、维检修作业计划等。运行方案、运行分析、调度简报、公文函件、作业方案等宜通过 AM 即时通信系统传递。

(5) 调度电话应录音并保持通畅，录音记录应保存一年。凡使用调度电话发布指令、汇报信息等，视为同级调度所为。

(6) 每条管道应编制相应的运行规程。各级调度应严格执行管道工艺运行规程等技术标准。

(7) 调度岗位实行 24h 连续值班制度，调度值班实行交接班制度。

(8) 应严格遵守劳动纪律、调度纪律，不得脱岗、睡岗和酒后上岗。

(9) 各级调度应使用文明语言，口头调度令传达应使用标准普通话。

(10) 生产信息应及时准确地通过调度系统汇报，不得瞒报、迟报、漏报、误报。

(11) 调度控制中心作为突发事件应急信息首接单位，应急接报信息按照模板记录。

三、控制中心管理

(一) 调度员职责

(1) 监视和控制管道系统的正常运行。

(2) 确保资源与市场的供需平衡。

(3) 确保油气管道运行系统在允许的参数范围内。

(4) 出现异常或紧急工况时，对影响系统性能的意外状况进行判断、响应和纠偏。

(5) 按运行方案或日指定计划满足用户需求。

(6) 浏览操作界面，及时处理报警信息。

(7) 考核各输油气单位调度管理指标。

(8) 发布并执行调度令。

(9) 掌握主要设备运行情况和生产动态。

(10) 配合现场维检修作业调整生产运行。

(11) 实行岗位资格证制度，值班调度员应持证上岗。

(12) 调度员应定期进行技能培训和基层调研。

(二) 交接班内容

1. 常规操作信息

(1) 全线运行工况，各站工艺流程、工艺设备控制方式。

(2) 当班期间发生的主要事件、故障情况及处理过程。

(3) 输油管道界面位置情况。

(4) 内检测或清管作业进度。

(5) 接班应重点关注的内容和注意事项。

2. 维检修作业情况

(1) 现场作业及设备维护的原因。

(2) 现场作业对管道系统的影响。

(3) 维检修作业的当前工作进度。
(4) 配合维检修作业采取的临时性措施或限制。
(5) 现场作业预计结束时间及下步安排。

3. 事故抢险情况
(1) 事故的发生原因、抢修过程、处理措施、现场进度。
(2) 事故对管道系统的影响及其后果。
(3) 事故相关的资料。

4. 其他信息
(1) 管道上下游单位的相关信息,以及对管道运行的影响。
(2) 调度运行相关文件。

(三) 调度倒班方式
(1) 统筹考虑调度员编制、生物钟、技术水平、轮休安排、缺勤情况、加班情况、通勤时间等因素,制订合理的调度倒班方式。
(2) 调度员最长连续上岗时间不宜超过 14h。
(3) 可采用"四班两倒、两白两夜""五班二倒"等值班轮休模式。"四班两倒、两白两夜"倒班方式见表 5-1。

表 5-1 "四班两倒、两白两夜"倒班方式

班组	日期							
	1	2	3	4	5	6	7	8
班组 1	◎	◎	●	●	☆	☆	☆	☆
班组 2	☆	☆	◎	◎	●	●	☆	☆
班组 3	☆	☆	☆	☆	◎	◎	●	●
班组 4	●	●	☆	☆	☆	☆	◎	◎

注:"◎"代表白班,"●"代表夜班,"☆"代表休息,典型"四班两倒、两白两夜"倒班模式。

(四) 疲劳控制
(1) 应对调度员进行疲劳识别与控制培训,定期开展心理辅导,避免值班时处于疲劳状态。
(2) 调度员应主动采取措施进行疲劳控制,确保上岗前获得充足的睡眠和休息,保证工作质量。
(3) 调度员在控制室可采取短时在岗休息缓解疲劳,但应控制这些措施的频次和持续时间。例如,短时在岗休息不宜超过 10min。

(五) 备用调度控制中心
(1) 备用调度控制中心与主调度控制中心在功能要求、配置要求、显示要求、报警要求上一致,两者的控制权限不得同时享有。
(2) 当主调度控制中心出现故障时,备用调度控制中心应在规定时间内切换到具有控制权限的能力。
(3) 应保证备用调度控制中心核心控制部件和网络的冗余及可靠性。

（4）输送工艺简单、没有系统联网、水力系统独立的输油管道，在不设立单独的备用调度控制中心的前提下，其首站或末站应具备全线控制功能。即主调度控制中心与该站在控制功能上互为备用。

四、调度操作

（一）总览图管理

（1）总览图应涵盖管道全线信息的控制图表，包括运行参数控制大表、管道途径区域平面示意图、全线工艺流程简图、全线纵断面图及水力坡降线等。

（2）运行参数控制大表显示监控管道运行所有的关键信息和控制要素，作为发布调度指令的基础平台监视和控制管道运行。在运行参数控制大表上完成涉及全线运行的启停输、增减量等操作。

（3）运行参数控制大表应根据管道控制功能划分为不同区域，如干线参数控制区、分输/注入参数控制区、储油罐区、热力和动力系统等关键设备控制区等。

（4）运行参数控制大表的控制要素包括各站进出站参数及设定值、加热炉/输油泵/压缩机运行状态、分输或注入参数、储油罐区参数、干线截断阀参数等。

（5）管道途径区域平面示意图应包含站场（RTU 阀室）和线路走向信息，点击站场和阀室名进入相应的工艺控制图。

（6）全线工艺流程简图应包含站场（RTU 阀室）参数、注入/分输用户信息，点击站场和阀室名进入相应的工艺控制图。

（7）全线纵断面图及水力坡降线应采用点划线连接，标注出站场（线路高点）的标高和里程信息。

（二）趋势管理

（1）趋势图显示管道系统关键运行参数的历史趋势和实时数据。可应用趋势管理的参数包括压力、流量、温度、调节阀开度、变频泵转速等模拟量。

（2）每个站场应建立初始化的进出站压力和流量趋势图，初始时间跨度设置宜为 12h。

（3）实时服务器上趋势图历史数据应至少保存 90d。

（三）报警与事件管理

（1）报警应不分级别同步上传至站控制系统和控制中心。

（2）报警的显示和调用实行分级管理，不同权限用户在其授权范围内确认相应级别报警。

（3）调度控制中心处理涉及全线的运行参数、设备状态及触发的 ESD 等报警，其他报警应列入事件管理。

（4）调度控制中心报警类别主要包括炉泵阀等关键设备的状态变化、火气或泄压等保护系统动作、SCADA 系统故障或通信中断、运行或检测参数超限、ESD 命令等。

（5）调度员应及时对报警信息进行响应和处理。

（四）操作命令管理

（1）操作命令下发应包括命令触发、确认和执行三个过程。

（2）SCADA 系统应设置关键参数自动识别与保护程序，防止调度员误操作输入超限数据，保证参数设定值控制在允许范围内。

（3）控制中心操作命令包括启停泵机组/压缩机/加热炉、开关阀门、压力/流量参数设定、调节阀开度/变频泵转速设定。

（4）ESD 命令触发条件包括中控直接触发、线路 RTU 截断阀关闭触发、站 ESD 触发等。

（5）调度员在确认管道发生泄漏、火灾、爆炸时，可直接触发 ESD 按钮。

（五）控制方式

（1）输油气管道应在调度控制中心进行调度控制。

（2）当调度控制中心远程监控故障、中控与站控通信中断、站场开展维检修作业获得许可时，经控制中心授权后可将管道控制切换至站控操作或就地控制。

（3）实行中控管理的管道，可用的远控设备应置于远控状态，以便调度随时启用；不备用或正在维检修的设备应置于就地状态。

（4）管道输送宜采用压力控制模式，通过调速电动机和/或调节阀实现控制。

（5）分输/注入操作宜采用流量控制，通过调节阀实现控制。

五、管道控制

（一）管道启输

启输前 24h，调度控制中心应：

（1）提前发布启输作业通知单，明确启输时间、全线目标输量、各注入/分输站油品种类及计划输量，书面告知输油站。

（2）输油站依据启输作业通知单与上下游单位进行联系沟通。

启输前 1h，调度控制中心应：

（1）再次确认输送计划，检查全线各站库存情况；

（2）确认发油罐至给油泵流程已倒通；

（3）输油站确认线路手动阀处于全开位置，线路单向阀处于正常状态，站场内主工艺流程上的手动阀门处于全开位置；

（4）远控阀门状态为全开状态；

（5）输油站反馈下游分输油库流程已倒通。

管道启输过程中应关注以下事项：

（1）停输再启动时管道充装时间不应过长，超出预期时间应考虑是否存在泄漏点，及时停输处理；

（2）采用调节阀控制时，宜先将调节阀置于手动阀位控制方式，待全线建立起基本平衡流量后再切换为压力控制方式；

（3）减压站及末站压力设定值宜比实际压力高 0.2MPa；

（4）启输过程中严格执行规定的参数调节幅度和频次；

（5）全线建立起基本平衡流量后再逐站启动注入/分输作业；

（6）热油管道待流量基本平衡后再启动加热炉系统，加热炉运行平稳后再启动降凝剂注入系统；

（7）管道流量基本平衡后再启动减阻剂注入系统；
（8）启站顺序和启泵台数宜根据模拟仿真结果确定。

（二）管道停输

（1）管道计划停输时先通过减量操作，将全线输量降至最低允许值，再进行全线停输。
（2）热油管道计划停输前 1h 停运加热炉系统。
（3）热油管道停输时间要控制在规定的允许时间内。
（4）管道紧急停输时可不经过减量操作，直接停泵。

六、调控管道异常处理

（一）紧急停输

（1）出现以下情况之一，应立即执行管道紧急停输，安排人员巡线。

① 通过参数变化趋势（上游站出站压力下降；下游站进站压力下降；泄漏点上游流量增加；泄漏点下游流量降低）判断管道可能发生泄漏。
② 接到管道可能发生泄漏的报告。
③ 发生影响运行的着火、爆炸等事故。
④ 发生震中在管道沿线 30km 范围内、震级 6.0 级以上地震。
⑤ 发生恐怖袭击。

（2）在确认发生泄漏后，立即关闭相关阀门隔断泄漏管段，通知相关部门组织管道抢修。
（3）如泄漏管段所处地形条件允许，可采取下游启泵抽油降压、向输油站泄压等措施；工艺条件具备时可启动分输支路降低泄漏管段的压力。
（4）输油管道泄漏时的调度应及时启动应急处置程序。

（二）意外停输

（1）管道在正常运行过程中突然发生意外停输，应综合分析 SCADA 系统报警信息，现场设备状态，压力、流量、调节阀开度、变频泵转速等参数变化趋势，巡线反馈报告等信息，审慎判断停输原因。
（2）在怀疑管道泄漏但停输期间未发现漏点的情况下，再次启输前应制定布防控制方案和应对措施，对输油站主要设备和站外管线的高风险管段进行布控。
（3）调度控制中心严密监视启输过程中运行参数变化情况，发现异常及时停输。
（4）再次启输输量为管道最低启输量，运行正常和巡线正常后再提高至计划输量。

（三）管道凝管

管道发生初凝征兆、初凝或凝管事故后，应立即采取提高出站压力和温度、开孔排放凝油、钻井液车注水顶挤等措施进行事故处理，直至恢复正常运行。

（四）管道堵塞

输油管道因石蜡或杂质量过多导致清管器卡堵在干线，应及时判断卡堵位置，采用提高上游站场出站压力，降低下游站场进站压力的顶挤方法推动清管器，但出站压力不应高于管道允许最高运行压力；若清管器还不能运行，应在清管器前开孔泄放石蜡或杂质；若清管器仍不能运行，应采用不停输封堵的方法取出清管器。

（五）数据通信中断

(1) 当调度控制中心发生故障不能控制管道运行，应进行以下操作：

① 30min 内，全线保持原工艺流程和运行方式不变；

② 30min 时，在控制中心的授权下，将管道控制权限由主控切为备控；

③ 若备控无法达到控制要求，在控制中心的授权下，各站场站控将控制权限切为站控；站控根据控制中心的指令进行相关操作。

④ 控制中心根据通信中断前的运行状态，对管道运行进行预判和分析，必要时通过可用的通信工具指挥全线停输；

⑤ 期间，站场严密监视运行参数和设备状态，每 15min 向中控汇报一次参数。如压力变化幅值大于 0.05MPa、流量变化幅值大于 50m³/h 时应立即进行汇报。

(2) 控制中心与部分站场数据通信中断，可进行以下操作：

① 30min 内，全线保持原工艺流程和运行方式不变；

② 30min 时，在控制中心的授权下，数据通信中断站场站控主动将管道控制权限由中控切为站控；站控根据控制中心的指令进行相关操作。

③ 控制中心根据通信中断前的运行状态，对管道运行进行预判和分析，必要时通过可用的通信工具指挥全线停输；

④ 期间，站场严密监视运行参数和设备状态，每 15min 向中控汇报一次参数。如压力变化幅值大于 0.05MPa、流量变化幅值大于 50m³/h 时应立即进行汇报。

（六）ESD 执行原则

(1) 当站场发生严重泄漏、火灾、爆炸等紧急突发事件时，按照"先执行、后汇报"的原则，可启动站场单体设备 ESD、站场区域 ESD 和站场 ESD 系统，并组织人员撤离至安全区域。

(2) 站场值班人员撤离至安全区域后，利用可用的通信工具向调度控制中心汇报。

（七）应急预案

(1) 调度控制中心应编制调度运行应急预案，每年至少进行一次桌面推演和审核。

(2) 根据演练及审核结论及时修订预案，保证预案的有效性。

第二节　东北原油管网调度运行管理规定

一、调度值岗规范

（一）值班调度长值岗规范

(1) 输油调度科设正副调度长 3 名，正副调度长按照岗位职责分工开展工作。其中，调度长为输油调度科安全生产主要责任人，负责输油调度科的日常综合事务的管理，包括值班安排、调度考核、调度考勤、劳动纪律、调度休假安排等工作。

(2) 根据调度工作特点，为保证调度台集中管理，调度台运行管理实行正副调度长集体决策统一下令。

（3）调度台实行值班调度长制度，正副调度长轮流值班。调度台由值班调度长统一进行指挥管理。

（4）日常管理由值班调度长直接下达命令，重要操作由正副调度长协商或请示主管调度科领导后，由值班调度长下达调度命令。

（5）值班调度长实行连续 24h 值班管理制度，确保移动(固定)电话 24h 畅通。

（6）非值班调度长要求每天两次以上全面巡检调度台各线运行情况，及时掌握运行动态。发现问题后立即与值班调度长沟通，由值班调度长下达调度命令。

（7）值班调度长实行《值班调度长日记录》制度，每天实时记录值班信息。

（8）值班调度长轮换时，值班调度长要进行面对面详细工作交接，并交接《值班调度长日记录》。

（9）输油计划的审核与执行：运销科下达周或临时输油计划后，值班调度长应严格审批，签字后交由值班调度执行。纸制运销计划调度存档一年。

（10）重要调度令管理：重要调度令由调度长拟稿并审核后由主管调度科领导签发，发送调度令人应记录接收调度令人姓名。

（11）负责管道生产运行异常事件的指挥和处理，配合参与对外协调，配合领导参与突发性事件的指挥和组织协调工作。

（12）清蜡管理：根据季节地温场变化由调度长制订各线清管计划，发给相关各输油气分公司；值班调度长跟踪和分析管网各线清管实施情况，依据管线输油量变化及清管器取出时结蜡量合理调整清管周期。

（13）输油站设备检修安排：输油站设备检修安排应以确保管线输油生产安全为前提，积极为输油站设备检修创造条件。值班调度长在输油站检修设备申请单上签字后，交由值班调度员执行。

（14）值班调度长安排落实上级组织指挥的大型生产活动及其他有关活动。

（15）能源管控：审核东北管网能耗统计报表及能源监测工作，做好能源指标控制工作，编写能源消耗分析报告，确保能源指标完成。

（16）双休日和节假日值班：双休日、节假日实行 24h 调度长值班，值班调度长要掌握整个管网的生产运行动态。管线出现异常情况时，及时向主管领导或值班领导汇报。

（二）调度员值岗规范

1. 实现管线安全运行

（1）"安全第一"是调度员进行各种运行操作的最高原则。调度员在进行任何运行操作前和下达任何调度令前，必须首先考虑是否满足此原则。

（2）熟练掌握并严格执行各种输油运行规程和各种设备运行规定，杜绝违章操作，实现安全运行。

（3）值班调度要利用 SCADA 系统和泄漏检测定位系统密切监视管线运行参数，实行 24h 监屏制度，对设备运行状态及进出站压力等关键参数要进行连续监视。严格控制各种运行参数在规程规定范围之内，禁止超限运行。

（4）调度岗设调度值班长。调度值班长除完成本岗职责外，要协助、监督、指导同班值班调度的各种运行操作，并掌握全管网各站的运行情况。

（5）东北管网各条管道或各站进行大型的流程操作时，值班调度必须执行以下程序：值班调度执行或制定操作方案；调度值班长或同班调度进行审核；值班调度按方案实施，调度值班长或同班调度对执行过程进行监督指导；方案执行完成后，再进行一次全面检查。

2. 准确下达调度令

（1）调度命令是值班调度进行生产指挥的主要手段。在值班过程中，进行的任何操作和要求以电话、传真或小信封的形式下达，上述都是下达调度命令的合法形式。

（2）重要调度命令下达时必须将下令时间、接令人、命令内容详细记录在交接班记录上，重要调度命令下达时要求接令人复述；一般调度命令下达时必须将操作完成时间、命令简要内容记录在调度报表和交接班记录上。

（3）值班调度是调度岗的直接指挥者，所有调度令均由值班调度统一下达。对值班调度长的命令，值班调度要在满足安全生产的前提下执行；值班调度认为不能执行时，要提出建议，值班调度长应请示领导后再下达调度命令。

（4）值班调度必须利用调度电话、查看 SCADA 系统显示等手段随时跟踪检查调度命令的执行情况，确保调度命令的正确执行。

（5）对各站值班人员违反劳动纪律、执行调度命令不及时、不按时汇报等情况，值班调度要详细记录，由调度长进行处理。

3. 实现管线优化低耗运行

（1）值班调度要合理安排各站运行设备，精准调节运行参数，实现上下游站的输油量均衡。

（2）值班调度要优化各站运行设备和运行参数，及时进行级差调节，消除和减少节流损失认真分析各站进站温度变化趋势，合理安排加热炉负荷，实现全线的优化运行。

（3）值班调度必须掌握林源、铁岭的库存及变化趋势。保证林源、铁岭库存在安全上、下限范围内。当库存低于安全下限或高于安全上限时，调度值班长要报告值班调度长。

4. 按时完成输油计划

（1）值班调度在确保运行安全的前提下，必须按照值班调度长签发的运销计划安排各线运行方式，因故不能执行运销计划时，值班调度必须向值班调度长汇报，并在调度交接班记录上详细交接。

（2）值班调度接班后要认真检查运销计划执行情况。发现未执行运销计划的情况，及时进行调整。调度值班长接班后要检查全管网的运销计划执行情况，督促指导同班调度及时进行调整。

（3）临时调整运销计划时，值班调度长需要记录在调度交接班记录或运销计划单上更改；或电话通知值班调度，值班调度必须认真执行，并在调度交接班记录上详细交接。

（4）管线输量或输油站运行方式改变后，值班调度必须及时对各有关计量站的收、发油量进行调整。

（5）进行清管作业的管道，如不能满足清管器运行的最低输油量或某站进温低于规程所要求的温度时，可临时采取调整运销计划提高输油量的措施。

5. 做好管道清管作业

（1）清管作业要严格执行公司《油气管道清管作业技术规范》和沈阳调度中心《东北管网

清管方案》。

(2) 值班调度接班后、交班前要检查全管网的清管计划执行和清管器运行情况，确保清管计划的执行和清管器的安全运行。

(3) 值班调度必须严格执行各线清蜡计划。因故未执行清蜡计划必须向值班调度长汇报，并将详细情况记录在调度交接班记录上。以后各班调度必须随时了解情况，具备条件后，及时补发此清管器。

(4) 值班调度必须及时将清管器运行情况同时详细记录在调度交接班记录和清蜡报表上。

(5) 值班调度发送清管器后，要准确核算该清管器运行时间。当管线输油量发生变化后，当班调度必须重新核算清管器运行时间。

(6) 值班调度接班后必须重新核算清管器运行时间。

(7) 清管器运行站间有分输站或注入点时，必须分段核算清管器运行时间。

(8) 接收清管器站按预计时间报警后，值班调度安排24h内取出此清管器(双休日收的清管器，周一白班安排取出)，并将清管器取出时间、结蜡量和清管器完好情况详细记录在调度交接班记录和清蜡报表上。

6. 调度台管理

(1) 值班调度在每日15:00时前，向公司生产处调度提交《东北管网运行日报》，对上级调度提出的问题要认真回答。

(2) 调度台各种资料：管线清蜡计划、运销计划、调度运行方案、调度命令、输油站检修计划、各种规程规定等，值班调度要认真阅读并掌握其内容及要求，合理存放。

(3) 值班调度交接班和值班过程中要随时检查调度台(包括调度台电话机)的工作情况和输油站、线路RTU阀室的通信情况，保证调度通信正常。发现故障要及时通知维护单位进行处理，并做好记录。

7. 填写各种调度记录

(1) 调度交接班记录。

① 交接班记录应做到记录准确、完整、清晰；

② 详细记录本班的主要运行方式、收输销油量、主要运行设备、仪表自动化设备和通信设备运行情况；

③ 详细记录站间清管器运行情况，清管器发送和预计接收时间、收发清管器指示器报警时间、取出清管器本体和结蜡情况；

④ 记录各站启停输油泵、加热炉和流程操作时间；

⑤ 记录输油设备检修情况；

⑥ 记录管线施工动火情况；

⑦ 记录管线补焊情况；

⑧ 记录输油计划变化情况；

⑨ 记录调度长交代的文字资料和口头通知；

⑩ 记录管线异常情况。

本班未完成的事宜。

(2) 调度清蜡记录按照清蜡报表有关内容及时、详细、完整的记录。

(3) 设备故障统计表要详细记录设备故障时间、原因、检修进度，做到记录准确、完整、清晰，每日白班值班调度应核对一次故障设备检修进度并及时更行检修记录，故障设备恢复备用后要及时做好销项记录。

(4) 值班调度要检查报表打印情况并认真校对工艺参数。如报表未打印、打印中断或数据不准确，要立即通知维护单位进行处理并在交接记录上做好记录。

(5) 值班调度交班前及接班后要对交接班记录、设备故障统计表和清蜡记录进行一次全面详细检查，确保记录准确完整。

8. 自动化监控系统管理

(1) 各线 SCADA 系统是管线生产管理系统的重要部分，是自动保护管线主要设施，也是值班调度员监控管线运行动态主要设备。

(2) 值班调度要掌握 SCADA 系统的各种操作，熟练进行各种数据查询和画面调用。

(3) 值班调度要随时检查 SCADA 系统的运行情况，包括通信情况、设备状态情况、数据采集准确性，发现问题及时报告维护部门，并记录在交接班记录上。

(4) 值班调度要将 SCADA 系统和泄漏检测定位系统维护部门的巡检情况(巡检人、发现和处理问题等)记录在交接班记录上。

(5) 值班调度应及时检查泄漏检测定位系统运行情况，发现异常及时分析处理，并将管道泄漏检测定位系统异常报警记录在交接班记录上。

9. 果断处理各种异常情况

(1) 值班调度要随时查看 SCADA 系统数据采集显示，认真分析全线运行情况，发现异常情况及时进行处理。

(2) 重大异常情况，值班调度应向值班调度长汇报，值班调度长要报告调度长、主管调度科领导和上级调度。

(3) 对值班调度发现和现场报告的异常情况，值班调度要遵循以下处理程序。

① 高度重视，认真记录。调度发现和现场报告的异常情况，值班调度要引起高度重视，并详细记录在调度交接班记录上。

② 认真分析，准确判断。值班调度要利用调度报表、SCADA 系统、泄漏检测定位系统等有效手段综合分析相关运行参数，必要时安排有关输油站、计量站进行检查，从而对调度发现和现场报告的情况作出准确的判断，必要时汇报值班调度长。

③ 正确决策，果断处理。在以上分析判断的基础上，遵循"十分钟原则"快速形成处理方案，并安排实施。

④ 检查实施，及时反馈。值班调度要利用 SCADA 系统显示、电话查询等各种手段跟踪检查处理方案的执行情况，及时进行补充修正。并及时将处理方案反馈有关各输油站。

⑤ 调度值班长要监督指导处理过程。值班调度要将以上所有情况，尽快按时间顺序详细整理成书面材料。

10. 输油站申请设备检修时的管理

值班调度在接到输油站调度对有关输油设备准备检修的申请后，应问清设备检修的原因及检修时间，根据当时管网的运行工况，决定是否同意该设备检修。

(1) 对输油泵、加热炉(热媒炉)、阀门、电气、仪表、通信及自动化系统的检修,不改变目前输油量并且检修时间在八小时之内,值班调度根据输油情况可以决定是否进行检修。

(2) 对于改变目前输油量或超过八小时的所有设备检修,应通知输油站调度以文字材料形式上报调度中心值班调度或调度长,待调度长审批后,决定是否进行设备检修。

(3) 调度长审批的输油站(生产科)设备检修(调试)报告,值班调度应在调度交接班记录上认真交班。

11. 自动化系统通信故障时处理要求

(1) 某站主(或备)用信道不通时,应及时通知通信值班人员和自动化维护人员进行处理,并将通知内容、时间和被通知人姓名记录在交接班记录上。

(2) 当某站主、备用信道均中断时,应立即通知通信值班人员和自动化维护人员进行处理,如果两小时内自动化维护人员未到达调度室处理,及时向中心仪表自动化管理人员汇报,同时向值班调度长汇报,并将通知内容、时间和被通知人姓名记录在交接班记录上。

(三) 调度值班长值岗规范

(1) 调度值班长首先是一名调度员,要出色完成调度员的各项职责。

(2) 调度值班长除完成本岗职责外,要检查、督促、指导同班值班调度的各种运行操作,并掌握全管网各站的运行情况,确保全管网安全运行。

(3) 调度值班长要全面检查全管网运行是否有越限参数、是否有不安全因素,发现后及时与同班调度沟通,并督促指导处理过程。

(4) 值班调度在确保运行安全的前提下,必须按运销计划安排各输油站、计量站的运行参数。不能执行运销计划时,调度值班长必须向值班调度长汇报。

(5) 调度值班长要检查全管网的清管计划执行和清管器运行情况,确保清管计划的执行和清管器的安全运行。

(6) 调度值班长要按照有关规定合理安排输油站的设备检修。

(7) 调度值班长要参加和监督同班调度的交接班工作。

(8) 调度值班长要监督指导调度台各种异常情况处理过程,出现重大异常情况,调度值班长要向值班调度长汇报。

(9) 调度值班长要协助调度长完成输油调度科各项职责,并完成领导交办的各项任务。

(四) 运行分析岗位值岗规范

运行分析是调度运行管理的重要组成部分。为了使调度运行过程中各种运行信息能得到及时收集、传递、分析和处理,不断提高生产管理水平。必须做到以下几点。

1. 每日运行参数分析

运行分析人员每日9:00对当日调度报表(包括打印报表)进行全面分析,提出各站不安全和不经济的工艺参数,进行分析汇总,11:00将分析结果以文字或口头向值班调度长汇报。

运行参数分析是对生产运行工况、工艺参数进行检查和评价,要准确找出运行存在的问题,提出改进建议,确保管道在高效、合理的工况下运行。运行参数分析包括:压力、温度、运行工况、能源消耗和运销计划执行情况。

第五章　调度管理

2. 调度运行报表记录管理

调度运行报表和记录是调度运行管理和运行分析的重要依据，运行分析人员应做好各项报表的收集、整理、分析工作并在每月前五个工作日内完成调度日报表、调度交接班记录、收发清管器记录报表、各线生产数据打印报表的归类存档。

3. 月、季、半年及全年的运行分析报告

（1）计划完成情况及分析。

（2）生产技术指标完成情况及分析。

（3）输油生产油、电消耗情况及分析。

（4）同比工艺参数对比图及分析。

（5）主要生产活动。

（6）下一周期需要整改情况及主要生产计划。

4. 运行分析日、月、年报表管理要求

（1）每天 10:00 完成调度日报、各线生产数据打印报表的收集。

（2）每日 11:00 前完成运行分析日报打印。

（3）每月第 3 个工作日打印月报表。

（4）每年一月第 10 个工作日打印年报表。

（5）每月第五个工作日收集完成相关输油气分公司的运行分析报告及运行参数统计报表。

（6）每月第十个工作日收集完成调度中心的运行分析报告及运行参数统计报表。

5. 技术分析报告

运行分析人员要积极参加东北管网各条管线的投产、改造、实验、测试等项目，并及时跟踪进展情况，项目完成后十天内完成技术分析报告；东北管网各条管线出现运行异常情况后，运行分析人员立即统计、整理相关资料，并提出运行异常原因，两天内完成技术分析报告。

（五）能源管理岗位值岗规范

能源管理是输油生产运行能耗控制的核心手段，为了做好能源管控实现管网节能高效运行。必须做到以下几点。

（1）能源指标控制工作。

① 每月 4 日前合理分解当月能源指标。

② 每日 11:00 前对前一日管网能耗使用情况进行分析，针对发现的问题提出整改建议。

（2）编制东北管网能耗统计报表。

① 每月末审核检查各公司所属输油站能源消耗统计报表中数据差错。

② 每月 5 日前编制上月东北管网能耗统计报表。

③ 通过小信封或下发纸质报表形式传给相关领导和部门。

（3）做好能源监测工作。

① 每月 4 日前审核检查节能监测计划。

② 每月不定期直接参与和指导沈阳龙昌管道检测中心能源监测现场测试工作。

③ 协调好各部门做好能源监测各项工作。
(4) 认真贯彻执行党和国家节能减排各项工作，完成好上级部门下达节能减排各项任务，做好领导交办各项工作任务。

二、交接班管理规定

(一) 倒班制度

调度科暂时实行"五班两倒"或"四班两倒"的倒班模式，调度长可根据调度员在岗情况适时调整；倒班模式调整原则上要满足国家劳动法规定的上班时间以及生产需要。

(二) 交接班时间及条件

(1) 调度员白班交接班时间为 7:45，夜班交接班时间为 16:00。接班人员应至少提前 10 分钟进入调度室交接班，由交班人员介绍运行情况。

(2) 调度台应在人员到齐的情况下(值班调度和综合调度)，进行交接班。

(3) 在运行操作、处理事故时，不得进行交接班。

(4) 交班时出现紧急事件，应立即停止交接班，由交班人员负责处理，适当时机完成交接班。

(5) 接班调度应提前熟悉所调控管线的运行情况，接班后阅览最近一次休班期间的交接班记录。

(三) 交接班内容

交接班时，双方交接包括但不限于以下内容：

(1) 全线运行工况，各站工艺流程、泵机组和调节阀的控制方式等并记录在交接班记录当中；

(2) 本班当值期间的生产运行主要工作(输量控制、清管器位置、收发球作业、泵机组/过滤器/调节阀的切换、储罐收发油状况等情况)，以及发生的异常事件和处理情况；

(3) 下个班次的主要工作计划，包括管线启停输计划、输量控制、收发球计划和注意事项等；

(4) 输油站加热和加剂设备投用、备用及故障情况，故障设备的原因、处理措施以及对管道运行的影响；

(5) 所需交接的各部门、站场往来的各种书面/电子文件，有关规章制度、会议精神的学习文件、资料，有关安全生产、输油运行的指示、要求等；

(6) 所辖输油管道发生事故、事件的，交班调度需将事故、事件的发生时间、地点、原因、处理经过、处理结果、造成影响等详细交接。如果该事故、事件尚未处理完成，需将已发生的内容、现场联系人、联系方式、需要汇报的领导、部门等关键内容交接清楚。

(四) 岗位卫生

(1) 调度台桌面上的显示器、键盘、电话、文件摆放整齐。

(2) 本班处理的电子文档应保存在调度办公电脑的相应位置，电脑桌面整齐、有序，便于查询。

(3) 禁止在调度台摆放食物、水杯等与工作无关的物品。

(4) 调度室内应保持整洁、卫生，禁止随意丢弃废纸等垃圾。

第五章　调度管理

（五）交接班工作的确认

（1）完成以上交接班内容后，交接班人员在值班日志上签字确认。

（2）交接班完成后，接班人员应立即对 SCADA 系统进行核对（浏览 HMI 画面），主要包括总参表、各站工艺流程控制图、重要参数等。

（六）调度会议制度

（1）定期组织调度员召开调度会议，对近期调度台工作内容、运行安排、设备问题、操作习惯等进行沟通交流。

（2）暂定为每月两次，每个调度台的全体调度员参加，会议日期为每月第一周和第三周的周五，时间宜为 15:30。

三、纪律管理规定

（一）调度室环境管理规定

（1）禁止大声喧哗、追逐、打闹。

（2）禁止在调度室内吸烟、饮酒。

（3）爱护环境，在规定的地点用餐，餐后收拾干净整洁。

（4）不得在调度操作台摆放与工作无关的私人物品。

（5）外套、箱包等物品放置到衣柜。

（6）保持调度操作台及抽屉整洁。

（7）值班调度应保持椅子、键盘、监视器、鼠标处于正确的使用位置。

（8）每班交接班前负责收拾调度室卫生。

（二）调度室出入管理规定

值班调度不得随意引领或放任无关人员进入调度室，外来人员需经中心领导或调度长同意后，由调度长或中心人员带领进入调度室。调度室大门保持 24h 常关状态，进、出调度室时应轻开轻关，人员进出须随手关门。

（三）调度员暂时离岗管理规定

因用餐等合理原因产生的暂时离岗，离岗时间不得超过 30min。特殊情况下，离岗调度员要电话请示调度长。调度员离岗期间不安排可预见性操作。具体规定如下：

（1）离岗期间不得安排重大作业，其中包括：全线启停输、切换主流程、收发球作业、输油泵切换以及配合现场有风险的作业。

（2）对于不能变更作业计划或其他特殊情况，离岗前应作好安排，提出合理操作时间。

（3）因合理原因产生的短暂离岗应提前委托同调度台人员代为监管，并做好业务交代。

（4）因特殊原因产生的超过 30min 的离岗应请示调度长安排其他人员顶岗，离岗前及返岗后应按照《交接班管理规定》相关条款要求进行交接。

（四）值班纪律管理规定

（1）值班期间应杜绝脱岗、睡岗、玩手机、戴耳机、打游戏、听音乐等违规现象。一旦发现当班调度违反劳动纪律，将对当班调度进行严肃处理，责令在调度室例会上进行检讨，书面检查抄送调度科主管领导，当季季绩效考核定为 C 档。

（2）当班调度应穿戴整洁，保持良好的精神风貌。

（3）当班调度应实时监控所辖管道 HMI 画面，及时接听调度电话，发现异常第一时间分析处理，并汇报调度长，杜绝迟报、漏报、瞒报等现象。

（4）当班调度操作应严格按照操作票进行，杜绝私自违规操作。

（5）调度人员应熟悉掌握所辖管道的相关知识，考核不合格的调度应进行再培训后方可上岗。

（6）调度长在检查中发现问题，要对责任人进行批评，要求责任人写出书面检查，并在调度例会上进行公开批评。

(五) 调度室资料管理规定

调度室资料应根据不同时间、不同内容分门别类进行整理存档，其具体方式和存放时间要求如下：

（1）调度资料存放在专用的资料柜、资料盒，并做到目录、标签齐全，存放有序，便于查阅；

（2）调度值班记录、调度通知单、操作票等纸质文件保存 1 年以上；

（3）收发的通知、通报、传真电文原稿，要保存 2 年以上；

（4）重大事故专项记录以及年度生产报表作为永久保存资料；

（5）在计算机上保存的电子版台账、报表、资料和信息必须每季度做备份，防止丢失；

（6）调度员要树立保密意识，各项生产数据和资料不得擅自外借和对外公布。

(六) 调度室保密管理规定

为了保守公司秘密，维护公司权益，强化对调度资料、数据、信息的管理，特制定保密制度：

（1）凡调度室拥有的调度资料、文件、图表、数据、传真及各类图纸等均属于保密内容；

（2）保密对象为调度室所有工作人员；

（3）文档材料要实行分类建档，编号管理；

（4）调度室内的保密资料未经允许禁止带出调度室。

四、屏幕巡检管理规定

(一) 管理要求

（1）调度值班期间应按照屏幕巡检表的内容、标准(范围)、频次进行检查。

（2）巡检时如发现异常情况，如参数异常变化、设备异常状态、SCADA 系统报警、泄漏系统报警等，应查明原因及时按照相应的预案进行处置，汇报相关领导并做好记录。

（3）交接班时应将本班巡检情况与接班调度进行交接，对存在的问题和异常情况应重点交接，接班调度在接班后应持续关注重点问题和异常情况。

（4）每个调度台应制订一份屏幕巡检表，包括电子版和纸质打印版，放置在醒目的位置。

（5）如发生工艺、设备变更或其他影响本管理规定的事件，应及时调整巡检表内容，经审核后执行新的检查表。

(二) 巡检内容

1. 屏幕巡检分类

屏幕巡检共分为五个部分：总参表、站场画面、SCADA 报警、泄漏报警、值班记录及各类统计表。

2. 巡检项目

巡检项目应包括但不限于以下内容。

（1）总参表。

包括各站进出站压力及趋势、各阀室压力及趋势、各站场进出站温度及趋势、沿线地温、干线流量等。

（2）站场画面。

包括各站场给油泵参数、主泵参数、储罐参数、调节阀开度/状态、变频泵转速、过滤器压差、各站设备使用及备用情况。

（3）SCADA 报警。

包括三级报警，应重点关注一级报警和二级报警。

（4）泄漏报警。

主要指泄漏监测系统的报警，关注各管段压力、流量的历史趋势。

（5）值班记录及各类统计表。

包括交接班记录、启停输统计、设备故障统计、油品批次记录、异常事件报告等。

3. 控制范围和检查标准

（1）对总参表中的各参数应点击查看历史趋势，查看的时间段应至少回溯至上次查看的时间节点为止；对一键设定的历史参数，应重点关注已发生报警的点的历史趋势以及紧邻上下游的参数的历史趋势。

（2）对各站场的运行设备，应重点关注其主要参数，如运行泵驱动端/非驱动端机械密封温度、泵轴承驱动端振动数值、过滤器压差等；对未启运设备，应重点关注备用情况及维检修进度，必要时应报各输油气分公司生产科及生产处设备科，要求其定期反馈进度。

（3）当 SCADA 系统报警和泄漏报警发生时，应及时在系统内查询报警原因或泄漏原因，对可能影响生产运行的报警应及时予以处理；对于明确的泄漏报警，应按照相应泄漏程序执行，并确定泄漏点位置通知相邻站场巡线。

（4）当有操作或发生应记录的事件时应及时填报相应的记录表，并在值班记录表上做好记录。

4. 巡检频次

（1）对压力、流量、温度等总参表参数 2h 内应至少巡检一次。

（2）对于站场及站场内设备运行情况 2h 内应至少巡检一次。

（3）当 SCADA 系统报警及泄漏报警发生时应立即进行响应；当无报警发生时 4h 内应至少巡检一次。

第六章　运行管理

为了确保原油管道安全、平稳、高效运行,需要建立完善的运行管理体制。本章节主要从清蜡管理与运行规程两个部分对相关技术要求进行了描述,以此来规范各输油气生产运营单位、各岗位运行工作人员按照既定的工作程序,合理、合规、合法地开展各项输油气生产经营活动。第一部分介绍了清蜡管理,其中,《管道清管作业技术规范》主要包括一般要求、新建油气管道清管测径、在役油气管道清管作业、清管准备、清管作业、清管总结、退役油气管道清管扫线封存、管道内检测等内容。《东北管网清管方案》主要包括清管可行性分析、组织机构、清管准备、清管作业、清管作业整体安排、清管作业的 HSE 要求、清管作业期间异常情况的分析与处理等内容。第二部分介绍了东北管网各条输油管道运行规程,主要包括庆铁三线运行规程、庆铁四线运行规程、长吉线运行规程、铁锦线运行规程、铁抚线运行规程、铁大复线运行规程等内容。

第一节　清蜡管理

一、管道清管作业技术规范

(一) 一般要求

1. 新建油气管道清管、测径

(1) 新建油气管道清管应根据相应的设计规范和具体工程项目的实际情况在设计文件中作出具体要求。

(2) 油气管道线路工程应在下沟回填后分段进行清管。

(3) 管道清管施工前应由施工单位编制专项施工方案,制订安全措施,方案应经建设单位、监理单位审批。清管作业应统一指挥并配备必要的交通工具、通信及医疗救护设备,试压现场应备有当地医疗和应急反应机构的联系方式。

(4) 主要施工材料及设备应具有满足工程需要的质量证明文件,试压头和临时收、发球筒使用前应进行强度试验,每次使用前应严格检查。

(5) 分段清管应由施工单位做好记录并由建设单位、监理单位签字确认,站间清管由建设单位、监理单位和运行单位签字确认。

2. 在役油气管道清管

(1) 管线除常规计划清管作业外,在新投产后、内检测前、管道输送能力降低及特殊作业需要清管等情况下,应安排清管作业,保证管道安全高效运行。

(2) 在开展清管作业前应制订清管方案。

(3) 清管器应安装定位跟踪仪，对清管器运行进行跟踪。

(4) 管线同一收发管段不宜同时运行两个及两个以上清管器。

3. 退役油气管道扫线

(1) 管道扫线封存前需制订扫线封存方案并上报管道公司进行组织审查，审查通过后方可组织实施。

(2) 高凝原油管道扫线前可先用低凝介质进行置换，或通过添加降凝剂等措施降低油品凝点后，再组织实施扫线，从而避免扫线过程中发生凝管。

(3) 用水或低凝原油置换高凝原油管道时，应先将水或低凝原油加热，温度宜提升至原管输介质外输温度，且不应高于管线允许最高运行温度以及低凝原油的初馏点。采用柴油进行置换时，柴油加热温度应低于闪点。

注：因一般情况下水或者低凝介质温度会低于原管输介质的来油温度，所以需要提前核算站场加热能力，确保能够满足介质升温需求。

(4) 对确定废弃不用的管线，通过计算，可在中间管段截断，焊接临时收发球装置以及旁通管线，同时可验证结蜡层厚度，定做合适尺寸的清管器。

(5) 河流穿越等地段，可设置临时收发球装置进行多次扫线，防止残存油品汇集形成栓塞。

(6) 地形起伏较大、里程较长或管壁结蜡层较厚的管线，可采取多点注氮的方式进行扫线。长期未进行清管的含蜡原油管道，应提前计算结蜡层厚度，采用通过能力较强的皮碗清管器，并安装定位跟踪仪进行跟踪。

(7) 氮气的排气点应设置防静电装置，位置应选择空旷处。

(8) 管道扫线结束后，管存介质的扫出率在95%以上为宜。若低于此数值，可在低点处多次排油。

(9) 扫线完成后，需要在站间低点处排油验证清扫效果。

(10) 扫线用清管器应具备以下技术要求：

① 密封性好，宜设置四皮碗，确保清管器与管壁之间的密封性；

② 通过能力强，清管器的过盈量综合考虑管径和实际结蜡层厚度，清管器长度需要考虑通过三通的能力；

③ 刮蜡能力弱，皮碗弹性较好，对固体杂质的清扫能力弱，对液体的清扫能力强。

(11) 扫线的末端应设置具备远传功能的外卡式超声波流量计检测流量。

4. 清管器的分类

(1) 清管器分为普通型和智能型。

(2) 普通型清管器可分为球形(清管球)和圆柱形。球形包括清管橡胶球等；圆柱形包括直板型、碟形、直碟混合型、直板测径、碟碗测径、直板钢刷、碟碗钢刷和软质泡沫球等。

(3) 智能型清管器可分为管道腐蚀、变形(测径)、裂纹检测器。

(二) 新建油气管道清管、测径

1. 分段清管、测径

(1) 清管器选型。

① 管径小于DN100mm的管段、管道清管宜选用球型清管器；

② 管道清管，宜选用直碟混合型（直板型）清管器；
③ 测径采用测径清管器；
④ 无内涂层的管道宜采用钢刷清管器，有内涂层的管道宜采用尼龙清管器；
⑤ 管道上水、排水宜采用直板型清管器；
⑥ 标段、站间测径宜采用智能型清管器；
⑦ 深度扫水宜使用软质清管器。

（2）分段清管技术要求。

① 油气管道分段清管应设置临时清管器收发装置，且不应使用站内设施。清管器接收装置应选择在地势较高、周围 50m 内无建筑物和人员的区域内，四周应设置安全警示标志。

② 临时收发球筒首次使用前应进行试压，试验压力为 2.4MPa，稳压 1h，无压降、无泄漏、无爆裂为合格。

③ 清管器在使用前应符合以下要求：

a. 清管器骨架应采用合格的管子和钢板制作，焊道满焊不能有虚焊，采用带止推弹簧垫片的高强螺栓和螺母；

b. 橡胶板或皮碗的耐磨性能硬度不应低于 80~85HA，且能满足两座清管站间距离的磨损后应有过盈量；

c. 挡板上应设置泄流孔；

d. 清管器外层材料为耐磨、耐油的氯丁橡胶或高强度聚氨酯。皮碗清管器一般应为三到四层的皮碗结构，由导向皮碗、密封皮碗、隔离皮碗构成，皮碗材料应为耐油、耐磨的氯丁橡胶或聚氨酯，具有良好的密封性和耐磨性。

④ 首次清管时清管器应配备定位跟踪仪，电池续航能力应在 100h 以上。

⑤ 清管器通过能力应满足管道弯管的曲率半径。

⑥ 在选用清管器时应保证清管器与管线内径有一定的过盈量，软质清管器过盈量宜为 5%~8%，机械清管器过盈量宜为 3%~7%。

⑦ 清管器使用前，应检查清管器皮碗的外形尺寸变化、损伤程度，当皮碗最小外直径小于过盈量要求时，应更换新皮碗。

⑧ 清管次数应根据管道输送介质、管径、地形条件等因素，经现场试验后确定。原油管道的清管次数不应少于三次。

⑨ 第一次管道清洗采用的清管器应根据清管方案现场确定。第二次采用测径清管器测径。第三次未设内涂层的管道采用钢刷清管器，设有内涂层的管道采用尼龙刷清管器，清除焊渣和氧化铁。清管未达到合格标准时，应增加清管次数，直至达到合格为止。

⑩ 清管时，宜采用压缩空气推动清管器运行，清管器运行时速度应控制在 0.8~2.5m/s，工作压力宜为 0.05~0.2MPa。如遇阻力可提高其工作压力，但最大压力不应超过 2.4MPa，且不应超过管道设计压力。

⑪ 在地形起伏较大的地区，应设置背压控制清管器速度。

⑫ 清管时应及时检查清管效果，应将管道内的水、泥土、杂物清理干净，吹出污物应符合表 6-1 所规定。

表 6-1 清管合格标准

管径(mm)	100~300	600~1000	1000~1400
污物(kg/10km)	0.03	0.18	0.3

⑬ 清管完成后应及时对清管设备进行清洗，然后送至指定地点存放和处理。排出的污物应集中处理，不可随意丢弃。

(3) 分段测径技术要求。

管道清管合格后应进行测径。

① 测径板宜采用铝制测径板 LY12，铝板的厚度应按表 6-2 执行。

表 6-2 测径铝板厚度表

管径(mm)	100~300	300~600	600~1000	1000~1400
厚度(mm)	4~6	6~8	8~10	10~12

② 测径板直径宜为试压管段中最大壁厚钢管或者弯头内径的 92.5%，当测径板通过管段后，无变形、无褶皱为合格。

③ 当测径板通过管道出现变形，应采用电子测径仪（或变形检测器）对变形位置和大小进行精确测量，然后对变形部位管道进行处理。处理要求参照《油气管道工程投产前智能测径技术规定》CDP-G-OGP-OP-071 执行。

④ 测径板安装前应对测径板作出明显标志，测径结束后应由施工单位、建设单位、监理单位、运行单位现场进行见证，签字确认测径结果。

⑤ 测径板可安装在清管器支撑盘的后端。

已建成未投产前的管道超过 6 个月未投产应进行智能测径。

⑥ 清管设备及清出物应留影像资料。

(4) 穿跨越段管道清管技术要求。

① 设计单出图的穿跨越铁路、二级以上公路、高速公路、隧道、穿跨越河流大中型的管道应按设计文件要求单独进行清管、测径、试压，合格标准与一般线路相同。

② 水平定向钻穿越管段回拖前应单独进行清管、测径，回拖后应再进行测径。

2. 站间清管、测径

(1) 管道分段试压完成进行整体连头后，应进行管道站间清管、测径施工作业。

(2) 原油站间管道清管、测径应采用测径清管器，对管道通过能力进行检验，并对管道内杂物进行清理。每次清管未达到要求，应增加清管次数，直至达到合格标准。

(3) 测径清管器清出污物合格标准应符合表 6-1 规定，测径板无变形、无褶皱为合格。

(4) 在软质清管器后跟一个机械清管器，发送前和接收后称测软质清管器质量，连续 2 次称重含水量不应大于 $(1.5D/1000)$ kg 为合格。

(5) 清管器运行时应及时跟踪清管器运行位置，阀室和特殊位置应派专人负责看守，确保清管器安全通过阀室。

(6) 站间清管、测径其他要求与分段清管、测径要求相同。

(7) 站间清管测径后，宜保持 0.3~0.5MPa 压力的氮气封存。

3. 安全注意事项

(1) 油气管道工程清管、试压及干燥施工应遵循国家和行业有关健康、安全与环境的法律、法规及相关规定。

(2) 应设置有组织排水和安装排水缓冲设施,防止冲蚀、深切地面或者损害排水点的植被。

(3) 清管排放口不应设在人口居住稠密区、公共设施集中区,清管排放应符合环保要求。

(4) 夜间施工现场应有能够保障安全生产的照明条件。

4. 交工记录

(1) 分段管线清管、测径完成以后应提交一份由施工单位、监理单位、建设单位代表签署的清管、测径、试压记录,记录应包括:

① 仪器校准证书(复印件);
② 分段管道清管记录;
③ 分段管道清管、测径记录;
④ 升压(p/V 图)记录;
⑤ 管道试压记录;
⑥ 平稳后的压力值和温度值;
⑦ 管道扫水记录。

(2) 站间管线清管、干燥完成以后应提交一份由施工单位、监理单位、建设单位和运行单位代表签署的清管、干燥记录,记录应包括:

① 仪器校准证书(复印件);
② 站间管道清管记录;
③ 站间管道清管、测径记录;
④ 管道干空气干燥施工验收记录;
⑤ 管道真空干燥施工验收记录;
⑥ 管道注氮施工验收记录;
⑦ 环境数据。

(三) 在役原油管道清管作业

1. 在役管道清管启动条件

(1) 新建管道投产六个月内宜进行首次清管作业,最迟不应超过十二个月。

(2) 开展添加降凝剂或减阻剂等试验前,具备清管条件的管道应进行清管作业。

(3) 发生可能造成管道变形的自然灾害后输油气管道宜进行测径清管作业,判定管道变形情况。

(4) 原油管道满足下列条件之一时宜启动清管作业。

① 管道输送效率低于 0.95 时,管道输送效率计算公式见下式:

$$\eta = \frac{Q}{Q_0} \tag{6-1}$$

式中 η——管道输送效率;

第六章 运行管理

Q——管道实际输量，t/a；

Q_0——同一运行工况下，管道的计算输量，t/a。

② 实际输送能力比上次清管结束时下降3%时。

2. 清管周期

常温输送管道每季度宜进行一次清管作业；加热输送管道根据管输油品物性特点、输送工艺、运行工况、环境状况等因素综合确定清管周期，至少每季度进行一次清管作业。原油管道清管周期推荐见表6-3。

表6-3 原油管道清管周期推荐表

序号	管道名称	推荐清管周期	备注
1	漠大线	每季度1次	
2	庆铁三线	每季度1次	适用于输送俄油
3	庆铁四线	每月3~4次	适用于输送庆吉油
4	长吉线	每月1次	
5	铁抚线	每月3~4次	
6	铁锦线	每月3~4次	适用于输送庆吉油
7	铁大复线	每季度1次	适用于输送俄油

3. 清管技术要求

（1）清管器收发作业宜采用现场操作，收球流程应在上站清管器出站前完成切换。

（2）首次或超过六个月未清管时，清管作业宜从管道末端开始向前端逐步进行。

（3）清管器的运行速度宜控制在 0.6~1.8m/s。

（4）清管期间应尽量保持运行参数稳定，不宜进行流程及设备的切换和管线停输。

（5）以清管站间主要壁厚所对应的管道内径为计算基础，软质清管器过盈量宜为2%~4%；机械清管器密封皮碗过盈量宜为2.5%~5%。

（6）清管前两天到三天，加热输送的原油管道应提高进站油温1~2℃。

（7）对不定期清管或清管周期较长的含蜡原油管道，清管器前的含蜡段油品过直接式加热炉时宜采取停炉避让。

（四）清管准备

1. 信息收集及检查

（1）工艺参数收集包括管道管径、壁厚、长度、防腐形式、内涂层、使用年限、管输介质，以及输量、压力、温度等运行参数。

（2）调查管道历次清管及内检测报告、管道允许停输时间、上下游用户情况等。

（3）清管作业前应掌握管道线路信息。包括管道线路走向、高程差、分输、穿越和跨越情况、阀室、管道变形、弯头、三通、缺陷修复等，并确认满足清管要求。

（4）站场设施检查包括发球筒、收球筒、阀门、仪表、排污系统、放空系统及周围环境情况等。

（5）清管器发送前应对清管器的骨架、支撑盘、皮碗、紧固螺栓和定位跟踪仪及其电池等部件进行检查。

(6) 清管器发送前及接收后检查项目见表。

表 6-4　清管器发送前及接收后检查项目表

填报项目	填报内容
清管管段	清管站间距/管径/长度/壁厚
上次清管时间	如首次清管，则填无
本次计划清管时间	请填写预计时间段
清管原因	常规清管/内检测清管
是否首次清管	是/否
清管方案审核日期	如常规正常清管，则填无
清管器类型	例：两直四碟机械清管器
清管器具体结构	例：前部（支撑板＊1 蝶形皮碗＊2）、后部（密封板＊2+支撑板＊1）
清管器长度	清管器总长
清管器直撑板（导向皮碗）	材质/外径/厚度/数量/过盈量/磨损率
清管器密封直板（密封皮碗）	材质/外径/厚度/数量/过盈量/磨损率
清管器紧固螺栓	检查清管前后螺栓是否有松动
清管器其他类型部件	如测径板、钢刷等。有的话请填写相关参数
清管器通过能力	XX%D
清管器射流孔	位置/数量/尺寸/形状
清管器泄流槽	位置/数量/尺寸/形状
清管器技术要求	具体到某个皮碗或直板或骨架开孔/槽（要全）
定位跟踪器及电池	清管前电池是否更换，清管前后定位跟踪仪是否完好
清管器发送前照片（正面、侧面、尾部）	
清管器接收后照片（正面、侧面、尾部）	

2. 清管器选型

(1) 清管器应根据不同的清管目的选择不同的结构形式。

(2) 常规清管宜采用碟型皮碗清管器、直型皮碗清管器或直碟皮碗清管器。

(3) 首次或不定期清管时，清管作业首枚清管器宜采用软质清管器。

(4) 对于含有硬蜡的管道进行清管作业，宜采用钢刷清管器。

(5) 对结蜡比较厚或长期未清管的管道，应根据有效管径选择软质清管器，逐步清管，以防管道产生蜡堵。

(6) 对于含有铁磁性杂质的管道进行清管作业，宜采用磁力清管器。

(7) 在清管作业中初步判断管道的变形情况，宜采用测径清管器。

(8) 当管道内壁有涂层时，应将钢刷清管器和磁力清管器上的钢丝刷更换为尼龙刷。

(9) 输油管道机械清管器应设置泄流孔，前部皮碗各泄流孔的有效面积总和宜为管道流通面积的 1%~8%，前后皮碗的泄流孔面积之比宜为 1∶1.5~1∶2。

第六章　运行管理

（10）清管器长度宜大于 1.5 倍的管道管径，机械清管器密封长度应大于 1.1 倍的花孔或挡板三通长度。

（11）清管器的选择应考虑管道弯头最小曲率半径，无法确定管道弯头最小曲率半径时，宜选择可通过 1.5D 弯头的清管器。

（12）皮碗、直板、隔板、刮板等橡胶部件，采购时应要求厂家注明生产日期，采购后应在一年内使用。

（13）软质清管器采购时应要求厂家注明生产日期，采购后应在一年内使用。

（14）清管器材质选择按照输油气管道清管材质选择的要求执行。

（15）清管器上相邻的直型皮碗之间应保留不少于 50mm 的间距，避免两个直型皮碗直接接触后，韧性增加、变形度减弱造成卡堵。

（16）清管器支撑板、密封板等的固定螺母应采用弹簧垫片，宜在螺栓上安装固定销。

（17）定位跟踪仪电池连续正常使用时间应在 150h 以上。

3. 输油管道清管材质选择要求

（1）骨架。

① 应在骨架前端设置拉环，其凸出部分长度根据管径的不同宜控制在 20~80mm。

② 设计时应考虑骨架上可安装 2 个或 2 个以上的皮碗及 1 个跟踪仪。

③ 金属骨架制作完成后，如进行发黑处理的，应先进行酸性处理；如进行涂料喷涂处理的，应先进行喷砂除锈，处理等级为 SA2.5 级。

（2）皮碗。

① 皮碗应按照设计图纸制造。

② 皮碗表面应光滑，无明显缺陷，几何尺寸满足设计图纸要求。

③ 皮碗性能指标应符合表 6-5 规定。

表 6-5　产品性能指标

序号	性能指标	单位	测试值
1	邵氏硬度	HA	70~90
2	100%定伸强度	MPa	3.0~6.0
3	300%定伸强度	MPa	6.0~13.0
4	拉伸强度	MPa	30~55
5	断裂伸长率	%	500~800
6	拉伸永久变形	%	≤12
7	撕裂强度	kN/m	45~80
8	冲击回弹值	%	≥30
9	阿克隆磨耗	cm³/1.61km	气体≤0.008 液体≤0.02
10	重量变化（27℃，在石油醚中浸泡 168h）	%	≤2.0

（3）测径铝盘。

① 测径铝盘的材料宜采用硬铝 LY12。

② 测径铝盘的厚度可参照表 6-6 执行。

表 6-6 测径铝盘厚度表

管径(mm)	100~300	300~600	600~1219
厚度(mm)	4~6	6~8	8~10

③ 测径铝盘的外径宜为最小管道内径的 94%。

(4) 清管器组装。

① 清管器装配按设计总装图组装。

② 骨架上安装 2 个皮碗时，两皮碗密封间距宜为管径的 1.1~1.4 倍。骨架上安装 3~4 个皮碗时，外端两皮碗密封间距宜为管径的 1.15~1.5 倍。

③ 清管器紧固螺钉宜采用防松螺母，对称拧紧，拧紧后螺杆出头宜在 10mm 以内。常用螺钉紧固力矩参照表 6-7 执行。

表 6-7 螺纹紧固力矩表

螺纹规格	M6	M8	M10	M12	M16	M20	M24	M28	M30
紧固力矩(N·m)	7.3	17.7	35.5	60	147	285	273	402	549

④ 组装完成后，按设计要求检查泄流孔。

⑤ 清管器安装后前后皮碗同轴度在 2mm 范围内。

⑥ 跟踪仪、钢刷和测径板等，依据现场施工不同需要选配安装。

4. 清管方案

(1) 首次清管、不定期清管、内检测等特殊清管作业，应编制清管方案并报上级业务主管部门审批。

(2) 清管方案中包括但不限于以下内容：

① 清管目的；

② 管道基本状况；

③ 清管器类型、数量和技术指标；

④ 清管过程工艺参数计算方法；

⑤ 清管作业程序；

⑥ 清管器跟踪方案；

⑦ 成立清管组织机构，落实人员、物资、通信、车辆的安排；

⑧ 建立清管作业期间的联系机制；

⑨ 开展风险识别与评价，制订安全防范措施；

⑩ 清管杂质的处置应符合 HSE 要求。

(五) 清管作业

1. 原油管线清管作业

典型原油管线收发球系统示意图如图 6-1 所示。

(1) 清管器发送。

① 原油管线清管器发送装置如图 6-1 所示。

第六章 运行管理

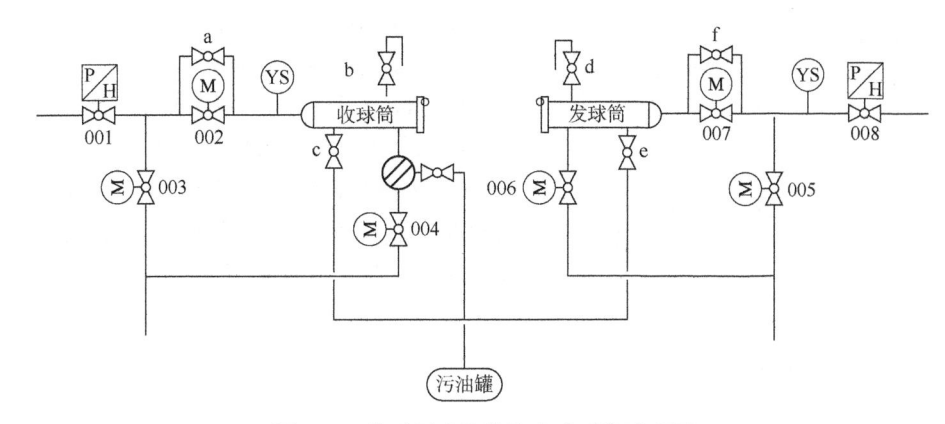

图 6-1 典型原油管线收发球系统示意图

② 打开快开盲板，将清管器送入发球筒并推至发球筒喉部处塞紧，关闭快开盲板。

警示：打开快开盲板前，应检查确认发球筒压力为零。

③ 打开平衡阀门 f 对发球筒进行充油，缓慢打开放空阀门 d 排出发球筒内空气，空气排尽后关闭放空阀 d，继续对发球筒进行充压至与干线平衡，关闭平衡阀 f。

④ 打开阀门 006 和阀门 007，关闭阀门 005，导通发球流程，通过声音和发球指示器动作判断清管器已发出，清管器发出后，打开阀门 005，关闭阀门 006 和阀门 007，切换正输流程。

⑤ 打开排污阀 e，将发球筒内压力泄放至零，打开放空阀 d，筒内介质排尽后关闭排污阀 e、放空阀 d。

（2）清管器接收。

① 原油管线清管器接收装置如图 6-1 所示。

② 打开平衡阀门 a 对收球筒进行充油，缓慢打开放空阀门 b 排出收球筒内空气，空气排尽后关闭放空阀 b，继续对收球筒进行充压至与干线平衡，关闭平衡阀 a。

警示：打开放空阀排气时要关注筒内声音和排气口，筒体充满油品后立刻关闭排气阀。

③ 打开阀门 002 和阀门 004，关闭阀门 003，导通收球流程，通过声音和收球指示器动作及跟踪仪判断清管器已进入收球筒。打开阀门 003，关闭阀门 002 和阀门 004，切换正输流程。

④ 打开排污阀 c，将收球筒内压力泄放至零，打开放空阀 b，筒内介质排尽后关闭排污阀 c、放空阀 b。

⑤ 收球筒内原油排净回收后，应及时清理筒内凝蜡或其他杂物，并取出清管器。

⑥ 快开盲板在关闭前，应检查密封圈无裂纹，涂抹密封脂进行保养，确保密封性完好。

警示：清理收球筒内杂质和污物时应采用防爆铁锹等防爆工具，清出物应集中处置，必要时留样化验分析。应及时清理收球筒过滤器内凝蜡或其他杂物。

警示：盲板打开时，应检查确认收球筒内压力为零。操作快开盲板时，应站在盲板开口侧进行操作，盲板正面和内侧面不应站人。

（3）清管器转发。

典型原油管线转球系统示意图如图 6-2 所示。

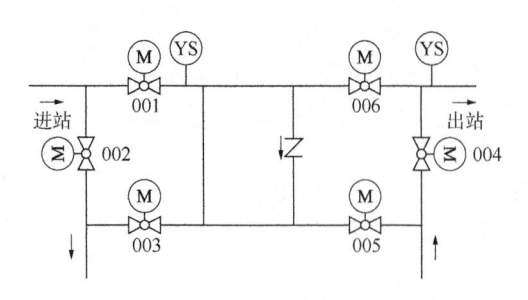

图 6-2　典型原油管线转球系统示意图

① 打开阀门 001 和阀门 003，关闭阀门 002，导通清管器接收流程，通过声音和收球指示器及跟踪仪判断清管器已进入转球筒。打开阀门 002，关闭阀门 001 和阀门 003，导通正输流程。

② 清管器到达转球筒后停留 1h 后，打开阀门 005 和阀门 006，关闭阀门 004，导通发球流程。通过声音和发球指示器动作判断清管器已发出，清管器发出后，打开阀门 004，关闭阀门 005 和阀门 006，切换正输流程。

2. 清管器跟踪

(1) 根据清管方案的跟踪点位结合管道输量计算清管器到达监听点的预期时间。

(2) 中控调度和跟踪人员应建立紧密通畅的通信联系。清管器跟踪人员应使用可靠的通信装置与中控调度保持通信联系，并保证任何现场工作人员能与清管器跟踪人员进行通信。

(3) 跟踪人员及时将清管器通过情况反馈中控调度，中控调度根据运行工况和反馈信息及时修正清管器跟踪时间表，并告知下一监听点清管器预期到达时间。

(4) 清管器跟踪监听点设置原则：

① 第一个监听点应设在距发球筒 0.2~1.5km 处，最末一个监听点应设在距收球筒 1~2km 处；

② 首次清管作业，监听点间距宜为 3~5km；

③ 常规清管作业，监听点不宜超过 20km；

④ 频次较高的定期清管作业，监听点间距可视情况而定；

⑤ 在阀室、分输/注入支线、穿跨越等特殊地点应重点跟踪。

3. 清管注意事项

(1) 收发清管器作业完成后，应对收发清管器流程上的干线球阀进行注脂维护；应对收发清管器清管指示器进行维护。

(2) 清管器维护一般要求如下：

① 含蜡原油管道从收球筒内取出清管器时，应用热水或含清洁剂的水清洗，清洗清管器的介质温度不宜超过 80℃。

② 不宜采用蒸汽清洗聚氨酯皮碗。

③ 软质清管器不应重复使用。

④ 大修后的清管器验收后方可使用。

⑤ 清管器储存在常温、干燥、通风、无直射阳光远离火源处，不能堆放，长期放置时，应竖立摆放或横放在托架上，托架应稳固支在清管器骨架的中部。

⑥ 清管器在运输过程中轻装轻卸、防止日晒雨淋，应采取固定措施，避免撞击或挤压。

(六) 清管总结报告

(1) 清管作业结束后应编制清管总结报告，对清管作业全过程进行概述，分析清管过程与清管方案的偏离情况，总结经验教训、提出改进意见。

(2) 清管总结报告至少应包括以下要点。

① 数据采集。包括清管器发送和接收时间，清管前/后沿线各站压力情况，清管前/后输量情况，清管器平均运行速率，清管作业清出物情况，清管器技术参数变化情况、清管器跟踪时间等。

② 数据分析。对采集到的数据进行分析，重点研究实施过程与清管方案的偏离原因、清管过程中的异常点、清管前后技术参数对比情况。

③ 形成结论。根据数据分析结果，判定清管作业的效果并给出结论。

④ 若清管过程中发生故障、事故，应在总结报告中描述抢修和抢险情况，进行原因分析。

（七）管道内检测

管道内检测作业按 Q/SY GD 1068《管道内检测手册》相关要求执行。

二、东北管网清管方案

（一）清管可行性分析

1. 管道概况

（1）庆铁三线。

庆铁三线线路全长 546km，管道规格为 D813mm×8.7(9.5)mm，设计压力为 6.3MPa，输送介质为俄罗斯油，全线采用常温密闭输送工艺，设计输量为 $(2900\sim3000)\times10^4$ t/a。沿线依次设有林源首站、太阳升分输泵站、新庙泵站、牧羊泵站、农安泵站、垂杨分输泵站、梨树泵站、昌图泵站、铁岭输油站共 9 座站场及 21 座线路截断阀室（监控阀室 8 座、单向阀室 3 座、手动阀室 10 座）。全线划分为 3 个清管作业管段，见表 6-8。

表 6-8 庆铁三线清蜡作业管段情况

管段名称	管段长度（km）	管段容积（m³）
林源—新庙	120.6	60058
新庙—垂杨	192.7	95964
垂杨-铁岭	232.7	115884

（2）庆铁四线。

庆铁四线线路全长 548.4km，管道规格为 D711mm×8mm，设计压力为 6.3MPa，输送介质庆吉油，全线采用加热密闭输送工艺，设计输量 $(1500\sim2000)\times10^4$ t/a。沿线依次设有林源首站、太阳升注入热站、新庙热泵站、牧羊热泵站、农安分输热泵站、垂杨分输热泵站、梨树热泵站、昌图加热站、铁岭输油站共 9 座站场及 22 座线路截断阀室（监控阀室 12 座，手动阀室 10 座）。全线划分为 3 个清管作业管段，见表 6-9。

表 6-9 庆铁四线清蜡作业管段情况

管段名称	管段长度（km）	管段容积（km）
林源—新庙站	119.2	45176
新庙—垂杨站	197.8	74966
垂杨—铁岭站	236.4	89595

(3) 铁锦线。

铁锦线线路全长441.4km(420.9km)，设计压力8.0MPa，输送介质为俄油掺混比例为10%左右的混油，全线为保温管道。沿线依次设有铁岭首站、法库输油站、兴沈分输站、新民输油站、黑山输油站、凌海输油站、松山输油站、葫芦岛末站、锦州港末站共9座站场及23座线路截断阀室(16座监控阀室，7座手动阀室)。其中，铁岭—松山站管段管道规格为D508mm×7.1 mm，设计输量(900~1000)×10⁴t/a；松山—葫芦岛站管段管道规格为D355.6mm×6.3 mm，设计输量350×10⁴t/a；松山—锦州港管段管道规格为D273mm×5.6 mm，设计输量268×10⁴t/a。全线划分为4个清蜡作业管段，见表6-10。

表6-10 铁锦线清蜡作业管段情况

管段名称	管道规格	管段长度(km)	管段容积(km)
铁岭—黑山站	D508mm×7.1mm	208.3	39993
黑山—松山站	D508mm×7.1mm	140.2	26918
松山—葫芦岛站	D355.6mm×6.3mm	58.1	5351
松山—锦州港站	D273mm×5.6mm	34.8	1880

(4) 铁抚线。

铁抚线线路全长73.1km，设计压力为4.0MPa，输送介质庆吉油，全线采用加热密闭输送工艺，设计输量(1002~1150)×10⁴t/a。沿线依次设有铁岭首站、抚顺输油站、前甸分输站、东洲末站共4座站场及3座线路阀截断室(监控阀室1座，单向阀室1座，手动阀室1座)。其中，铁岭—抚顺站管段为保温管道，管道规格为D711mm×8mm，管段长度为45.5km；抚顺—东洲管段管道规格为D508mm×6.4mm，管段长度为27.6km。全线划分为2个清管作业管段，见表6-11。

表6-11 铁抚线清蜡作业管段情况

管段名称	管道规格	管段长度(km)	管段容积(km)
铁岭—抚顺站	D711mm×8mm	45.5	18192
抚顺—东洲站	D508mm×6.4mm	27.6	5315

(5) 铁大复线。

铁大复线全长580.4km，设计压力为8.0MPa，输送介质为俄罗斯油，全线采用常温密闭输送工艺。沿线依次设有铁岭首站、沈阳输油站、辽阳分输泵站、鞍山计量站、瓦房店输油站、小松岚输油站共6座站场及32座线路截断阀室(监控阀室23座，手动阀室9座)。其中，铁岭—辽阳站管段管道规格为D711mm×8.8mm，管段长度为208.4km，设计输量为2540×10⁴t/a；辽阳—瓦房店管段管道规格为D813mm×11mm、瓦房店—小松岚管段管道规格为D711mm×9.5mm，设计输量为2000×10⁴t/a；辽阳分输站—鞍山计量站管道规格为D711mm×8.8mm，设计输量900×10⁴t/a。全线划分为4个清管作业管段，见表6-12。

表 6-12 铁大复线清蜡作业管段情况

管段名称	管道规格	管段长度(km)	管段容积(m³)
铁岭—辽阳站	D711mm×8.8mm	208.4	78983
辽阳—瓦房店站	D813mm×11mm	257.0	127986
瓦房店—小松岚站	D711mm×9.5mm	115.0	43585
辽阳—鞍山计量站	D711mm×8.8mm	22	8338

(6) 新大线。

① 新大一线。

新大一线线路全长37.5km,管道规格为D711mm×7.9mm,设计压力为4.51MPa,设计输量1600×10⁴t/a,全线采用常温密闭输送工艺。沿线设有新港输油站、小松岚输油站、大连石化末站共3座站场。全线为1个清管作业管段,见表6-13。

表 6-13 新大一线清蜡作业管段情况

管段名称	管段长度(km)	管段容积(m³)
新港—大连石化末站	37.5	14212

② 新大二线。

新大二线线路全长13.5km,管道规格为D508mm×7.1mm,设计压力为4.0MPa,设计输量450×10⁴t/a,全线采用常温密闭输送工艺。沿线设有小松岚输油站、新港末站共2座站场。全线为1个清管作业管段,见表6-14。

表 6-14 新大二线清蜡作业管段情况

管段名称	管段长度(km)	管段容积(m³)
小松岚—新港站	13.5	2592

(7) 长吉线。

长吉线线路全长166km,管道规格为D508mm×(6.4~7.9)mm,设计压力为6.4MPa,设计输量1000×10⁴t/a,输送介质为庆吉油与混油交替输送,全线采用加热密闭输送工艺。沿线设有长春首站、双阳输油站、永吉输油站、吉林末站共4座站场及8座手动线路截断阀室。全线为1个清管作业管段,见表6-15。

表 6-15 长吉线清蜡作业管段情况

管段名称	管段长度(km)	管段容积(m³)
长春—吉林站	166	31872

2. 清管器的选择

根据东北管网管道规格及输送介质情况,结合以往清管效果,清管器选择推荐见表6-16。

表 6-16 东北管网清管器选型

管道规格	清管器类型	密封板直径（mm）	皮碗直径（mm）	导向板直径（mm）	清管器长度（mm）	过盈量	泄流孔数量（个）	泄流孔直径（mm）
D813mm	组合型	834	838	792		≤5%	12	32
D711mm	组合型	700	700	680	1029	≤5%	6	30
D508mm	组合型	512	512	480	728	≤5%	4	20
D355mm	组合型							
D273mm	组合型	274	272	260	375	≤5%		

3. 清管周期

东北管网各条管道清管周期宜按表 6-17 执行，并可根据管线实际清管效果调整清管周期。

表 6-17 东北管网各线清管周期

序号	管线名称	输送介质	清管周期	备注
1	庆铁四线	庆吉油	3~4 次/月	
2	庆铁三线	俄油	1 次/季度	
3	铁抚线	庆吉油	3~4 次/月	
4	铁大复线	俄油	1 次/季度	
5	铁锦线	混油	铁岭—松山管段 3 次/月 松山—葫芦岛管段 2 次/月 松山—锦州港管段 2 次/月	
6	长吉线	混油	1 次/月	
7	新大线	俄油	1 次/季度	条件具备时

4. 清管作业要求

清管作业要在全线相关主要系统和设备完好的情况下进行。在清管作业的前期准备工作中，作好各系统相关设备及仪表的检查，确保清管过程中全线保持连续运行状态，避免停输。

5. 运行参数控制

清管作业期间，相应管段输量应高于其清管器运行最低输量，见表 6-18。

表 6-18 各清蜡作业管段清蜡作业最低输量

管段名称	最低输量（m³/h）	管段名称	最低输量（m³/h）
庆铁三线	1050	瓦房店—小松岚	850
庆铁四线	850	辽阳—鞍山站	850

续表

管段名称	最低输量(m³/h)	管段名称	最低输量(m³/h)
铁岭—松山站	450	新大一线	850
松山—葫芦岛站	200	新大二线	450
松山—锦州港站	120	铁岭—抚顺站	850
铁岭—辽阳站	850	抚顺—东洲站	450
辽阳—瓦房店站	1050	长吉线	450

6. 技术及人员要求

(1) 清管器发送计划的编制由沈阳调度中心负责。

(2) 清管作业有关操作由沈阳调度统一指挥。

(3) 清管器发送与接收流程的操作由输油站人员现场完成。

(4) 清管作业期间输油站调度负责把清管器进、出站报警时间、取出清管器时间、结蜡情况、有无杂质、清管器的完好情况等汇报沈阳调度。

7. 清管器运行时间计算

清管器运行时间按下列公式计算。

清管器运行平均速度计算公式：

$$v = 4Q/(3.14D_n^2 t) = L/t \tag{6-2}$$

式中　v——清管器运行速度，m/h；

　　　Q——清管时的管线排量，m³/h；

　　　D_n——管线的当量直径，m；

　　　L——清管器运行距离，m；

　　　t——清管器运行时间，h。

8. 清管器的跟踪

当清管作业需要对清管器进行跟踪时，由对应管段所属输油气分公司组织安排清管器的跟踪工作，并按照要求将清管器通过跟踪点的时间及时汇报给沈阳调度。

(二) 组织机构

为了确保清管作业安全、有序进行，东北管网清管作业由沈阳调度统一指挥，各输油气分公司成立相应的清管作业组织机构。

(三) 清管作业的准备工作

1. 清管器的准备

管道清管使用的清管器应为铁岭清蜡管理站新清洗的、配件齐全的清管器，并配有发射机和接收机，且应保证清管器运行期间电量充足。

2. 相关站场运行设备、仪器仪表及附属设施的检查与维护

(1) 各站输油泵机组及加热炉必须全部完好。

(2) 站场、截断阀室相关阀门开关操作灵活，开关到位，密封性能好。

(3) 对各站收发球系统、通球指示器等进行全面检查，快开盲板密封圈要存有备件，确保相关设备均处于完好备用状态。

(4) 对各站场、截断阀室的各种仪表进行检查,保证能准确检测和显示数据。

3. 通信设备的准备

各种通信设备数量要满足清管作业要求,工作状态稳定可靠,同时清管器跟踪人员配备相应的车辆。

(四) 清管作业

1. 清管流程操作的一般要求

(1) 清管方案的实施和流程的切换应由沈阳调度统一指挥,输油站调度接到沈阳调度命令后,才能进行清管流程操作。

(2) 清管流程操作,应严格执行操作票制度。

(3) 清管流程操作前应与上站和下站联系,确认下站接收清管器流程已导通,才能进行发(转)清管器流程操作。

(4) 清管流程操作时,应有一人及以上监护。

(5) 要准确地记录清管器发出(转出)和接收时间,及时向沈阳调度汇报,并通知有关输油站。

(6) 输油站每次发(转)清管器,清管器出站指示器报警后,仍需用电子定位接收机检查,确认清管器已出站。

(7) 输油站每次接收清管器,清管器进站指示器报警后,仍需用电子定位接收机检查,确认清管器已进站。

(8) 接收清管器输油站,在收到清管器后,宜在 24h 内取出,不得在收球筒内长期存放。

(9) 取出清管器后,及时向沈阳调度汇报取出时间、结蜡情况、清管器的完好情况。

(10) 清管器取出后,按照有关规定进行存放。

2. 清管作业相关阀门说明

因东北管网各条管道建设(或更新改造)时间不同,致使各线输油站收发(转发)清管系统的阀门编号不一致,此规定是按照庆铁四线收发(转发)清管器系统编制,其他管线及支线请参照各管线收发(转发)流程示意图,依据各线阀门的功能参考执行本规定。

3. 东北管网收发(转发)流程示意图

收、发(转)清管器流程示意图,如图 6-3 至图 6-6 所示。

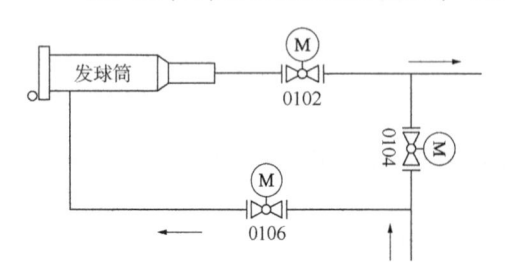

图 6-3 首站发送清管器流程示意图

4. 发送清管器(发送清管器站)

(1) 沈阳调度下达准备发送清管器命令。

(2) 输油站值班人员填写发送清管器工艺流程操作票。

(3) 发送清管器前的检查。

① 输油站人员严格检查待发送清管器的完好情况,记录清管器的编号;检查有关阀门、发清管器筒、快开盲板、污油泵、清管器出站指示器等,保证设备完好。

② 安装待发送清管器电子定位跟踪发射机的电池,用电子定位接收机校对发射信号,

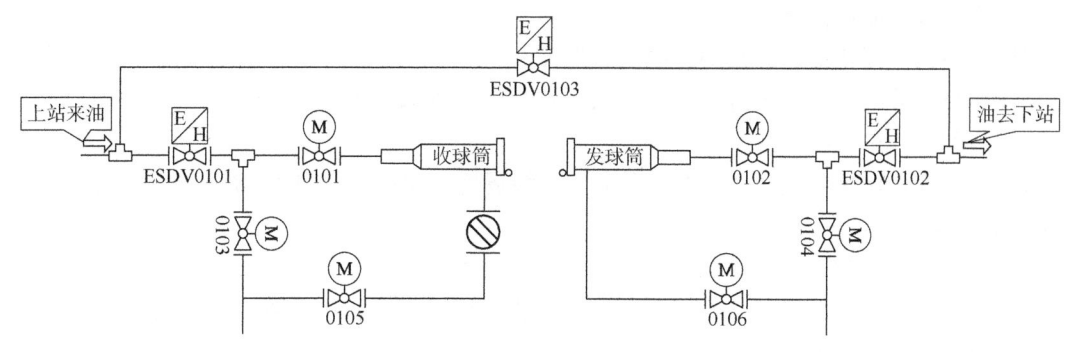

图 6-4 中间站收、发清管器流程示意图

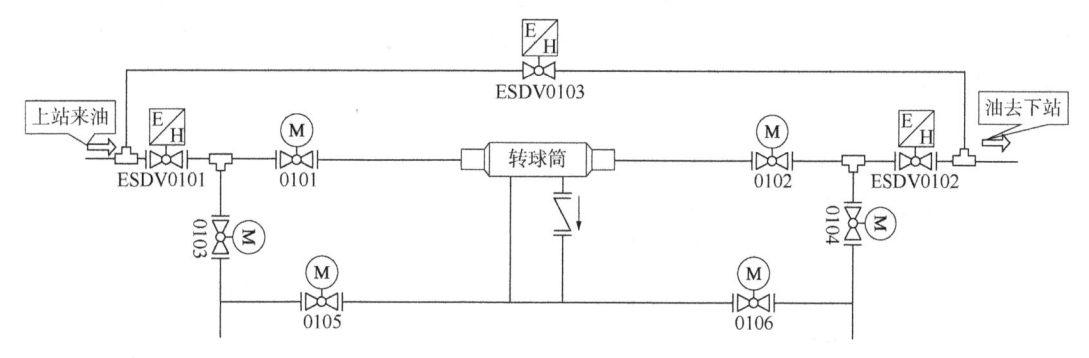

图 6-5 中间站转发清管器流程示意图

并记录电子定位跟踪发射机的编号。

③ 按要求将待发送清管器装入发清管器筒，汇报沈阳调度。

（4）发送清管器流程操作步骤。

① 接到沈阳调度发清管器命令。

② 与上、下站联系，并确认下一站接收清管器流程已导通，开始发送清管器流程操作：微开 0106#阀，缓慢打开发清管器筒排气阀，进行发清管器筒排气，排气结束后，关闭排气阀。依次全开 0106#阀、0102#阀、关闭 0104#阀。清管器发出，记录清管器出站指示器报警时间。

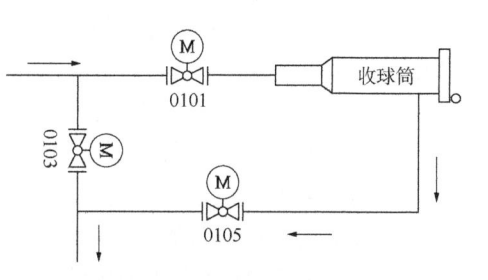

图 6-6 末站接收清管器流程示意图

（5）用电子定位接收机检查，确认清管器已出站。

（6）清管器出站指示器报警 10min 后，请示沈阳调度经同意后打开 0104#阀，关闭 0102#阀、0106#阀，恢复正输流程。

（7）排出发球筒内原油。

（8）及时向沈阳调度汇报清管器出站时间、清管器编号，清管器电子定位跟踪发射机编号。

（9）通知下一站清管器出站时间。

5. 接收清管器

（1）转发清管器站的接收清管器操作。

① 接到沈阳调度本站导通接收清管器流程命令。

② 填写接收清管器流程操作票。
③ 通知上、下站本站准备倒接收清管器流程。
④ 检查有关阀门、转发清管器筒、快开盲板、污油泵、污油箱油位和清管器进站指示器，保证设备工作正常。
⑤ 依次打开0105#阀、0101#阀，保证回油线畅通，关闭0103#阀。流程导通后投用清管器进站指示器。
⑥ 及时向沈阳调度汇报导通时间，并通知上、下站。
⑦ 清管器进站指示器报警，用电子定位接收机检查，确认清管器已进入转清管器筒。
⑧ 向沈阳调度汇报清管器进站时间。
⑨ 清管器进站指示器报警2h后，沈阳调度安排转发清管器。常规清管作业时，当日20:00以后进站的清管器可安排次日6:00以后转发。如清管器当日22:00进站，可安排次日6:00以后转发。

(2) 接收清管器站的接收清管器流程操作。
① 接到沈阳调度导通本站接收清管器流程命令。
② 填写接收清管器流程操作票。
③ 通知上、下站本站准备倒接收清管器流程。
④ 检查有关阀门、收清管器筒、快开盲板、污油泵、污油箱油位和清管器进站指示器，保证设备工作正常。
⑤ 倒接收清管器流程操作步骤：微开0101#阀，打开收清管器筒排气阀，收清管器筒排气，排气结束后，关闭收清管器筒排气阀。依次全开0101#阀、0105#阀，关闭0103#阀，投用清管器进站指示器。
⑥ 接收清管器流程导通后，及时向沈阳调度汇报导通时间，并通知上、下站。
⑦ 清管器进站指示器报警，用电子定位接收机检查，确认清管器已进入收清管器筒。
⑧ 向沈阳调度汇报清管器进站时间。
⑨ 按规定取出清管器。

6. 转发清管器(转发清管器站)

(1) 转发清管器的输油站在清管器进站2h后，经请示沈阳调度同意后进行转发清管器操作。
(2) 填写转发清管器工艺流程操作票。
(3) 通知下一站本站准备转发清管器，并确认下一站已导通接收清管器流程。
(4) 本站应首先导通正输流程，打开0103#阀，关闭0101#阀、0105#阀。
(5) 进行转发清管器流程操作：依次全开0106#阀、0102#阀，关闭0104#阀。清管器发出后记录清管器出站指示器报警时间。
(6) 用电子定位接收机检查，确认清管器已出站。
(7) 清管器出站指示器报警10min后，打开0104#阀，关闭0106#阀、0102#阀，恢复正输流程。
(8) 及时向沈阳调度汇报清管器出站时间。
(9) 通知下一站清管器出站时间。

7. 取出清管器

（1）接收清管器的输油站收到清管器24h内，应将清管器取出。

（2）经沈阳调度同意，首先导通正输流程，确认0103#阀全开，依次关闭0101#阀、0105#阀，排出收清管器筒内原油，确认收清管器筒内原油排尽后，打开盲板，取出清管器。

（3）取出清管器情况汇报及存档。

① 应将取出清管器情况及时汇报沈阳调度，汇报的主要内容有：取出清管器时间、清管器的状况、结蜡情况、有无杂物等。

② 按照有关要求填写清管器作业档案。

（五）清管作业整体安排

东北管网各条管道清管作业计划按沈阳调度中心编制的月度清管作业计划执行。

（六）清管作业的HSE要求

1. 人员要求

（1）所有参加清管作业人员必须树立"安全第一，预防为主"的思想，不违章指挥，不违章操作，严格遵守各项安全管理规定。

（2）所有参加清管作业人员要服从清管作业领导小组及现场指挥人员的指挥，操作时应严格按作业实施方案和有关设备仪器的操作规程（作业指导书）执行。

（3）组织参加清管作业人员进行相应的学习和演练，各组人员能够熟练掌握方案内容、与本作业组职责相关的各项技能和安全注意事项。

（4）提前对沿线广大居民进行广泛的安全教育和宣传，取得当地居民的配合。在整个作业活动过程中，若须与当地居民交涉，要采取适当的方式方法，避免发生冲突而影响作业活动按计划进展。

（5）综合考虑清管影响，合理安排工序，减少对管道运行的影响。

（6）一切作业车辆无论白天还是夜间行驶，必须注意交通安全。带车人要适时安排司机适当休息，确保其保持良好的精神状态，保证行车安全。

（7）清管作业期间，各运行岗位人员加强巡检，按要求做好各项参数记录，并及时向上级调度汇报运行参数。

（8）清管作业期间，维抢修队伍必须随时处于待命状态，发生险情以最快速度赶赴现场进行抢险。

2. 现场要求

（1）清管作业期间严禁无关人员进入场站，现场工作人员必须穿戴防静电服，所有工器具必须防爆。

（2）作业现场的所有人员严禁一切烟火，不得将火种带入现场，同时关闭手机等非防爆通信设备，现场摄像、拍照严禁使用闪光灯。

（3）除与清管专业相关的工程车外，其余车辆不准进入场站，进入场站车辆必须戴防火帽。

（4）各场站消防器材必须配备齐全到位，所有操作人员能够熟练使用。

（5）操作现场需有安全监护人员，对现场可燃气体浓度进行监测。

(6) 与收发(转)球筒相关联的仪表等要有检定合格报告并在有效期限内。

3. 操作要求

(1) 确定每次发射清管器时都使用新的电池，确保电池电量充裕。

(2) 对需要进行跟踪定位的清管作业，除定点跟球外，各组工作人员应随时根据实际运行情况确定运行清管器在管线中的位置，一旦发现清管器未按时到达既定位置，及时通知现场跟球人员随时待命，按照应急预案采取相应措施。

(3) 清管作业过程中，如发现漏油立即汇报调度，停输后关闭上、下游阀门，切断油源，通报指挥领导小组，启动应急响应程序。

(4) 打开快开盲板前，必须确认筒内压力为零并保持其放空阀处于全开状态。打开快开盲板后，操作人员不要急于上前操作，须待筒内油气充分扩散并经可燃气体检测仪检测安全后方可进行后续操作。

(5) 放空和排污须按照规程进行，排污池内污水(油)要及时处理。

(6) 在清管作业结束后，若过滤器及收球筒排污管线出现堵塞，需对排污管线进行清理，清理前要使用可燃气体检测仪进行检测，清理时注意安全。

第二节 运行规程

一、庆铁三线运行规程

本部分规定了庆铁三线常温输送俄罗斯原油的输送工艺与控制方式、运行控制参数、运行和监控、工艺流程操作、油品计量、油罐区运行、清管作业、异常工况和紧急工况处理响应等方面的技术要求。

本部分适用于庆铁三线的工艺运行和调度管理。

(一) 基本要求

(1) 本部分依据庆铁三线现状编写，当管道经改造或所输原油物性发生变化不能执行本部分规定时，应及时制订相应的运行方案，经批准后方可实行。

(2) 应制订管道站场及干线事故预案。

(3) 单体设备及自动化系统的操作和维护应按照公司相关标准执行。

(二) 输送工艺与控制方式

1. 管道工艺系统

庆铁三线管输原油为俄罗斯原油，经林源站、太阳升站、新庙站、牧羊站、农安站、垂杨站、梨树站和昌图站，输送至铁岭输油站罐区油库。其中，经太阳升站分输至中国石油哈尔滨石化公司葡北油库(简称哈尔滨石化葡北油库)，经垂杨站分输至长吉线首站罐区。

2. 输送工艺

管道采用常温密闭输送工艺。

3. 控制方式

(1) 管道运行控制模式分为中控、站控和就地三级控制。

(2) 三级控制的管理优先级顺序为中控、站控、就地控制，优先采用中控。

(3) 功能优先级顺序为就地控制、站控、中控。

(4) 经中控在管理程序上授权后，站控可主动获得功能控制权。

(5) 控制模式切换应在中控的指挥下进行。当出现通信中断、远程监控中断或现场维检修作业需要时，在获得中控授权或征得中控许可的情况下可切换至站控或就地控制。

(6) 具备远控条件且正常运行或完好备用的设备应置于远控状态。正在维护、检修的设备应置于就地状态，相关阀门应进行锁定管理，故障设备也应置于就地状态。

4. 操作界面

(1) 与站场界面。

① 中控调度负责庆铁三线干线林源站给油泵入口阀门 XV0601、XV0602、XV0607（含）至铁岭站调节阀下游阀门 325、326（含）之间的中控设备启停、中控阀门开关、工艺流程切换等中控操作及全线调度指挥。

② 管道沿线各站场负责界内非中控设备的操作、收发清管器、油品计量、罐区操作等作业。

(2) 与太阳升站、哈尔滨石化葡北油库界面。

① 中控调度负责太阳升站分输阀门 XV0527、0529（含）上游中控设备操作及调度指挥。

② 太阳升站负责分输阀门 XV0527、0529 至 0521（含）之间阀门、计量设备及辅助系统的操作与控制。

③ 哈尔滨石化葡北油库按照中控调度指令，负责 0521 阀门下游罐区生产运行、油品输送设备设施工艺流程以及辅助系统的操作与控制。

(3) 与垂杨站界面。

① 中控调度负责垂杨站分输阀门 6550-1、6550-4 上游中控设备操作及调度指挥。

② 垂杨站按照中控调度指令，负责分输阀门 6550-1、6550-4（含）下游罐区生产运行以及辅助系统的操作与控制。

5. 控制原则

(1) 各站场调节阀可采用阀位控制和压力控制两种方式；变频泵可采用转速控制和压力控制两种方式。

(2) 正常运行状态下，全线宜采用压力控制方式。

(3) 在启停输或流程切换操作过程中，宜采用阀位或转速控制；首站启第一台泵时应采用阀位控制。

（三）运行和监控

1. 管道运行原则

(1) 管道调控运行应执行集中调控、统一指挥的原则。

(2) 管道运行过程中，应按照相关规定监控运行，及时对参数变化及趋势作出正确的分析、判断和决策。

(3) 站场运行人员应按体系文件规定对输油泵机组、储罐、调节阀、变电所、配电间等设备设施进行巡回检查。如发现设备（设施）有异常情况，及时汇报中控调度进行处置。

2. 计划启输

(1) 启输前应检查各站及干线阀室阀门状态、工艺流程及设备状态，确保干线畅通，确认各站进、出站泄压阀、全线水击超前保护程序在投用状态。

（2）启输过程中应遵循由首站向末站依次启泵的原则。

（3）启输过程中先启动林源站至铁岭站干线，建立稳定流量后，启动太阳升站分输支路，垂杨站分输支路。若长吉线掺混输送，垂杨站应在分输流量稳定后启动加热炉。

（4）启输过程中，林源首站出站流量不宜小于 1550m³/h。

（5）在全线建立起基本稳定的流量，并确认各设备运行正常、控制有效后，再逐步将全线流量平稳调节到目标流量。

（6）启输前站场人员应对启输设备进行检查，启输过程中现场人员不应靠近设备，宜启输完成后再确认设备运行是否正常。

3. 计划停输

（1）管道停输前应先调整输量，降低分输支线输量，关停分输支线再进行干线停输操作。

（2）正常停输后，全线宜维持正压。

4. 输量调整

（1）调整输量时优先使用改变调节阀开度或变频泵转速进行流量或压力调整，更大幅度的流量或压力调整应启停泵机组。

（2）输量调节过程中需要启停泵机组时，宜在调节阀处于节流状态下进行。

（3）当管道处于稳态工况时，运行参数调节频次宜为每 1min 一次。进站压力调节幅度不宜超过 0.1MPa，出站压力调节幅度不宜超过 0.2MPa，流量调节幅度不宜超过 50m³/h，调节阀开度调节不宜超过 5%，变频泵转速调节不宜超过 50r/min。

（4）当管道处于非稳态工况时，运行参数调节频次可根据实际工况每 1min 调节一次或多次。进站压力调节幅度不宜超过 0.2MPa，出站压力调节幅度不宜超过 0.5MPa，流量调节幅度不宜超过 100m³/h，调节阀开度调节不宜超过 10%，变频泵转速调节不宜超过 100r/min。

5. 节能降耗

（1）应合理安排配泵方案，宜优先采用变频泵，尽量减少管线节流。

（2）输量调节时，若调节阀无节流宜优先调节变频泵转速。

6. 紧急停输

（1）发现管道泄漏或沿线发生地质灾害、气候灾害、环境灾害以及第三方破坏等危及管道安全运行、造成环境破坏或人员伤亡的情况发生时，应执行全线紧急停输程序，并隔离相应管段。

（2）紧急停输可不经过减量操作，紧急停运各站泵机组、关断相关阀门。停输后严密监视各站进出站流量、压力。

7. 调度决策程序

在管道运行中，若出现压力、流量等参数异常变化，中控调度应依据调度决策程序实施应急处置。

（四）工艺流程操作

（1）工艺流程的常规操作与切换，实行集中调度，统一指挥；未经中控同意，任何人

第六章　运行管理

不得擅自进行操作。

（2）就地与站控操作流程切换时，严格执行操作票制度，流程切换应遵循"先开后关"原则。

（3）设备进行维护、检修等现场作业前，应征得中控同意，并应将相关设备（设施）置于就地、锁定状态，方能执行相关作业。

（4）应编制中控操作票，管道启停输、泵机组切换等操作，应执行相应操作票。

（5）操作高低压衔接部位的流程时，应先导通低压部位再导通高压部位；反之，先切断高压部位再切断低压部位。

（6）非满负荷运行的输油站切泵时宜采用一键切泵操作，手动切泵时宜先启后停；满负荷运行的输油站切泵时，应先停后启。在切泵过程中应通过调整压力设定值或者调节阀开度控制干线流量波动平稳。

（五）油品计量

（1）庆铁三线油品在太阳升站分输后经计量输送至哈尔滨石化葡北油库，在垂杨站分输后进长吉线首站油库。

（2）太阳升站设有 3 台涡轮式流量计，对销油量进行动态计量。

（六）油罐区运行

（1）储油罐应在安全罐位范围内运行，否则应按照公司体系文件 GDGS/ZY 72.01-01 进行变更。

（2）储油罐的储油温度应控制在合理的范围内，即储油温度不应低于俄罗斯原油凝点，冬季最低不应低于5℃，储油温度不应高于50℃。

（3）储油罐进油时应缓慢开启进罐阀，在进出油管未浸没前，进油管流速应控制在 1m/s 以下，浸没后管道油流速度应控制在 3m/s 以下，以防止静电积聚。

（4）首次进油时，液位升降速度不应超过 0.3m/h。油罐在进出油的过程中，应密切观测液位的变化，液位的升降速度不应超过 0.6m/h。

（七）清管作业

（1）正常工况下，管道清管周期宜为每季度一次。在干线管道动火施工后，宜进行一次清管。

（2）清管期间宜保证管道连续运行。

（3）管道内检测前、管道输送能力降低及特殊作业需要清管等情况下，应安排清管作业，保证管道安全高效运行。

（4）清管作业执行 Q/SY GD 0102《油气管道清管作业技术规范》。

（八）异常工况处理

1. 意外停输

（1）管道发生意外停输，应综合分析 SCADA 系统报警信息，现场设备状态，压力、流量、调节阀开度、变频泵转速等参数变化趋势，巡线反馈报告等信息，审慎判断停输原因。

（2）在管道发生疑似泄漏但停输期间未发现漏点的情况下，再次启输前应制订布控方案和应对措施，对输油站主要设备和站外管线的高风险管段进行布控。

（3）中控调度严密监视启输过程中运行参数变化情况，发现异常及时停输。

2. 通信中断

(1) 当控制中心发生故障不能控制管道运行,应按照以下程序处置:

① 立即通知控制中心自控维护人员,进行故障处理;

② 小于30min时,全线保持原工艺流程和运行方式不变;

③ 超过30min后,在中控调度的授权下,各站场站控将管道控制权限由中控切为站控,站控根据中控调度的指令进行相关操作;

④ 中控调度根据通信中断前的运行状态,对管道运行进行预判和分析,必要时通过可用的通信工具指挥全线停输;

⑤ 控制中心通信中断期间,站场严密监视运行参数和设备状态,15min汇报一次参数。

(2) 控制中心与部分站场数据通信中断,应按照以下程序处置:

① 立即通知控制中心自控维护人员、大庆输油气分公司、长春输油气分公司和沈阳输油气分公司生产科技术人员,进行故障处理;

② 小于30min时,全线保持原工艺流程和运行方式不变;

③ 超过30min后,在中控调度的授权下,数据通信中断站场站控主动将管道控制权限由中控切为站控,站控根据中控调度的指令进行相关操作;

④ 中控调度根据通信中断前的运行状态,对管道运行进行预判和分析,必要时通过可用的通信工具指挥全线停输;

⑤ 控制中心与部分站场数据通信中断期间,站场严密监视运行参数和设备状态,15min汇报一次参数。

3. 清管器卡堵

当出现清管器卡堵时,执行应急预案。

4. 水击

应对管道在运行过程中出现的站场停电、站场关闭、甩泵、线路截断阀误关断等引发水击的工况进行自动保护。

(九)紧急工况处理

1. 管道泄漏

(1) 当接到管道发生泄漏或疑似发生泄漏的报告时,中控调度应立即执行紧急停输程序,并通知相关输油站。

(2) 判断管道泄漏的方法与处置程序详见第五章第一节异常工况处理内容。

2. 站场突发事件

当输油站生产区内发生重大紧急情况,如火灾、爆炸或管道发生严重泄漏,站场人员可以通过设在站控室或场区的ESD按钮触发站ESD。

二、庆铁四线运行规程

本部分规定了庆铁四线输送工艺与控制方式、运行控制参数、运行和监控、工艺流程操作、油品计量、油罐区运行、清管作业、异常工况和紧急工况处理等方面的技术要求。

本部分适用于庆铁四线的工艺运行和调度管理。

(一)基本要求

(1) 本部分依据庆铁四线现状编写,当管道经改造或所输原油物性发生变化不能执行本部分规定时，应及时制订相应的运行方案，经批准后方可实行。

（2）应制订管道站场及干线事故预案。

（3）单体设备及自动化系统的操作和维护应按照公司相关技术手册和标准执行。

（二）输送工艺与控制方式

1. 管道工艺系统

庆铁四线管输原油为大庆原油和吉林原油混合原油（其中林源站至新木阀室间为纯大庆原油），经林源站、太阳升站、新庙站、牧羊站、农安站、垂杨站、梨树站、昌图站输送至铁岭站。

太阳升站注入大庆原油，油源为大庆油田储运销售分公司葡北油库（简称大庆油田葡北油库）。

新木阀室注入吉林原油，油源为吉林油田分公司新木采油厂（简称新木采油厂）。

梨树站注入吉林原油，油源为吉林油田分公司储运销售公司梨树输油队（简称梨树输油队）。

农安站分输庆吉油，去向为长春新大石油集团农安石油化工有限公司（简称农安炼厂）。

垂杨站分输庆吉油，去向为垂杨站罐区。

2. 输送工艺

管道采用常温密闭输送工艺

3. 控制方式

（1）管道运行控制模式分为中控、站控和就地三级控制。

（2）三级控制的管理优先级顺序为中控、站控、就地控制，优先采用中控。

（3）功能优先级顺序为就地控制、站控、中控。

（4）经中控在管理程序上授权后，站控可主动获得功能控制权。

（5）控制模式切换应在中控的指挥下进行。当出现通信中断、远程监控中断或现场维检修作业需要时，在获得中控授权或征得中控许可的情况下可切换至站控或就地控制。

（6）具备远控条件且正常运行或完好备用的设备应置于远控状态。正在维护、检修的设备应置于就地状态，相关阀门应进行锁定管理，故障设备也应置于就地状态。

4. 操作界面

（1）干线操作界面。

① 中控调度负责全线的调度指挥以及庆铁四线干线林源站给油泵入口阀门1014-162、1014-192、（含）至铁岭站调节阀下游阀门525、526（含）之间的中控设备启停、中控阀门开关等操作。

② 管道沿线各站场负责界内非中控设备的操作以及加热系统启停、收发清管器、油品计量等作业。

③ 首末站罐区操作由该站站控负责。

（2）太阳升注入操作界面。

① 中控调度负责注入管线的调度指挥以及太阳升站注入泵入口阀门2514-1、2514-2（含）下游中控设备操作。

② 太阳升站按照控制中心调度指令,负责注入泵入口阀门 2514-1、2514-2 上游罐区以及辅助系统的操作与控制。

(3) 新木注入操作界面。

① 中控调度负责注入管线的调度指挥以及注入 ESD 阀 ESDV0105(含)下游中控设备操作。

② 新木采油厂按照中控调度指令,负责注入 ESD 阀 ESDV0105 上游输油泵机组、调节阀、计量设备、罐区以及辅助系统的操作与控制。

(4) 农安分输操作界面。

① 中控调度负责分输管线的调度指挥以及农安站分输出站阀门 0171(含)上游中控设备操作。

② 农安计量负责农安站分输调节阀门 5551、5563(含)至出站阀门 5557、5557-1(含)之间阀门、计量设备以及辅助系统的操作与控制。

③ 农安炼厂按照中控调度指令,负责出站阀门 5557、5557-1 下游罐区以及辅助系统的操作与控制。

(5) 垂杨分输操作界面。

① 中控调度负责分输管线的调度指挥以及垂杨站分输 ESD 阀 ESDV0104(含)上游远控设备操作。

② 垂杨站按照中控调度指令,负责分输 ESD 阀 ESDV0104 下游调节阀、计量设备、罐区以及辅助系统的操作与控制。

(6) 梨树注入界面。

① 中控调度负责注入管线的调度指挥。

② 梨树输油队按照中控调度指令,负责注入 ESD 阀(含)上游输油泵机组、调节阀、计量设备、罐区以及辅助系统的操作与控制。

5. 控制原则

(1) 各站场调节阀可采用阀位控制和压力控制两种方式;变频泵可采用转速控制和压力控制两种方式。

(2) 正常运行状态下,全线宜采用压力控制方式。

(3) 在启停输或流程切换操作过程中,宜采用阀位或转速控制;首站启第一台泵时应采用阀位控制。

(三) 运行控制参数

1. 温度控制参数

(1) 各站最低进站温度应高于管输原油测试凝点 3℃。

(2) 正常运行时,各站出站油温不应高于 70℃。当管道出现初凝等恶性事故征兆、出站温度需高于 70℃运行时,按照公司体系文件 GDGS/ZY 72.01-01 进行变更。

(3) 正常运行时,加热炉的出炉温度不应高于管输原油的初馏点。

(4) 计划停输前,宜提高各站进站温度 1~2℃。

2. 管道允许停输时间

夏季(6月至10月)允许停输时间 20h,冬季(1月至5月,11月至12月)允许停输 16h。

(四) 运行和监控

1. 管道运行原则

(1) 管道调控运行应执行集中调控、统一指挥的原则。

(2) 管道运行过程中，应按照相关规定监控运行，及时对参数变化及趋势作出正确的分析、判断和决策。

(3) 站场运行人员应按体系文件规定对输油泵机组、调节阀、加热炉、储罐等设备设施进行巡回检查。如发现设备(设施)有异常情况，及时汇报中控调度进行处置。

2. 计划启输

(1) 启输前应检查各站及干线阀室阀门状态、工艺流程及设备状态，确保干线畅通，确认各站进、出站泄压阀、全线水击超前保护程序在投用状态。

(2) 启输过程中应遵循由首站向末站依次启泵、启炉的原则。

(3) 启输时应先从林源站至铁岭站依次启泵，适时启太阳升注入和新木注入，干线建立稳定流量后，启运加热系统，同时启动梨树注入、农安分输和垂杨分输。

(4) 启输过程中，林源首站出站流量不宜小于1350m^3/h。

(5) 在全线建立起基本稳定的流量，并确认各设备运行正常、控制有效后，再逐步将全线流量平稳调节到目标流量。

(6) 启输前站场人员应对启输设备进行检查，启输过程中现场人员不应靠近设备，宜启输完成后再确认设备运行是否正常。

3. 计划停输

(1) 管道停输时应遵循先停炉再停泵的原则，宜提前2h停运全线加热系统。

(2) 管道停输宜遵循先停分输和注入，再停干线的原则。

(3) 正常停输后，全线宜维持正压。

4. 输量调整

(1) 调整输量时优先使用改变调节阀开度或变频泵转速进行流量或压力调整，更大幅度的流量或压力调整应启停泵机组。

(2) 输量调节过程中需要启停泵机组时，宜在调节阀处于节流状态下进行。

(3) 当管道处于稳态工况时，运行参数调节频次宜为每1min一次。进站压力调节幅度不宜超过0.1MPa，出站压力调节幅度不宜超过0.2MPa，流量调节幅度不宜超过50m^3/h，调节阀开度调节不宜超过5%，变频泵转速调节不宜超过50r/min。

(4) 当管道处于非稳态工况时，运行参数调节频次可根据实际工况每1min调节一次或多次。进站压力调节幅度不宜超过0.2MPa，出站压力调节幅度不宜超过0.5MPa，流量调节幅度不宜超过100m^3/h，调节阀开度调节不宜超过10%，变频泵转速调节不宜超过100r/min。

5. 节能降耗

(1) 应合理安排配泵方案，宜优先采用变频泵，尽量减少管线节流。

(2) 输量调节时，若调节阀无节流宜优先调节变频泵转速。

(3) 应合理安排配炉方案，在保证安全运行的前提下，尽可能优化各站进出站温度。

6. 紧急停输

(1) 当发现管线泄漏、地质灾害、气候灾害、环境灾害以及第三方破坏等危及管道安全运行、造成环境破坏或人员伤亡的情况发生时，应执行全线紧急停输程序，并隔离相应管段。

（2）紧急停输可不经过减量操作，紧急停运各站加热炉和泵机组、关断相关阀门。停输后严密监视各站进出站压力和温度。

7. 调度决策程序

在管道运行中，若出现压力、流量等参数异常变化，中控调度应依据调度决策程序实施应急处置。

（五）工艺流程操作

（1）工艺流程的常规操作与切换，实行集中调度，统一指挥；未经中控同意，任何人不得擅自进行操作。

（2）就地与站控操作流程切换时，严格执行操作票制度，流程切换应遵循"先开后关"原则。

（3）设备进行维护、检修等现场作业前，应征得中控同意，并应将相关设备（设施）置于就地、锁定状态，方能执行相关作业。

（4）应编制中控操作票，管道启停输、泵机组切换等操作，应执行相应操作票。

（5）操作高低压衔接部位的流程时，应先导通低压部位再导通高压部位；反之，先切断高压部位再切断低压部位。

（6）对长期不投入运行的管道，为防止管内原油凝固，应进行伴热维温、扫线或定期活动管线。

（7）当站场进行流程切换，需要调整加热炉或输油泵运行状态时，应遵循先启泵再启炉、先停炉再停泵的原则。

（8）非满负荷运行的输油站切泵时，宜先启后停，满负荷运行的输油站切泵时，应先降低出站压力或先停后启，在切泵过程中应通过调整压力设定值或者调节阀开度控制干线流量波动平稳。

（六）油品计量

（1）大庆原油在南三油库计量后经林源站外输，在大庆油田葡北油库计量后经太阳升站注入干线；吉林原油在新木采油厂计量后经新木注入阀室注入干线，在梨树输油队计量后经梨树站注入干线。油品在农安站计量后分输至农安炼厂，在垂杨站计量后分输至垂杨罐区。

（2）农安站设有4台容积式流量计，1套固定式体积管检定装置；垂杨站设有6台容积式流量计，1套固定式体积管检定装置。

（3）油品计量执行 Q/SY 05199《液体容积式流量计运行操作和维护》和 GB/T 9109.5—2017《石油和液体石油产品动态计量 第5部分：油量计算》。

（七）油罐区运行

（1）储油罐应在安全罐位范围内运行，超过安全罐位应按照公司体系文件 GDGS/ZY 72.01-01 进行变更。

（2）燃料油罐油品温度最低不应低于凝点以上3℃，最高不宜高于60℃。

（3）储油罐进油时应缓慢开启进罐阀，在进出油管未浸没前，进油管流速应控制在

1m/s 以下，浸没后管道油流速度应控制在 3m/s 以下，以防止静电荷积聚。

（4）首次进油时，液位升降速度不应超过 0.3m/h。油罐在进出油的过程中，应密切观测液位的变化，液位的升降速度不应超过 0.6m/h。

(八) 清管作业

正常工况下，管道清管宜为每周一次。

(九) 异常工况处理

1. 管道初凝

（1）当管道运行时，沿线进站温度与压力缓慢下降，出站压力缓慢升高，全线流量缓慢下降，可判断管道发生初凝现象。

（2）当管道出现初凝征兆时，应立即提温提压提量，同时按程序进行汇报。

（3）当采取的措施效果不明显时，应及时启动应急预案。

2. 意外停输

（1）管道发生意外停输，应综合分析 SCADA 系统报警信息，现场设备状态，压力、流量、调节阀开度、变频泵转速等参数变化趋势，巡线反馈报告等信息，审慎判断停输原因。

（2）在管道发生疑似泄漏但停输期间未发现漏点的情况下，再次启输前应制订布控方案和应对措施，对输油站主要设备和站外管线的高风险管段进行布控。

（3）中控调度严密监视启输过程中运行参数变化情况，发现异常及时停输。

3. 通信中断

（1）当控制中心发生故障不能控制管道运行，应按照以下程序处置：

① 立即通知控制中心自控维护人员，进行故障处理；

② 小于 30min 时，全线保持原工艺流程和运行方式不变；

③ 超过 30min 后，在中控调度的授权下，各站场站控将管道控制权限由中控切为站控，站控根据中控调度的指令进行相关操作；

④ 中控调度根据通信中断前的运行状态，对管道运行进行预判和分析，必要时通过可用的通信工具指挥全线停输；

⑤ 控制中心通信中断期间，站场严密监视运行参数和设备状态，15min 汇报一次参数。

（2）控制中心与部分站场数据通信中断，应按照以下程序处置：

① 立即通知控制中心自控维护人员、大庆输油气分公司、长春输油气分公司和沈阳输油气分公司生产科技术人员，进行故障处理；

② 小于 30min 时，全线保持原工艺流程和运行方式不变；

③ 超过 30min 后，在中控调度的授权下，数据通信中断站场站控主动将管道控制权限由中控切为站控，站控根据中控调度的指令进行相关操作；

④ 中控调度根据通信中断前的运行状态，对管道运行进行预判和分析，必要时通过可用的通信工具指挥全线停输；

⑤ 控制中心与部分站场数据通信中断期间，站场严密监视运行参数和设备状态，15min 汇报一次参数。

4. 清管器卡堵、蜡堵

当出现蜡堵、清管器卡堵时，执行应急预案。

5. 水击

应对管道在运行过程中出现的站场停电、站场关闭、甩泵、线路截断阀误关断等引发水击的工况进行自动保护。

（十）紧急工况处理

1. 管道泄漏

（1）当接到管道发生泄漏或疑似发生泄漏的报告时，中控调度应立即执行紧急停输程序，并通知相关输油站。

（2）判断管道泄漏的方法与处置程序详见第五章第一节异常工况处理内容。

2. 站场突发事件

当输油站生产区内发生重大紧急情况，如火灾、爆炸或管道发生严重泄漏，站场人员可以通过设在站控室或场区的 ESD 按钮触发站 ESD。

三、长吉线运行规程

本部分规定了长吉线的输送工艺与控制方式、运行控制参数、运行和监控、工艺流程操作、油品计量、油罐区运行、清管作业、异常工况和紧急工况处理响应等方面的技术要求。

本部分适用于长吉线的工艺运行和调度管理。

（一）基本要求

（1）本部分依据长吉线现状编写，当管道经改造或所输原油物性发生变化不能执行本部分规定时，应及时制订相应的运行方案，经批准后方可实行。

（2）应制订管道站场及干线事故预案。

（3）单体设备及自动化系统的操作和维护应按照公司相关标准执行。

（二）输送工艺与控制方式

1. 管道工艺系统

长吉线管输原油为大庆原油和吉林原油的混合原油（简称庆吉油）或者庆吉油与俄罗斯原油的混合原油，经垂杨站、双阳站、永吉站和吉林站输送至吉林石化。

2. 输送工艺

管道采用加热密闭输送工艺。

（1）管道具备从吉林石化向垂杨站加热反输功能，在吉林石化装置检修期间可实现长吉线的正反输交替运行。

（2）俄油在庆铁线分输至长吉线储罐前，通过垂杨站三台加热炉升温后与庆吉油掺混。

（3）根据储罐周转能力和庆铁线资源配置等多种因素综合确定纯庆吉油与混油的批次量。

（4）正输时通过控制进线俄油量与长吉线全线的输量来控制俄油与庆吉油的掺混比例。

3. 控制方式

（1）管道运行控制模式分为中控、站控和就地三级控制。

（2）三级控制的管理优先级顺序为中控、站控、就地控制，优先采用中控。

（3）功能优先级顺序为就地控制、站控、中控。

(4) 经中控在管理程序上授权后，站控可主动获得功能控制权。

(5) 控制模式切换应在中控的指挥下进行。当出现通信中断、远程监控中断或现场维检修作业需要时，在获得中控授权或征得中控许可的情况下可切换至站控或就地控制。

(6) 具备远控条件且正常运行或完好备用的设备应置于远控状态。正在维护、检修的设备应置于就地状态，相关阀门应进行锁定管理，故障设备也应置于就地状态。

4. 操作界面

(1) 管道正输时，中控调度负责长春站给油泵入口阀门17-5、17-6至吉林站调节阀之间的中控设备启停、中控阀门开关、工艺流程切换等中控操作及全线调度指挥。

(2) 管道反输时，中控调度负责吉林站反输主泵入口阀门17-1下游设备至长春站进站阀9#阀之间的中控设备启停、中控阀门开关、工艺流程切换等中控操作及全线调度指挥。

(3) 管道沿线各站场负责界内非中控设备的操作及加热系统启停、收发清管器、储罐收发油、油品计量等作业。

5. 控制原则

(1) 各站场调节阀可采用阀位控制和压力控制两种方式；变频泵可采用转速控制和压力控制两种方式。

(2) 正常运行状态下，全线宜采用压力控制方式。

(3) 在启停输或流程切换操作过程中，宜采用阀位或转速控制；首站启第一台泵时应采用阀位控制。

(三) 运行控制参数

1. 温度控制参数

(1) 各站最低进站温度应高于管输原油测试凝点3℃。

(2) 正常运行时，各站出站油温不应高于70℃。当管道出现初凝等恶性事故征兆、出站温度需高于70℃运行时，按照公司体系文件GDGS/ZY 72.01-01进行变更。

(3) 正常运行时，加热炉的出炉温度不应高于管输原油的初馏点。

(4) 计划停输前，宜提高各站进站温度1~2℃。

2. 管道允许停输时间

夏季(6月至10月)允许停输时间为20h，冬季(1月至5月，11月至12月)允许停输16h。

(四) 运行和监控

1. 管道运行原则

(1) 管道调控运行应执行集中调控、统一指挥的原则。

(2) 管道运行过程中，应按照相关规定监控运行，及时对参数变化及趋势作出正确的分析、判断和决策。

(3) 站场运行人员应按体系文件规定对输油泵机组、调节阀、加热炉、储罐等设备设施进行巡回检查。如发现设备(设施)有异常情况，及时汇报中控调度进行处置。

2. 正输启输

(1) 启输前应检查各站及干线阀室阀门状态、正输工艺流程及设备状态，确保干线畅通，确认各站进、出站泄压阀、全线水击超前保护程序在投用状态。

(2) 启输过程中应遵循由首站向末站依次启泵、启炉的原则。

(3) 启输时长春站和永吉站应依次各启一台输油泵，使全线建立起基本稳定的流量（680m³/h）后启动加热炉，逐步启动后续输油泵和加热炉将流量调节至目标流量。

(4) 启输过程中现场人员不应靠近设备，宜启输后再确认设备运行是否正常。

3. 反输启输

(1) 启输前应检查各站及干线阀门状态，各站反输压力越站流程工艺流程及设备状态，确保干线畅通，确认各站进、出站泄压阀、全线水击超前保护程序在投用状态。

(2) 启动吉林站反输主泵，待全线建立起基本稳定的流量后，逐步启动各站加热系统。

(3) 启输过程管道反输过程中，输油总量不应低于反输最小批次量。

(4) 启输过程中现场人员不应靠近设备，宜启输后再确认设备运行是否正常。

4. 计划停输

(1) 管道停输时应遵循先停炉再停泵的原则，宜提前2h停运全线加热系统。

(2) 管道停输过程中，应按照倒序由永吉站向垂杨站逐站停泵，遵循先停定转速泵再停变频泵的原则，来实施全线停输。

(3) 正常停输后，全线宜维持正压。

5. 输量调整

(1) 调整输量时优先使用改变调节阀开度或变频泵转速进行流量或压力调整，更大幅度的流量或压力调整应启停泵机组。

(2) 输量调节过程中需要启停泵机组时，宜在调节阀处于节流状态下进行。

(3) 当管道处于稳态工况时，运行参数调节频次宜为每1min一次。进站压力调节幅度不宜超过0.05MPa，出站压力调节幅度不宜超过0.1MPa，流量调节幅度不宜超过30m³/h，调节阀开度调节不宜超过5%，变频泵转速调节不宜超过50r/min。

(4) 当管道处于非稳态工况时，运行参数调节频次可根据实际工况每1min调节一次或多次。进站压力调节幅度不宜超过0.1MPa，出站压力调节幅度不宜超过0.2MPa，流量调节幅度不宜超过50m³/h，调节阀开度调节不宜超过10%，变频泵转速调节不宜超过100r/min。

6. 紧急停输

(1) 当发生管线泄漏、地质灾害、气候灾害、环境灾害以及第三方破坏等危及管道安全运行、造成环境破坏或人员伤亡的情况发生时，应执行全线紧急停输程序，并隔离相应管段。

(2) 紧急停输可不经过减量操作，紧急停运各站加热炉和泵机组、关断相关阀门。

7. 调度决策程序

在管道运行中，若出现压力、流量等参数异常变化，中控调度应依据调度决策程序实施应急处置。

(五) 工艺流程操作

(1) 工艺流程的常规操作与切换，实行集中调度，统一指挥；未经中控同意，任何人不得擅自进行操作。

(2) 现场操作流程切换时，严格执行操作票制度，流程切换应遵循"先开后关，缓开缓关"原则。

(3) 设备进行维护、检修等现场作业前,应征得中控同意,并应将相关设备(设施)置于就地、锁定状态,方能执行相关作业。

(4) 应编制长吉线中控操作票,管道启停输、泵机组切换等操作,应执行相应操作票。

(5) 操作高低压衔接部位的流程时,应先导通低压部位再导通高压部位;反之,先切断高压部位再切断低压部位。

(6) 对长期不投入运行的管道,为防止管内原油凝固,应进行伴热维温、扫线或定期活动管线。

(7) 当站场进行流程切换,需要调整加热炉或输油泵运行状态时,应遵循先启泵再启炉、先停炉再停泵的原则;宜提前2h停运本站运行加热炉,待加热炉炉膛温度降至80℃以下时,再停泵。

(8) 输油泵切换时宜先启后停,在切泵过程中应通过调整调节阀开度控制干线流量波动平稳。

(六) 油品计量

(1) 原油进线计量交接点有两个,一是在垂杨站计量庆铁三线分输俄油,二是在双阳站计量交接吉林油田长春采油厂来油;原油出线计量交接点设在吉林站,对出线的所有原油与吉林石化进行计量交接。

(2) 垂杨站设有6台容积式流量计、一台标准体积管,双阳站设有2台容积式流量计,吉林站设有4台容积式流量计、一台标准体积管。

(3) 油品计量执行 Q/SY 05199《液体容积式流量计运行操作和维护》和 GB/T 9109.5—2017《石油和液体石油产品动态计量 第5部分:油量计算》。

(七) 油罐区运行

(1) 储油罐应在安全罐位范围内运行,超过安全罐位应按照公司体系文件 GDGS/ZY 72.01-01 进行变更。

(2) 燃料油罐油品温度最低不应低于凝点以上3℃,最高不宜高于60℃。

(3) 储油罐进油时应缓慢开启进罐阀,在进出油管未浸没前,进油管流速应控制在1m/s以下,浸没后管道油流速度应控制在3m/s以下,以防止静电荷积聚。

(4) 首次进油时,液位升降速度不应超过0.3m/h。油罐在进出油的过程中,应密切观测液位的变化,液位的升降速度不应超过0.6m/h。

(八) 清管作业

正常工况下,管道清管宜为每周一次。

(九) 异常工况处理

1. 管道初凝

(1) 当管道运行时,沿线进站温度与压力缓慢下降,出站压力缓慢升高,全线流量缓慢下降,可判断管道发生初凝现象。

(2) 当管道出现初凝征兆时,应立即提温提压提量,同时按程序进行汇报。

(3) 当采取的措施效果不明显时,应及时启动应急预案。

2. 意外停输

(1) 管道发生意外停输,应综合分析 SCADA 系统报警信息,现场设备状态,压力、流量、调节阀开度、变频泵转速等参数变化趋势，巡线反馈报告等信息，审慎判断停输原因。

（2）在管道发生疑似泄漏但停输期间未发现漏点的情况下，再次启输前应制订布控方案和应对措施，对输油站主要设备和站外管线的高风险管段进行布控。

（3）中控调度严密监视启输过程中运行参数变化情况，发现异常及时停输。

3. 通信中断

（1）当控制中心发生故障不能控制管道运行，应按照以下程序处置：

① 立即通知控制中心自控维护人员，进行故障处理；

② 小于 30min 时，全线保持原工艺流程和运行方式不变；

③ 超过 30min 后，在中控调度的授权下，各站场站控将管道控制权限由中控切为站控，站控根据中控调度的指令进行相关操作；

④ 中控调度根据通信中断前的运行状态，对管道运行进行预判和分析，必要时通过可用的通信工具指挥全线停输；

⑤ 控制中心通信中断期间，站场严密监视运行参数和设备状态，15min 汇报一次参数。

（2）控制中心与部分站场数据通信中断，应按照以下程序处置：

① 立即通知控制中心自控维护人员、长春输油气分公司生产科技术人员，进行故障处理；

② 小于 30min 时，全线保持原工艺流程和运行方式不变；

③ 超过 30min 后，在中控调度的授权下，数据通信中断站场站控主动将管道控制权限由中控切为站控，站控根据中控调度的指令进行相关操作；

④ 中控调度根据通信中断前的运行状态，对管道运行进行预判和分析，必要时通过可用的通信工具指挥全线停输；

⑤ 控制中心与部分站场数据通信中断期间，站场严密监视运行参数和设备状态，15min 汇报一次参数。

4. 清管器卡堵、蜡堵

当出现蜡堵、清管器卡堵时，执行应急预案。

5. 水击

应对管道在运行过程中出现的站场停电、站场关闭、甩泵、线路截断阀误关断等引发水击的工况进行自动保护。

（十）紧急工况处理

1. 管道泄漏

（1）当接到管道发生泄漏或疑似发生泄漏的报告时，中控调度应立即执行紧急停输程序，并通知相关输油站。

（2）判断管道泄漏的方法与处置程序详见第五章第一节异常工况处理内容。

2. 站场突发事件

当输油站生产区内发生重大紧急情况，如火灾、爆炸或管道发生严重泄漏，站场人员可以通过设在站控室或场区的 ESD 按钮触发站 ESD。

四、铁锦线运行规程

本部分规定了铁锦线的输送工艺与控制方式、运行控制参数、运行和监控、工艺流程操作、质量控制与油品计量、油罐区运行、清管作业、异常工况和紧急工况处理响应等方面的技术要求。

本部分适用于铁锦线的工艺运行和调度管理。

(一) 基本要求

(1) 本部分依据铁锦线现状编写，当管道经改造或所输原油物性发生变化不能执行本部分规定时，应及时制订相应的运行方案，经批准后方可实行。

(2) 应制订管道站场及干线事故预案。

(3) 单体设备及自动化系统的操作和维护应按照公司相关标准执行。

(二) 输送工艺与控制方式

1. 管道工艺系统

铁锦线管输原油为大庆原油和吉林原油、掺混比例为10%左右的俄罗斯原油的混合原油，经铁岭站、法库站、兴沈站、新民站、黑山站、凌海站、松山站、葫芦岛站输送至中国石油天然气股份有限公司锦西石化公司(简称锦西石化)。其中，在铁岭站通过掺混装置掺入10%左右的俄罗斯原油与庆吉油掺混输送至下游各站，经松山站分输至中国石油天然气股份有限公司锦州石化公司(简称锦州石化)和锦州港股份有限公司锦州港输油公司(简称锦州港)。

2. 输送工艺

管道采用常温密闭输送工艺。

3. 控制方式

(1) 管道运行控制模式分为中控、站控和就地三级控制。

(2) 三级控制的管理优先级顺序为中控、站控、就地控制，优先采用中控。

(3) 功能优先级顺序为就地控制、站控、中控。

(4) 经中控在管理程序上授权后，站控可主动获得功能控制权。

(5) 控制模式切换应在中控的指挥下进行。当出现通信中断、远程监控中断或现场维检修作业需要时，在获得中控授权或征得中控许可的情况下可切换至站控或就地控制。

(6) 具备远控条件且正常运行或完好备用的设备应置于远控状态。正在维护、检修的设备应置于就地状态，相关阀门应进行锁定管理，故障设备也应置于就地状态。

4. 操作界面

(1) 与站场界面。

① 中控调度负责铁锦线干线铁岭站给油泵入口阀门914-1、914-2至葫芦岛站调节阀下游阀门XV0123、XV0124(含)之间的中控设备启停、中控阀门开关、工艺流程切换等中控操作及全线调度指挥。

② 管道沿线各站场负责界内非中控设备的操作及加热系统启停、收发清管器、储罐收发油、油品计量等作业。

(2) 与锦州石化界面。

① 中控调度负责松山站分输出站阀门ESDV0104(含)上游中控设备操作及调度指挥。

② 锦州石化按照中控调度指令，负责分输出站阀下游罐区生产运行以及辅助系统的操作与控制。

(3) 与锦州港界面。
① 中控调度负责锦州港站出站阀门 XV0509（含）上游中控设备操作及调度指挥。
② 锦州港按照中控调度指令，负责出站阀下游罐区生产运行以及辅助系统的操作与控制。
(4) 与锦西石化界面。
① 中控调度负责葫芦岛站出站流量计区（不包括流量计区）上游远控设备操作及调度指挥。
② 锦西石化按照中控调度指令，负责流量计区下游罐区生产运行以及辅助系统的操作与控制。

5. 控制原则
(1) 各站场调节阀可采用阀位控制和压力控制两种方式；变频泵可采用转速控制和压力控制两种方式。
(2) 正常运行状态下，全线宜采用压力控制方式。
(3) 在启停输或流程切换操作过程中，宜采用阀位或转速控制；首站启第一台泵时应采用阀位控制。

（三）运行控制参数
1. 温度控制参数
(1) 各站最低进站温度应高于管输原油测试凝点3℃。
(2) 正常运行时，各站出站油温不应高于70℃。当管道出现初凝等恶性事故征兆、出站温度需高于70℃运行时，按照公司体系文件 GDGS/ZY 72.01-01 进行变更。
(3) 正常运行时，加热炉的出炉温度不应高于管输原油的初馏点。
(4) 计划停输前，宜提高各站进站温度1~2℃。

2. 管道允许停输时间
管道加热输送大庆原油和吉林原油混合原油时，6月至10月铁岭站至松山站允许停输时间为22h；1月至5月，11月至12月铁岭站至松山站允许停输时间为18h；6月至10月松山站至葫芦岛站、松山站至锦州港站允许停输时间为18h；1月至5月，11月至12月松山站至葫芦岛站、松山站至锦州港站允许停输时间为16h。

（四）运行和监控
1. 管道运行原则
(1) 管道调控运行应执行集中调控、统一指挥的原则。
(2) 管道运行过程中，应按照相关规定监控运行，及时对参数变化及趋势作出正确的分析、判断和决策。
(3) 站场运行人员应按体系文件规定对输油泵机组、调节阀、加热炉、储罐等设备设施进行巡回检查。如发现设备（设施）有异常情况，及时汇报中控调度进行处置。

2. 计划启输
(1) 启输前应检查各站及干线阀室阀门状态、工艺流程及设备状态，确保干线畅通，确认各站进、出站泄压阀、全线水击超前保护程序在投用状态。
(2) 启输过程中应遵循由首站向末站依次启泵、启炉的原则。

（3）启输过程中先启动铁岭站至葫芦岛站干线及锦州港支线，建立稳定流量后，启运加热系统同时启动沈阳蜡化支线及锦州石化支线。

（4）启输过程中，铁岭首站出站流量夏季不宜小于 600m³/h，冬季不宜小于 810m³/h。

（5）在全线建立起基本稳定的流量，并确认各设备运行正常、控制有效后，再逐步将全线流量平稳调节到目标流量。

（6）启输过程中现场人员不应靠近设备，宜启输后再确认设备运行是否正常。

3. 计划停输

（1）管道停输时应遵循先停炉再停泵的原则，宜提前 1h 停运全线加热系统。

（2）管道停输前应先调整输量，降低分输支线输量，停运分输泵，再进行干线停输操作。

（3）正常停输后，全线宜维持正压。

4. 输量调整

（1）调整输量时优先使用改变调节阀开度或变频泵转速进行流量或压力调整，更大幅度的流量或压力调整应启停泵机组。

（2）输量调节过程中需要启停泵机组时，宜在调节阀处于节流状态下进行。

（3）当管道处于稳态工况时，运行参数调节频次宜为每 1min 一次。进站压力调节幅度不宜超过 0.1MPa，出站压力调节幅度不宜超过 0.2MPa，流量调节幅度不宜超过 50m³/h，调节阀开度调节不宜超过 5%，变频泵转速调节不宜超过 50r/min。

（4）当管道处于非稳态工况时，运行参数调节频次可根据实际工况每 1min 调节一次或多次。进站压力调节幅度不宜超过 0.2MPa，出站压力调节幅度不宜超过 0.5MPa，流量调节幅度不宜超过 100m³/h，调节阀开度调节不宜超过 10%，变频泵转速调节不宜超过 100r/min。

5. 紧急停输

（1）当发现管线泄漏、地质灾害、气候灾害、环境灾害以及第三方破坏等危及管道安全运行、造成环境破坏或人员伤亡的情况发生时，应执行全线紧急停输程序，并隔离相应管段。

（2）紧急停输可不经过减量操作，紧急停运各站加热炉和泵机组、关断相关阀门。停输后严密监视各站进出站压力和温度。

6. 调度决策程序

在管道运行中，若出现压力、流量等参数异常变化，中控调度应依据调度决策程序实施应急处置。

（五）工艺流程操作

（1）工艺流程的常规操作与切换，实行集中调度，统一指挥；未经中控同意，任何人不得擅自进行操作。

（2）就地与站控操作流程切换时，严格执行操作票制度，流程切换应遵循"先开后关，缓开缓关"原则。

（3）设备进行维护、检修等现场作业前，应征得中控同意，并应将相关设备(设施)置于就地、锁定状态，方能执行相关作业。

(4) 应编制中控操作票，管道启停输、泵机组切换等操作，应执行相应操作票。

(5) 操作高低压衔接部位的流程时，应先导通低压部位再导通高压部位；反之，先切断高压部位再切断低压部位。

(6) 对长期不投入运行的管道，为防止管内原油凝固，应进行伴热维温、扫线或定期活动管线。

(7) 当站场进行流程切换，需要调整加热炉或输油泵运行状态时，应遵循先启泵再启炉、先停炉再停泵的原则；宜提前 1h 停运本站运行加热炉，待加热炉炉膛温度降至 80℃以下时，再停泵。

(8) 输油泵切换时宜先启后停，在切泵过程中应通过调整调节阀开度控制干线流量波动平稳。

(六) 油品计量

(1) 铁锦线油品在松山站分输后经计量输送至锦州石化，在葫芦岛站经计量后输送至锦西石化，在锦州港站经计量后船运至大连。

(2) 松山站锦州石化方向分输出站后设有 4 台容积式流量计，葫芦岛站设有 4 台容积式流量计，锦州港站设有 4 台容积式流量计，对销油量进行动态计量。

(3) 油品计量执行 GDGS/CX 71.03《油气计量管理程序》。

(七) 油罐区运行

(1) 储油罐应在安全罐位范围内运行，否则应按照公司体系文件 GDGS/ZY 72.01-01《工艺及控制参数限值管理规定》进行变更。

(2) 储油罐的储油温度应控制在合理的范围内，最低不应低于凝点 3℃，宜在 35℃至 37℃之间，最高不宜高于 50℃。

(3) 燃料油罐、泄压罐油品温度最低不应低于凝点 3℃，最高不宜高于 60℃。

(4) 储油罐进油时应缓慢开启进罐阀，在进出油管未浸没前，进油管流速应控制在 1m/s 以下，浸没后管道油流速度应控制在 3m/s 以下，以防止静电积聚。

(八) 清管作业

(1) 正常工况下，管道清管周期宜为 10 天。当管道动火施工时，可调整清管周期。

(2) 清管期间宜保证管道连续运行。

(3) 管道内检测前、管道输送能力降低及特殊作业需要清管等情况下，应安排清管作业，保证管道安全高效运行。

(4) 清管作业执行 Q/SY GD 0102《油气管道清管作业技术规范》。

(九) 异常工况处理

1. 管道初凝

(1) 当管道运行时，沿线进站温度与压力缓慢下降，出站压力缓慢升高，全线流量缓慢下降，可判断管道发生初凝现象。

(2) 当管道出现初凝征兆时，应立即提温提压提量，同时按程序进行汇报。

(3) 当采取的措施效果不明显时，应及时启动应急预案。

2. 意外停输

(1) 管道发生意外停输，应综合分析 SCADA 系统报警信息，现场设备状态，压力、流量、调节阀开度、变频泵转速等参数变化趋势，巡线反馈报告等信息，审慎判断停输原因。

（2）在管道发生疑似泄漏但停输期间未发现漏点的情况下，再次启输前应制订布控方案和应对措施，对输油站主要设备和站外管线的高风险管段进行布控。

（3）中控调度严密监视启输过程中运行参数变化情况，发现异常及时停输。

3. 通信中断

（1）当控制中心发生故障不能控制管道运行，应按照以下程序处置：

①立即通知控制中心自控维护人员，进行故障处理；

②小于30min时，全线保持原工艺流程和运行方式不变；

③超过30min后，在中控调度的授权下，各站场站控将管道控制权限由中控切为站控，站控根据中控调度的指令进行相关操作；

④中控调度根据通信中断前的运行状态，对管道运行进行预判和分析，必要时通过可用的通信工具指挥全线停输；

⑤控制中心通信中断期间，站场严密监视运行参数和设备状态，15min汇报一次参数。

（2）控制中心与部分站场数据通信中断，应按照以下程序处置：

①立即通知控制中心自控维护人员、大庆输油气分公司、长春输油气分公司和沈阳输油气分公司生产科技术人员，进行故障处理；

②小于30min时，全线保持原工艺流程和运行方式不变；

③超过30min后，在中控调度的授权下，数据通信中断站场站控主动将管道控制权限由中控切为站控，站控根据中控调度的指令进行相关操作；

④中控调度根据通信中断前的运行状态，对管道运行进行预判和分析，必要时通过可用的通信工具指挥全线停输；

⑤控制中心与部分站场数据通信中断期间，站场严密监视运行参数和设备状态，15min汇报一次参数。

4. 清管器卡堵、蜡堵

当出现蜡堵、清管器卡堵时，执行应急预案。

5. 水击

应对管道在运行过程中出现的站场停电、站场关闭、甩泵、线路截断阀误关断等引发水击的工况进行自动保护。

（十）紧急工况处理

1. 管道泄漏

（1）当接到管道发生泄漏或疑似发生泄漏的报告时，中控调度应立即执行紧急停输程序，并通知相关输油站。

（2）判断管道泄漏的方法与处置程序详见第五章第一节异常工况处理内容。

2. 站场突发事件

当输油站生产区内发生重大紧急情况，如火灾、爆炸或管道发生严重泄漏，站场人员可以通过设在站控室或场区的ESD按钮触发站ESD。

五、铁抚线运行规程

本部分规定了铁抚线的输送工艺与控制方式、运行控制参数、运行和监控、工艺流程操作、油品计量、油罐区运行、清管作业、异常工况和紧急工况处理响应等方面的技术要求。

本部分适用于铁抚线的工艺运行和调度管理。

(一) 基本要求

(1) 本部分依据铁抚线现状编写,当管道经改造或所输原油物性发生变化不能执行本部分规定时,应及时制订相应的运行方案,经批准后方可实行。

(2) 应制订管道站场及干线事故预案。

(3) 单体设备及自动化系统的操作和维护应按照公司相关标准执行。

(二) 输送工艺与控制方式

1. 管道工艺系统

铁抚线管输原油为大庆原油和吉林原油的混合原油,经铁岭站、抚顺站、前甸分输站、东洲计量站输送至抚顺石油二厂。其中在前甸分输站分输进罐后装车运至丹东站。

在抚顺石油二厂检修或其他特殊情况下管道可进行俄油置换封线。俄油置换后停输再启动应制订专项方案。

2. 输送工艺

管道采用常温密闭输送工艺。

3. 控制方式

(1) 管道运行控制模式分为中控、站控和就地三级控制。

(2) 三级控制的管理优先级顺序为中控、站控、就地控制,优先采用中控。

(3) 功能优先级顺序为就地控制、站控、中控。

(4) 经中控在管理程序上授权后,站控可主动获得功能控制权。

(5) 控制模式切换应在中控的指挥下进行。当出现通信中断、远程监控中断或现场维检修作业需要时,在获得中控授权或征得中控许可的情况下可切换至站控或就地控制。

(6) 具备远控条件且正常运行或完好备用的设备应置于远控状态。正在维护、检修的设备应置于就地状态,相关阀门应进行锁定管理,故障设备也应置于就地状态。

4. 操作界面

(1) 与站场界面。

① 中控调度负责铁抚线干线铁岭站给油泵入口阀门 14-5、14-4 至东洲计量站调节阀下游阀门 25-2、57(含)之间的中控设备启停、中控阀门开关、工艺流程切换等中控操作及全线调度指挥。罐区操作由站控负责。

② 管道沿线各站场负责界内非中控设备的操作及加热系统启停、收发清管器、储罐收发油、油品计量等作业。

(2) 与前甸站界面。

① 中控调度负责前甸分输站阀门 25-1、PV28-2、25-2(含)上游调度指挥及中控设备操作。

② 前甸分输站按照中控调度指令,负责分输阀门下游罐区生产运行、油品输送设备设施工艺流程以及辅助系统的操作与控制。

5. 控制原则

(1) 各站场调节阀可采用阀位控制和压力控制两种方式;变频泵可采用转速控制和压

力控制两种方式。

（2）正常运行状态下，全线宜采用压力控制方式。

（3）在启停输或流程切换操作过程中，宜采用阀位或转速控制；首站启第一台泵时应采用阀位控制。

（三）运行控制参数

1. 流量控制参数

管道设计输量为 1150×10^4 t/a，最低运行输量为 $600m^3/h$。

2. 温度控制参数

（1）各站最低进站温度应高于管输原油测试凝点3℃。

（2）正常运行时，各站出站油温不应高于70℃。当管道出现初凝等恶性事故征兆、出站温度需高于70℃运行时，按照公司体系文件GDGS/ZY 72.01-01进行变更。

（3）正常运行时，加热炉的出炉温度不应高于管输原油的初馏点。

（4）计划停输前，宜提高各站进站温度1~2℃。

3. 管道允许停输时间

6月至10月管道允许停输时间为20h；1月至5月，11月至12月管道允许停输时间16h。

（四）运行和监控

1. 管道运行原则

（1）管道调控运行应执行集中调控、统一指挥的原则。

（2）管道运行过程中，应按照相关规定监控运行，及时对参数变化及趋势作出正确的分析、判断和决策。

（3）站场运行人员应按体系文件规定对输油泵机组、调节阀、加热炉、储罐等设备设施进行巡回检查。如发现设备(设施)有异常情况，及时汇报中控调度进行处置。

2. 计划启输

（1）启输前应检查各站及干线阀室阀门状态、工艺流程及设备状态，确保干线畅通，确认各站进、出站泄压阀、全线水击超前保护程序在投用状态。

（2）启输过程中应遵循由首站向末站依次启泵、启炉的原则。

（3）启输过程中，抚顺输油站倒通正输流程，东洲站倒通至炼厂输油流程。

（4）启输过程中，铁岭首站出站流量夏季不宜小于 $750m^3/h$，冬季不宜小于 $850m^3/h$。

（5）在全线建立起基本稳定的流量，并确认各设备运行正常、控制有效后，再逐步将全线流量平稳调节到目标流量。

（6）启输过程中现场人员不应靠近设备，宜启输后再确认设备运行是否正常。

3. 计划停输

（1）管道停输时应遵循先停炉再停泵的原则，宜提前2h停运全线加热系统。

（2）管道停输宜遵循先停分输和注入，再停干线的原则。

（3）正常停输后，全线宜维持正压。

4. 输量调整

（1）调整输量时优先使用改变调节阀开度或变频泵转速进行流量或压力调整，更大幅度的流量或压力调整应启停泵机组。

(2) 输量调节过程中需要启停泵机组时,宜在调节阀处于节流状态下进行。

(3) 当管道处于稳态工况时,运行参数调节频次宜为每1min一次。进站压力调节幅度不宜超过0.1MPa,出站压力调节幅度不宜超过0.2MPa,流量调节幅度不宜超过50m³/h,调节阀开度调节不宜超过5%,变频泵转速调节不宜超过50r/min。

(4) 当管道处于非稳态工况时,运行参数调节频次可根据实际工况每1min调节一次或多次。进站压力调节幅度不宜超过0.2MPa,出站压力调节幅度不宜超过0.5MPa,流量调节幅度不宜超过100m³/h,调节阀开度调节不宜超过10%,变频泵转速调节不宜超过100r/min。

5. 紧急停输

(1) 当发现管线泄漏、地质灾害、气候灾害、环境灾害以及第三方破坏等危及管道安全运行、造成环境破坏或人员伤亡的情况发生时,应执行全线紧急停输程序,并隔离相应管段。

(2) 紧急停输可不经过减量操作,紧急停运各站加热炉和泵机组、关断相关阀门。停输后严密监视各站进出站压力和温度。

6. 调度决策程序

在管道运行中,若出现压力、流量等参数异常变化,中控调度应依据调度决策程序实施应急处置。

(五) 工艺流程操作

(1) 工艺流程的常规操作与切换,实行集中调度,统一指挥;未经中控同意,任何人不得擅自进行操作。

(2) 就地与站控操作流程切换时,应执行操作票制度,流程切换应遵循"先开后关,缓开缓关"原则。

(3) 设备进行维护、检修等现场作业前,应征得中控同意,并应将相关设备(设施)置于就地、锁定状态,方能执行相关作业。

(4) 应编制中控操作票,管道启停输、泵机组切换等操作,应执行相应操作票。

(5) 操作高低压衔接部位的流程时,应先导通低压部位再导通高压部位;反之,先切断高压部位再切断低压部位。

(6) 对长期不投入运行的管道,为防止管内原油凝固,应进行伴热维温、扫线或定期活动管线。

(7) 当站场进行流程切换,需要调整加热炉或输油泵运行状态时,应遵循先启泵再启炉、先停炉再停泵的原则;宜提前2h停运本站运行加热炉,待加热炉炉膛温度降至80℃以下时,再停泵。

(8) 输油泵切换时宜先启后停,在切泵过程中应通过调整调节阀开度控制干线流量波动平稳。

(六) 油品计量

(1) 铁抚线油品在前甸分输站分输进罐后装车运至丹东站,在东洲计量站与抚顺石油二厂进行计量交接。

(2) 东洲计量站出站后设有4台容积式流量计,1台体积管,对销油量进行动态计量。

(3) 油品计量执行 Q/SY 05199《液体容积式流量计运行操作和维护》和 G/BT 9109.5—2017《石油和液体石油产品动态计量 第 5 部分：油量计算》。

(七) 油罐区运行

(1) 储油罐应在安全罐位范围内运行，超过安全罐位时应按照公司体系文件 GDGS/ZY 72.01-01 进行变更。

(2) 储油罐的储油温度应控制在合理的范围内，最低不应低于凝点 3℃ 以上，宜在 35~37℃ 之间，最高不宜高于 50℃。

(3) 燃料油罐、泄压罐油品温度最低不应低于凝点 3℃，最高不宜高于 60℃。

(4) 储油罐进油时应缓慢开启进罐阀，在进出油管未浸没前，进油管流速应控制在 1m/s 以下，浸没后管道油流速度应控制在 3m/s 以下，以防止静电荷积聚。

(八) 清管作业

(1) 正常工况下，管道清管周期宜为 10 天。当管道动火施工时，可调整清管周期。

(2) 清管期间宜保证管道连续运行。

(3) 管道内检测前、管道输送能力降低及特殊作业需要清管等情况下，应安排清管作业，保证管道安全高效运行。

(4) 清管作业执行 Q/SYGD 0102《油气管道清管作业技术规范》的有关规定。

(九) 异常工况处理

1. 管道初凝

(1) 当管道运行时，沿线进站温度与压力缓慢下降，出站压力缓慢升高，全线流量缓慢下降，可判断管道发生初凝现象。

(2) 当管道出现初凝征兆时，应立即提温提压提量，同时按程序进行汇报。

(3) 当采取的措施效果不明显时，应及时启动应急预案。

2. 意外停输

(1) 管道发生意外停输，应综合分析 SCADA 系统报警信息，现场设备状态，压力、流量、调节阀开度、变频泵转速等参数变化趋势，巡线反馈报告等信息，审慎判断停输原因。

(2) 在管道发生疑似泄漏但停输期间未发现漏点的情况下，再次启输前应制订布控方案和应对措施，对输油站主要设备和站外管线的高风险管段进行布控。

(3) 中控调度严密监视启输过程中运行参数变化情况，发现异常及时停输。

3. 通信中断

(1) 当控制中心发生故障不能控制管道运行，应按照以下程序处置：

① 立即通知控制中心自控维护人员，进行故障处理；

② 小于 30min 时，全线保持原工艺流程和运行方式不变；

③ 超过 30min 后，在中控调度的授权下，各站场站控将管道控制权限由中控切为站控，站控根据中控调度的指令进行相关操作；

④ 中控调度根据通信中断前的运行状态，对管道运行进行预判和分析，必要时通过可用的通信工具指挥全线停输；

⑤ 控制中心通信中断期间，站场严密监视运行参数和设备状态，15min 汇报一次参数。

(2) 控制中心与部分站场数据通信中断，应按照以下程序处置：

① 立即通知控制中心自控维护人员、沈阳输油气分公司生产科技术人员，进行故障处理；

② 小于 30min 时，全线保持原工艺流程和运行方式不变；

③ 超过 30min 后，在中控调度的授权下，数据通信中断站场站控主动将管道控制权限由中控切为站控，站控根据中控调度的指令进行相关操作；

④ 中控调度根据通信中断前的运行状态，对管道运行进行预判和分析，必要时通过可用的通信工具指挥全线停输；

⑤ 控制中心与部分站场数据通信中断期间，站场严密监视运行参数和设备状态，15min 汇报一次参数。

4. 清管器卡堵、蜡堵

当出现蜡堵、清管器卡堵时，执行应急预案。

5. 水击

应对管道在运行过程中出现的站场停电、站场关闭、甩泵、线路截断阀误关断等引发水击的工况进行自动保护。

（十）紧急工况处理

1. 管道泄漏

（1）当接到管道发生泄漏或疑似发生泄漏的报告时，中控调度应立即执行紧急停输程序，并通知相关输油站。

（2）判断管道泄漏的方法与处置程序详见第五章第一节异常工况处理内容。

2. 站场突发事件

当输油站生产区内发生重大紧急情况，如火灾、爆炸或管道发生严重泄漏，站场人员可以通过设在站控室或场区的 ESD 按钮触发站 ESD。

六、铁大复线运行规程

本部分规定了铁大复线输送俄罗斯原油的输送工艺与控制方式、运行控制参数、运行和监控、工艺流程操作、油品计量、油罐区运行、清管作业、异常工况和紧急工况处理响应等方面的技术要求。

本部分适用于铁大复线的工艺运行和调度管理。

（一）基本要求

（1）本部分依据铁大复线现状编写，当管道经改造或所输原油物性发生变化不能执行本部分规定时，应及时制订相应的运行方案，经批准后方可实行。

（2）应制订管道站场及干线事故预案。

（3）单体设备及自动化系统的操作和维护应按照公司相关标准执行。

（二）输送工艺与控制方式

1. 管道工艺系统

（1）铁大复线管输原油为俄罗斯原油，经铁岭站、沈阳站、辽阳分输站、瓦房店站、小松岚站、大连石化末站输送至中国石油天然气股份有限公司大连石化分公司（简称大连石化)。其中,经辽阳分输站、鞍山计量站分输至中国石油天然气股份有限公司辽阳石化分公司(简称辽阳石化);经小松岚站通过新大一线反输至大连新港港区下海,经小松岚站通过新大二线分输至大连西太平洋石油化工有限公司(简称西太石化)。

(2)铁大复线在新港至鞍山段设置反输流程。

2. 输送工艺

管道采用常温密闭输送工艺

3. 控制方式

(1)管道运行控制模式分为中控、站控和就地三级控制。

(2)三级控制的管理优先级顺序为中控、站控、就地控制,优先采用中控。

(3)功能优先级顺序为就地控制、站控、中控。

(4)经中控在管理程序上授权后,站控可主动获得功能控制权。

(5)控制模式切换应在中控的指挥下进行。当出现通信中断、远程监控中断或现场维检修作业需要时,在获得中控授权或征得中控许可的情况下可切换至站控或就地控制。

(6)具备远控条件且正常运行或完好备用的设备应置于远控状态。正在维护、检修的设备应置于就地状态,相关阀门应进行锁定管理,故障设备也应置于就地状态。

4. 操作界面

(1)中控调度负责铁大复线干线铁岭站给油泵入口阀14-1、14-2、14-3至大连石化站调节阀下游阀门51、52、53、4-1(含)之间的中控设备启停、中控阀门开关、工艺流程切换等中控操作及全线调度指挥;

(2)中控调度负责鞍山计量站流量计后阀门56-1(含)上游中控设备操作及调度指挥。

(3)中控调度负责新港站站内罐前阀上游中控设备操作及调度指挥。

(4)中控调度负责西太分输阀室(含)上游中控设备操作及调度指挥。

(5)管道沿线各站场负责界内非中控设备的操作、收发清管器、油品计量、罐区操作等作业。

(6)大连石化负责下游罐区生产运行、油品输送设备设施工艺流程以及辅助系统的操作与控制。

(7)辽阳石化负责计量站出站阀门下游罐区生产运行、油品输送设备设施工艺流程以及辅助系统的操作与控制。

(8)大连港油品码头公司负责罐区操作。

(9)西太石化负责分输阀室下游罐区生产运行、油品输送设备设施工艺流程以及辅助系统的操作与控制。

5. 控制原则

(1)各站场调节阀可采用阀位控制和压力控制两种方式;变频泵可采用转速控制和压力控制两种方式。

(2)正常运行状态下,全线宜采用压力控制方式。

(3)在启停输或流程切换操作过程中,宜采用阀位或转速控制;首站启第一台泵时应采用阀位控制。

(三) 运行和监控

1. 管道运行原则

(1) 管道调控运行应执行集中调控、统一指挥的原则。

(2) 管道运行过程中,应按照相关规定监控运行,及时对参数变化及趋势作出正确的分析、判断和决策。

(3) 站场运行人员应按体系文件规定对输油泵机组、储罐、调节阀、变电所、配电间等设备设施进行巡回检查。如发现设备(设施)有异常情况,及时汇报中控调度进行处置。

2. 计划启输

(1) 启输前应检查各站及干线阀室阀门状态、工艺流程及设备状态,确保干线畅通,确认各站进、出站泄压阀、全线水击保护系统和 ESD 系统在投用状态。

(2) 启输过程中应遵循由首站向末站依次启泵的原则。

(3) 启输时应先从铁岭站至大连石化站依次启泵,当干线流量稳定后,启动辽化分输支路。

(4) 启输过程中,铁岭首站出站流量不宜小于 1200m^3/h。

(5) 在全线建立起基本稳定的流量,并确认各站设备运行正常、控制有效后,再逐步将全线流量平稳调节到目标流量。

(6) 本站启输前现场人员应对启输设备进行检查,启输过程中现场人员不应靠近设备,宜启输后再确认设备运行是否正常。

3. 计划停输

(1) 管道停输前应先调整输量,降低分输支线输量,关停分输支线再进行干线停输操作。

(2) 正常停输后,全线宜维持正压。

4. 输量调整

(1) 调整输量时优先使用改变调节阀开度或变频泵转速进行流量或压力调整,更大幅度的流量或压力调整应启停泵机组。

(2) 输量调节过程中需要启停泵机组时,宜在调节阀处于节流状态下进行。

(3) 当管道处于稳态工况时,运行参数调节频次宜为每 1min 一次。进站压力调节幅度不宜超过 0.1MPa,出站压力调节幅度不宜超过 0.2MPa,流量调节幅度不宜超过 50m^3/h,调节阀开度调节不宜超过 5%,变频泵转速调节不宜超过 50r/min。

(4) 当管道处于非稳态工况时,运行参数调节频次可根据实际工况每 1min 调节一次或多次。进站压力调节幅度不宜超过 0.2MPa,出站压力调节幅度不宜超过 0.5MPa,流量调节幅度不宜超过 100m^3/h,调节阀开度调节不宜超过 10%,变频泵转速调节不宜超过 100r/min。

5. 节能降耗

(1) 应合理安排配泵方案,宜优先采用变频泵,尽量减少管线节流。

(2) 输量调节时,若调节阀无节流宜优先调节变频泵转速。

6. 紧急停输

(1) 发现管道泄漏或沿线发生地质灾害、气候灾害、环境灾害以及第三方破坏等危及管道安全运行、造成环境破坏或人员伤亡的情况发生时，应执行全线紧急停输程序，并隔离相应管段。

（2）紧急停输可不经过减量操作，紧急停运各站泵机组、关断相关阀门。停输后严密监视各站进出站流量、压力。

7. 调度决策程序

在管道运行中，若出现压力、流量等参数异常变化，中控调度应依据调度决策程序实施应急处置。

（四）工艺流程操作

（1）工艺流程的常规操作与切换，实行集中调度，统一指挥；未经中控同意，任何人不得擅自进行操作。

（2）就地与站控操作流程切换时，严格执行操作票制度，流程切换应遵循"先开后关"原则。

（3）设备进行维护、检修等现场作业前，应征得中控同意，并应将相关设备(设施)置于就地、锁定状态，方能执行相关作业。

（4）操作高低压衔接部位的流程时，应先导通低压部位再导通高压部位；反之，先切断高压部位再切断低压部位。

（5）非满负荷运行的输油站切泵时宜采用一键切泵操作，手动切泵时宜先启后停；满负荷运行的输油站切泵时，宜先停后启。在切泵过程中应通过调整压力设定值或者调节阀开度控制干线流量波动平稳。

（五）油品计量

（1）铁大复线油品在鞍山计量站计量后输送至辽阳石化，在小松岚站计量后输送至大连石化、西太石化。

（2）鞍山站设置4套刮板流量计，小松岚站设置6套涡轮流量计及1套体积管站场流量计。

（3）油品计量执行 Q/SY 05199《液体容积式流量计运行操作和维护》和 GB/T 9109.5—2017《石油和液体石油产品动态计量 第5部分：油量计算》。

（六）油罐区运行

（1）储油罐应在安全罐位范围内运行，超过安全罐位应按照公司体系文件 GDGS/ZY 72.01-01 进行变更。

（2）储油罐的储油温度应控制在合理的范围内，即储油温度不应低于俄罗斯原油凝点，冬季最低不应低于5℃，储油温度不应高于50℃。

（3）储油罐进油时应缓慢开启进罐阀，在进出油管未浸没前，进油管流速应控制在1m/s以下，浸没后管道油流速度应控制在3m/s以下，以防止静电积聚。首次进油时，液位升降速度不应超过0.3m/h。油罐在进出油的过程中，应密切观测液位的变化，液位的升降速度不应超过0.6m/h。

（七）清管作业

（1）管道清管周期应为每季度一次。

（2）清管作业执行 Q/SY GD 0102《油气管理清管作业技术规范》。

（八）异常工况处理

1. 意外停输

（1）管道发生意外停输，应综合分析 SCADA 系统报警信息、现场设备状态，压力、流量、调节阀开度、变频泵转速等参数变化趋势，巡线反馈报告等信息，审慎判断停输原因。

（2）在管道发生疑似泄漏但停输期间未发现漏点的情况下，再次启输前应制订布控方案和应对措施，对输油站主要设备和站外管线的高风险管段进行布控。

（3）中控调度严密监视启输过程中运行参数变化情况，发现异常及时停输。

2. 通信中断

（1）当控制中心发生故障不能控制管道运行，应按照以下程序处置：

① 立即通知控制中心自控维护人员，进行故障处理；

② 小于 30min 时，全线保持原工艺流程和运行方式不变；

③ 超过 30min 后，在中控调度的授权下，各站场站控将管道控制权限由中控切为站控，站控根据中控调度的指令进行相关操作；

④ 中控调度根据通信中断前的运行状态，对管道运行进行预判和分析，必要时通过可用的通信工具指挥全线停输；

⑤ 控制中心通信中断期间，站场严密监视运行参数和设备状态，15min 汇报一次参数。

（2）控制中心与部分站场数据通信中断，应按照以下程序处置：

① 立即通知控制中心自控维护人员、大连输油气分公司和沈阳输油气分公司生产科技术人员，进行故障处理；

② 小于 30min 时，全线保持原工艺流程和运行方式不变；

③ 超过 30min 后，在中控调度的授权下，数据通信中断站场站控主动将管道控制权限由中控切为站控，站控根据中控调度的指令进行相关操作；

④ 中控调度根据通信中断前的运行状态，对管道运行进行预判和分析，必要时通过可用的通信工具指挥全线停输；

⑤ 控制中心与部分站场数据通信中断期间，站场严密监视运行参数和设备状态，15min 汇报一次参数。

3. 清管器卡堵

当出现清管器卡堵时，执行应急预案。

4. 水击

应对管道在运行过程中出现的站场停电、站场关闭、甩泵、线路截断阀误关断等引发水击的工况进行自动保护。

（九）紧急工况处理

1. 管道泄漏

（1）当接到管道发生泄漏或疑似发生泄漏的报告时，中控调度应立即执行紧急停输程序，并通知相关输油站。

（2）判断管道泄漏的方法与处置程序详见第五章第一节异常工况处理内容。

2. 站场突发事件

当输油站生产区内发生重大紧急情况，如火灾、爆炸或管道发生严重泄漏，站场人员可以通过设在站控室或场区的 ESD 按钮触发站 ESD。

第七章 应急管理

由于自然灾害、环境因素、设备因素、人为原因等不安全因素的客观存在,有些潜在的、隐蔽的危险因素一时间难以判别。为了在突发事件发生后能及时予以控制,防止事件的蔓延和事态扩大,有效地组织抢险和救助,特制订相应的应急处置预案。本章第一部分介绍了沈阳调度应急处置程序、管道紧急停输后再启动操作程序、关于东北管网"管道布控"有关要求的通知、预案的启动和关闭、东北管网输油运行常见突发事件类型、输油管道泄漏调度应急处置程序、输油管道泄漏调度应急处置程序、东北管网自然灾害应急处理预案、东北管网自动化通信系统和沈阳调度室突发事件应急处理预案以及沈阳调度配合上下游企业进行管道应急处置的应急预案。本章第二部分介绍了东北管网发生压力异常下降后的调度应急处置过程。

第一节 应急处置程序

一、概述

(一) 应急处置程序

调度值班人员获得事件信息后,要对事件的类型、紧急程度、对输油生产运行的影响程度作出快速分析、判断。根据职责范围,对事件进行及时处理和上报。

东北管道输油运行突发事件调度运行应急处理一般原则为:发生重大输油事件后,可采取输油站压力越站、热力越站、全越站、输油管线停输、隔离(关闭干线截断阀)等方式,控制事件的进一步扩大。

调度值班人员接到事件报告后,具体应急处理程序为:

(1) 管道输油站场和辖区内管道干线发生突发事件,输油站调度应立即向沈阳调度汇报。

(2) 沈阳调度接收到事件报告信息,或管道发生漏油、火灾、爆炸等事件情况下,则立即转入应急处理程序。

(3) 沈阳调度通过监控 SCADA 系统和防盗油系统,若发现压力、流量等参数异常变化,或接到站调度汇报异常情况,在对管道参数异常变化的原因经查问、分析仍无法判断原因的情况下,依据"十分钟法则"调度决策程序实施管道停输。

(4) 沈阳调度接到管道突发事件汇报后,应立即采取有效控制措施,防止事件扩大,并及时向值班调度长和上级调度汇报。

(5) 值班调度长立即汇报沈阳调度中心主管主任,并通知相关科室。

(6) 管道在出现火灾、爆炸、泄漏等紧急情况时，站调度有权按照站应急预案直接启动站场或设备 ESD 程序，并及时向沈阳调度汇报。

(7) 管道输油生产事件状态下，沈阳调度可根据管道运行情况，决定暂停或终止对管道安全运行有重大影响的施工、维检修、试验等项目的作业。

(8) 突发事件应急汇报流程如图 7-1 所示。

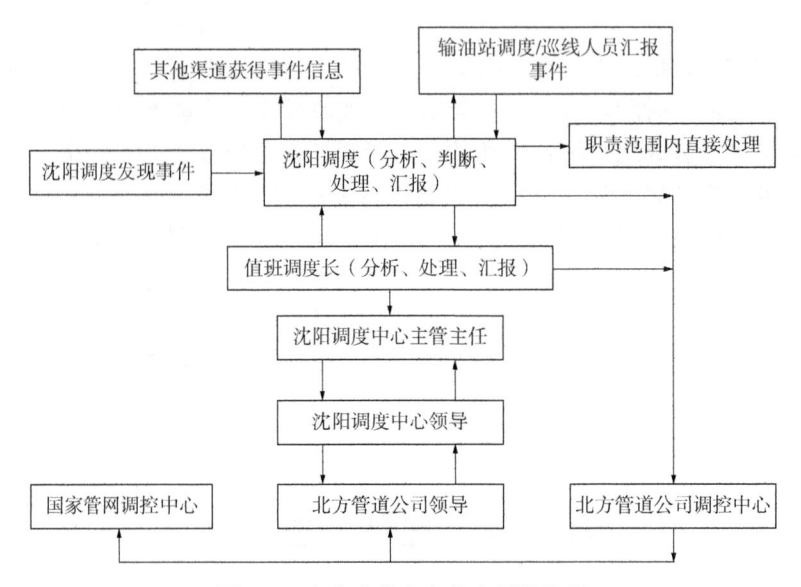

图 7-1 突发事件应急信息报送流程

1. 管道紧急停输后再启动操作程序

如果各输油站站内检查和管道巡线未发现异常，管道再次启动，沈阳调度操作程序如下。

(1) 要制订启输方案并按照全线启输方案组织启动。

(2) 落实各站管道布控人员到位。

(3) 通知站内对高、低压泄压阀等重点设备设施布控。

(4) 通知首末站和各计量站每小时报告输量。

(5) 安排全线进行小排量启输：原则为各站出站压力不高于最高运行压力一半，并且不高于停输前运行压力；不安排压力越站流程(特殊输油站除外)。

(6) 全线小排量启输过程中，要严密监视全线运行参数，特别是认真分析压力异常管段运行参数。

(7) 综合分析全线及各站运行参数(输油量、进出站压力等)，特别是参照过去实际运行情况，并参照水力计算表，尽快判断运行参数是否正常。

(8) 全线小排量启输运行 2h 后，沈阳调度通过分析认为运行参数正常，安排全线恢复原运行方式，继续监视管道运行参数。

(9) 全线恢复正常运行 2h 后，通知巡线人员布控结束。

2. 东北管网"管道布控"要求

针对东北管网管道老化、缺陷严重的情况，为进一步降低运行风险，经调度中心研究决定，在管道因异常情况停输再启动操作前和运行工况发生重大变化时，提前安排管道巡护人员对管道干线进行监控，并在启输操作完成后立即进行管道巡线（以下称"管道布控"），以便及时发现和处置管道异常情况。现将"管道布控"有关要求明确如下。

(1) 管线"管道布控"启动条件。

① 管道因运行工况发生异常变化而采取非计划性停输措施，停输后经全线巡查，仍未发现导致工况变化的具体原因，在管道停输再启动操作时，应进行管道布控。

② 管道改变运行工况进行提高运行压力操作，且在半年内未运行过此工况时，应进行管道布控。

(2) 管线"管道布控"要求。

① 各输油气分公司应组织各输油站编制所辖管线"管道布控"预案，预案中应明确"管道布控"点，"管道布控"点应包括穿越河流两岸、水源地、村镇人口密集区等管道高后果区以及沈阳调度根据运行情况临时通知要求的重点区域。

② "管道布控"预案启动后，实施"管道布控"人员应在指定时间到达布控点并向站调度报告到达时间、地点，管线停输再启动或变更运行工况操作完成后，布控人员应在 2h 内完成所负责区域的管道巡线工作。布控人员在巡线过程中发现异常应及时汇报站调度和站领导，由站调度汇报沈阳调度。

③ 沈阳调度计划性变更管道运行工况操作，应安排在工作日 8：00—16：00 时间段进行，以方便开展管道巡护工作。

(3) 管线"管道布控"程序。

① 沈阳调度提前向输油站调度下达"管道布控"命令。

② 输油站调度向站领导汇报，站领导向输油气分公司主管领导汇报。

③ 输油站启动和执行"管道布控"预案。

④ "管道布控"人员到位后，站调度汇报沈阳调度。

⑤ 沈阳调度安排进行停输再启动或变更运行工况操作。

⑥ 管线停输再启动或变更运行工况操作完成后，由沈阳调度通知站调度安排"管道布控"人员进行巡线。

⑦ 各管段巡线无异常，"管道布控"结束。

（二）预案的启动和关闭

1. 应急预案的启动

一旦突发事件识别并确认，应急预案立即启动。按事件分类分别启动各级预案，输油站调度通知站领导启动本站应急预案或输油气分公司应急预案，沈阳调度通知值班调度长启动东北管网调度应急预案。

2. 应急预案的关闭

只有在下述几个方面的工作完成之后才能确定事件应急抢险工作的结束。

(1) 事件原因查明，现场处理完毕。

(2) 造成事件的各方面因素，以及引发事件的危险因素和有害因素已经达到规定的安全条件，生产恢复正常。

(3) 在事件处理过程中，为防止事件次生灾害的发生而关停的水、气、电力及交通管制等恢复正常。

3. 事件的汇报

沈阳调度在初步处理完突发事件后,立即口头汇报值班调度长,应汇报以下内容(不局限于此内容):

(1) 事件发生时间及已处理情况。

(2) 如事件为泄漏需汇报管线压力变化情况、漏点位置、漏点附近有无河流、公路、村庄、厂矿、泄漏等情况,停输前漏点压力,漏点高程、上下游有无截断阀及关闭情况。

(3) 事件发生时间及已处理情况;

(4) 如事件为泄漏需汇报管线压力变化情况、漏点位置、漏点附近有无河流、公路、村庄、厂矿、泄漏等情况,漏点高程、上下游有无截断阀及关闭情况。

(5) 值班调度长汇报后向上级调度进行书面汇报。

(三) 东北管网输油运行突发事件中心调度常见类型

按照各类事件获得渠道,沈阳调度一般通过以下渠道得到突发事件信息:下级调度、巡线人员汇报;沈阳调度通过检查各线自动化系统、分析运行管线参数发现事件;其他渠道获得。输油生产常见事件类型按发生部位可分为以下几种。

1. 输油干线发生突发事件

(1) 输油干线受到各种外部威胁或存在隐患,危及输油管道安全运行。

(2) 管线破裂发生漏油事件。

(3) 管线被盗油后发生漏油事件。

(4) 输油站出现进、出站压力异常下降事件。

(5) 发生水灾、火灾、地震等自然灾害对管线造成破坏事件。

(6) 管线清管堵塞事件。

2. 输油站发生突发事件

(1) 站内管网原油泄漏事件。

(2) 外电源停电事件。

(3) 站内低压电故障事件。

(4) 原油加热炉(热媒炉、直接炉)炉管破裂及着火事件。

(5) 油罐发生溢油及着火事件。

(6) 站控系统故障事件。

(7) 输油设备故障事件。

(8) 火灾、水灾、地震等自然灾害对站场造成破坏事件。

3. 中心输油调度室发生突发事件

(1) 调度指挥总机及通信故障事件。

(2) 电源停电事件。

(3) 自动化系统故障事件。

(4) 火灾、地震等自然灾害对调度室造成破坏事件。

第七章　应急管理

4. 上下游企业管道应急处置
油田供油管线和炼厂分输管线发生突发事件。

二、典型突发事件应急处置程序

(一) 输油管道泄漏调度应急处置程序

为做好输油管道油品泄漏应急处理，明确输油管道泄漏特征和判定依据，提高调度员准确识别和快速处置的响应速度，规范泄漏初期应采取的控制措施和应急程序，在调度运行环节做到及时发现、快速判断、正确处置。

调度员根据 SAADA 系统提供的实时数据和历史趋势，按照如图 5.2 所示的调度运行决策程序，结合泄漏判定依据，参考泄漏监测系统自动检测和报警的辅助信息，对参数变化是否符合泄漏特征进行识别、分析、决策，并采取相应的响应措施予以应对。

1. 泄漏特征

(1) 输油管道泄漏特征如下：
① 上游站场或 RTU 阀室出站压力突然下降；
② 上游泵站流量或输油泵电动机电动流突然升高；
③ 上游泵站调节阀开度或变频泵转速突然发生变化；
④ 上游泵站一个或多个泵机组异常停机，同时伴有①至③中一个或多个现象；
⑤ 下游站场或 RTU 阀室进站压力突然下降；
⑥ 下游泵站流量或输油泵电动机电流突然降低；
⑦ 下游泵站调节阀开度或变频泵转速突然发生变化；
⑧ 下游泵站一个或多个泵机组异常停机，同时伴有⑤至⑧中一个或多个现象；
⑨ 分输站背压突然下降；
⑩ 液柱分离。

(2) 上述泄漏特征涉及的运行参数数值变化源于 SAADA 系统，是在总结管道泄漏理论计算与运行参数变化趋势的基础上制订的定性标准。

(3) 判定管道是否发生泄漏时，距离漏点最近的上下游站的运行参数变化趋势应作为主要依据。

(4) 对于泵站间距较长的管道，可参考站间 RTU 阀室压力变化进行判断；对于缺少流量参数的管道，可引入输油泵电动机电流进行辅助判断。

(5) 输油管道发生泄漏时，上述泄漏特征并非同时发生或存在。液柱分离只会在管道线路存在翻越点的情况下发生；④和⑧只会在管道发生严重泄漏时发生，例如管道环焊缝或螺旋焊缝破裂等大泄漏事故。

2. 异常工况响应起点

中控管道 SAADA 系统总参表中，针对压力、流量、调节阀开度、变频泵转速等参数，调度员可自设参数变化预警值，见表 7-1。调度员响应异常工况以自设预警值发出报警的时间为起点，点击发生变化的运行参数查看历史趋势，按照调度运行决策程序进行分析判断。

表 7-1 调度员自设预警推荐值

参数名称	调度员自设预警值
流量	当前流量的±2%
压力	当前压力±0.02MPa
调节阀开度	当前开度±2%
变频泵转速	当前转速的±0.5%

3. 控制方式对泄漏后参数的影响

(1) 情况汇总。

输油站采用调节阀和变频泵参与压力 PID 控制时，根据泄漏点位置以及上下游站采取的压力控制方式，可以分为六种情况。管道泄漏后运行参数变化情况，见表 7-2。

表 7-2 输油站采用压力控制方式管道泄漏后运行参数变化表

序号	站场	控制方式	漏点位置	进站压力	出站压力	流量	扬程	泵压	调节阀压差	调节阀开度	变频泵转速
1	首站	出站压力控制	首站至第二座泵站	↓	→	↑	↓	↓	↓	↑	↑
2	下游泵站	出站压力控制	该泵站上游管段	↓	→	→	→	↓	↓	↑	↑
3	上游泵站	出站压力控制	该泵站下游管段	→	→	↓	↓	↓	↓	↑	↑
4	下游泵站	进站压力控制	该泵站上游管段	→	↓	↓	↑	↑	↑	↓	↓
5	上游泵站	进站压力控制	该泵站下游管段	→	↓	→	→	→	↑	↓	↓
6	末站	背压控制	末站之前管段	→	→	↓	无	无	→	↓	无

注：表中"↑"表示上升，"↓"表示下降，"→"表示不变。首站进站压力指主泵入口压力，末站出站压力指调节阀后压力。上述参数变化趋势仅限泄漏初期。当减压波到达上下游泵站的瞬间，上表中保持恒定的参数会出现短暂的少许波动，但总体保持不变。

(2) 首站出站压力控制。

漏点位于首站至第二座泵站之间时，首站采用出站压力控制。

泄漏发生后首站参数变化趋势为：出站压力保持不变，流量升高。当站场采用调节阀控制出站压力时，泵压减小，调节阀前后压差变小，调节阀开度变大。当站场采用变频泵控制出站压力时，变频泵转速增加。当减压波到达首站后，若采用调节阀控制出站压力，因为调节阀处于节流状态，调节阀开度将变大，释放节流的能量来维持出站压力保持不变。随着输油泵扬程的降低，泵站工作点向右下方移动，过泵流量随之上升。当调节阀全开后，出站压力开始降低。若采用变频泵控制出站压力，变频泵转速将增加，从而提高泵压来维持出站压力保持不变。当变频泵达到最大转速后，出站压力开始降低。

(3) 下游泵站出站压力控制。

漏点位于首站至第二座泵站之间时，第二座泵站采用出站压力控制。

泄漏发生后下游泵站参数变化趋势为：泄漏初期出站压力和出站流量基本保持不变，进站压力降低。若采用调节阀控制出站压力，调节阀前后压差变小；当进站压力降至最低保护值后，控制方式转变为进站压力控制，之后进站压力保持不变，出站压力降低，出站流量降低，调节阀压差增大。若采用变频泵控制出站压力，变频泵转速增加，当进站压力降至最低保护值后，控制方式转变为进站压力控制，之后进站压力保持不变，出站压力降低，出站流量降低，变频泵转速降低。如果变频泵转速较高，可能在达到满转速之后，泵站短时间内处于无控制状态，此时进出站压力均处于下降状态。当进站压力降至最低保护值后，控制方式变为进站压力控制，泵站将努力维持进站压力保持不变，随之出站压力开始下降，过泵流量开始减小，变频泵转速降低以维持进站压力不变。

当减压波到达下游泵站后，因为采用出站压力控制，所以进站压力开始下降以维持出站压力保持不变，在进站压力降至进站保护值之前，进站压力处于泄流状态，压力降低转化为进泵的流量维持过泵流量保持不变。若采用调节阀控制出站压力，泵站的扬程保持不变，泵压随着进站压力降低而随之降低，且降幅与进站压力保持同步，随着泵压的降低调节阀节流减小，调节阀开度逐步变大；若采用变频泵控制出站压力，变频泵转速增加以维持出站压力不变。

如果调节阀节流较小，可能会出现调节阀全开，泵站短时间内处于无控制状态，此时进出站压力均处于下降状态。当进站压力降至最低保护值后，控制方式变为进站压力控制，泵站将努力维持进站压力保持不变，随之出站压力开始下降，过泵流量开始减小，输油泵扬程开始升高，在出站压力下降和输油泵扬程升高的双重作用下，调节阀压差开始加速变大，开度迅速减小。

(4) 上游泵站出站压力控制。

漏点位于任意两座相邻的中间泵站之间时，上游泵站采用出站压力控制。

泄漏发生后上游泵站参数变化趋势为：出站压力保持不变，流量升高，进站压力降低。若采用调节阀控制出站压力，调节阀前后压差变小，调节阀开度变大。若采用变频泵控制出站压力，变频泵转速将逐步增加以维持出站压力不变。当进站压力持续降低至保护值后，控制方式变为进站压力控制，出站压力开始下降，流量维持恒定，变频泵转速开始减小以维持进站压力保持不变。

当减压波到达上游泵站后，因为采用出站压力控制，所以进站压力开始下降以维持出站压力保持不变，在进站压力降至进站保护值之前，进站压力处于泄流状态，压力降低转化为进泵的流量致使过泵流量增加，若采用调节阀控制出站压力，泵站的扬程降低，泵压随着进站压力降低而随之降低，且降幅大于进站压力降幅，随着泵压的降低调节阀节流减小，调节阀开度逐步变大。当进站压力持续降低至保护值后，控制方式变为进站压力控制，出站压力开始下降，流量维持恒定，扬程保持不变，泵压保持不变，调节阀压差增大开度减小。

(5) 下游泵站进站压力控制。

漏点位于任意两座相邻的中间泵站之间时，下游泵站采用进站压力控制。

泄漏发生后下游泵站参数变化趋势为：进站压力保持不变，流量降低，出站压力降低。若采用调节阀控制进站压力，调节阀前后压差变大，调节阀开度变小。若采用变频泵控制进站压力，变频泵转速减小。若采用变频泵控制，随着流量减小，泵压随着扬程的升高而升高，变频泵转速将迅速降低以维持进站压力不变。

当减压波到达下游泵站后，因为采用进站压力控制，所以出站压力开始下降以维持进站压力保持不变，出站压力处于泄流状态致使过泵流量减少，若采用调节阀控制进站压力，泵站的扬程升高，泵压随着扬程的升高而随之升高，与扬程提高幅度保持同步，在泵压升高和出站压力下降的双重作用下，调节阀节流明显增大，调节阀开度迅速变小。

(6) 上游泵站进站压力控制。

漏点位于最后一座泵站与末站之间时，上游泵站采用进站压力控制。

泄漏发生后上游泵站参数变化趋势为：进站压力保持不变，流量保持不变。若采用调节阀控制进站压力，泵压保持不变，出站压力降低，调节阀前后压差变大，调节阀开度变小。若采用变频泵控制进站压力，变频泵转速减小。若采用变频泵控制，变频泵将降低转速以维持进站压力保持不变。

当减压波到达上游泵站后，因为采用进站压力控制，所以出站压力开始下降以维持进站压力保持不变，且该站上游管段能量供求仍处于平衡状态，所以该站的流量保持不变，若采用调节阀控制出站压力，泵站的扬程不变，泵压为进站压力与泵站扬程之和，所以泵压也保持不变，随着出站压力的逐步降低调节阀节流增加，调节阀开度逐步变小。

(7) 末站进站压力控制。

漏点位于最后一座泵站与末站之间时，末站采用进站压力控制。

泄漏发生后末站参数变化趋势为：调节阀前后压力保持不变，流量减少。压差不变，调节阀开度变小。

由于末站的油罐液位在泄漏初期可认为是恒定不变的，所以调节阀后压力保持不变；末站采用背压调节，减压波到后调节阀会努力维持进站压力保持不变，通过调节阀的流量逐步降低，调节阀开度减小。

4. 泄漏判定和应急程序

(1) 紧急停输程序。

① 启动紧急停输程序判定依据。

处于平衡状态的管道系统出现三个或三个以上的泄漏特征，或接到输油站汇报管道发生油品泄漏，调度员应立即执行紧急停输程序。调度运行决策程序如图7-2所示。

② 紧急停输程序如下。

a. 中控调度不降量不降压直接执行全线紧急停输程序。

b. 通过泄漏监测系统复核是否发生泄漏并定位。

c. 适时关闭泄漏点相邻上下游RTU阀门或站场阀门，根据管道压力适时关闭末站进站阀门。

d. 具备条件时采取分输、泄流等措施，降低泄漏管段压力。

e. 中控调度电话通知输油站对疑似泄漏管段进行巡线确认，并通知调度长；输油站负责通知本单位主管管道的副经理、管道科长，必要时根据调度指令关闭相关的手动截断阀。

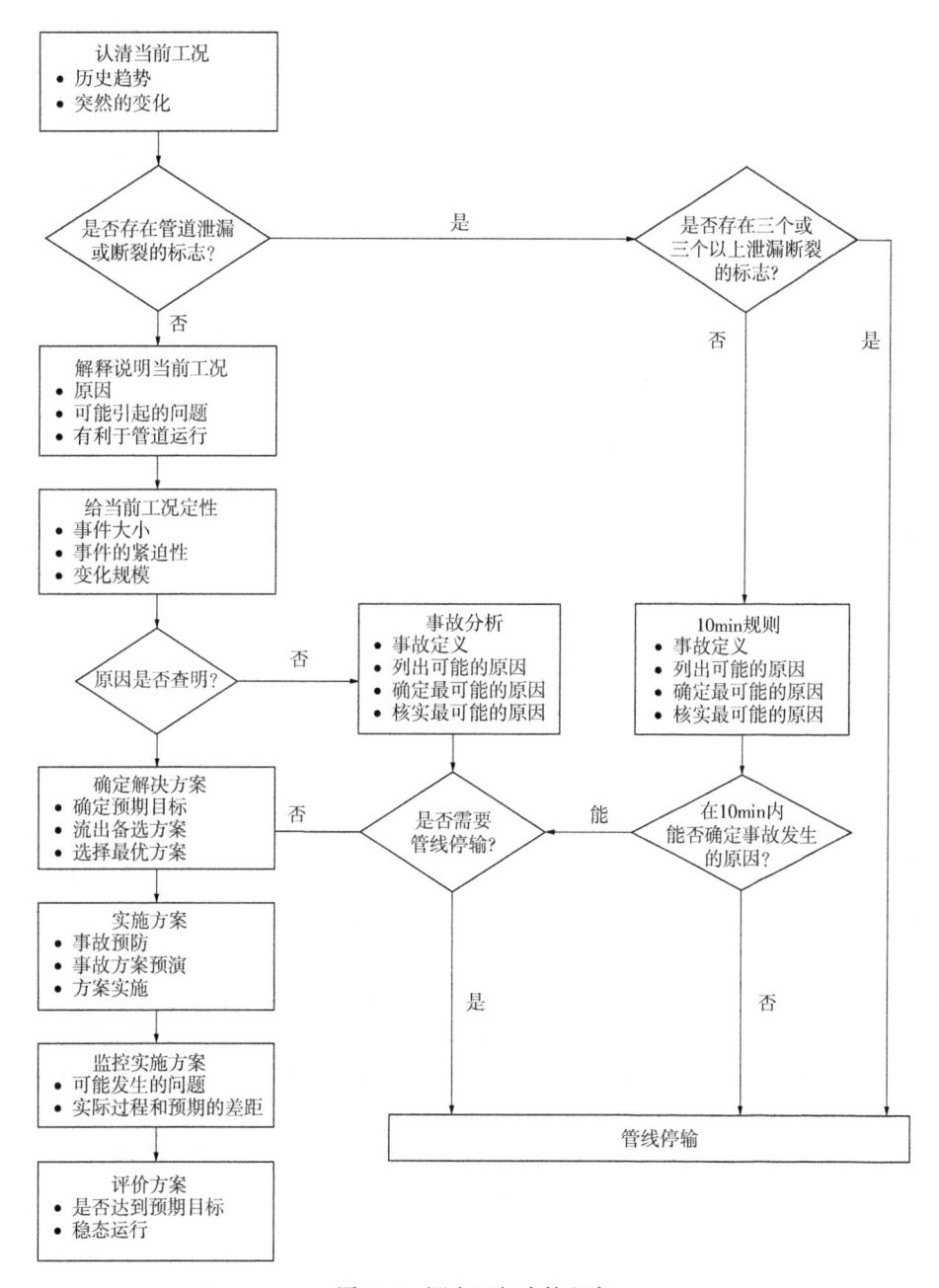

图 7-2 调度运行决策程序

f. 停输后观察截止管段的静压变化情况，可参考管道停输状态泄漏量仿真计算结果（表 7-3）。

g. 若巡线发现漏点，由相关单位启动输油气分公司应急预案；由中控调度按照公司应急信息调度报送程序进行信息报送。

h. 中控调度应采取分输、泄流等措施配合现场抢修，降低泄漏点压力。现场抢修进行到焊接阶段时，中控调度应配合现场对拉空管段进行适当充油，为焊接创造条件。

表 7-3　管道停输状态泄漏量仿真计算结果

序号	管径(mm)	计算结果/[m³/(MPa·km)]	管道示例
1	508	0.20	长吉线、铁抚线、新大线
2	711	0.40	庆铁四线、铁达线、铁抚线
3	813	0.50	庆铁三线、铁大复线

注：上述结果以常温输送管道为基础进行计算，热油管道可进行参考。经仿真计算，管道泄漏量与管径呈线性正比，其他管径管道可参考上述计算结果。

i. 若巡线未发现异常、静压未发生明显变化，对疑似泄漏管段布控后可安排管道启输，启输后应迅速巡查管道沿线，查找是否存在漏点。

（2）快速停输程序。

① 启动快速停输程序的判定依据如下。

a. 处于平衡状态的管道系统出现一个或两个泄漏特征时，调度员按照调度运行决策程序，辅以泄漏监测系统定位报警信息，进行分析、判断和处理。

b. 持续监视压力、流量的波动，同时向相关输油站打电话确认本站或上下游单位有无工艺操作。

c. 如果发现检测点压力持续下降，且波动在 3min 之内超过 0.2MPa，或流量持续变化，波动在 3min 之内超过原流量的 5%，同时排除站场进行操作、阀门误动作后，可判断为发生泄漏，执行紧急停输程序。

d. 若在 10min 内参数变化特征不满足 a. 的条件，也无法确定参数变化的原因，但参数变化趋势仍在持续，从第 11min 起执行快速停输程序。

e. 若经过分析确定参数变化的原因并非泄漏所致，或到第 10min 时参数变化恢复原运行状态，则保持管道继续运行。

d. 和 e. 中提到的 10min，是允许调度员在一个时间期限内对观察到的工况变化找到合理解释或发现根本原因的过程，防止调度员发现与响应不及时出现误判。原则上给予调度员观察和推断的时间期限是 10min，由于当前公司泄漏监测系统灵敏度、泄漏报警或定位精度限制，判断决策需要一定时间的延时，特别是打孔盗油等小泄漏引发的参数变化趋势仅在 10min 内很难判定，具体的时间期限可根据具体情况适当延长，但最长不应超过 1h。超出时间期限没有发现合理的结论来支撑管道系统的工况变化，调度员必须采取紧急停输措施。

② 快速停输程序如下。

a. 中控调度采用正常停泵程序按照序号从大到小依次停运泄漏点上游相邻泵站运行泵机组，无需等泵机组停运完毕，迅速从首站开始采用正常停泵程序顺序停运泄漏点上游泵站运行泵机组。顺序正常停运泄漏点下游站场。

b. 通过泄漏监测系统复核是否发生泄漏并定位。

c. 适时关闭泄漏点相邻上下游 RTU 阀门或站场阀门，根据管道压力适时关闭末站进站阀门。

d. 停输后观察截止管段的静压变化情况。

e. 中控调度电话通知输油站对疑似泄漏管段进行巡线确认，并通知调度长；输油站负责通知本单位主管管道的副经理、管道科长，必要时根据调度指令关闭相关的手动截断阀。

f. 若巡线发现漏点，由相关单位启动输油气分公司应急预案；由中控调度通知生产处领导，按照公司应急信息报送程序进行信息报送。

g. 中控调度应采取分输、泄流等措施配合现场抢修，降低泄漏点压力。现场抢修进行到焊接阶段时，中控调度应配合现场对拉空管段进行适当充油，为焊接创造条件。

h. 若巡线未发现异常、静压未发生明显变化，对疑似泄漏管段布控后可安排管道启输，启输后应迅速巡查管道沿线，查找是否存在漏点。

（3）其他要求。

① 当泄漏监测系统发出泄漏报警时，调度员要迅速查看 SAADA 系统参数是否符合泄漏判定依据，并按照紧急停输程序和快速停输程序的进行判断和处理。

② 当输油站发生站内管道或设备油品泄漏时，站控人员可以先触发站 ESD，再向中控调度进行汇报。即站场应急可以"先执行、后汇报"。当输油站接到站外管道发生油品泄漏时，站场值班人员应在第一时间内启动相应应急预案，并汇报中控调度，配合中控调度进行应急操作和流程切换，派相关人员赶赴现场，在维抢修队伍抵达事件点以前对抢修现场进行前期处置，及时向主管领导汇报事态进展。

③ 老旧管道若未达到严重泄漏级别或确认为小泄漏时，应采取正常停输的方式进行处置。

④ 热油管道执行紧急停输或快速停输程序时，应重点关注加热炉停运情况。设置有直接加热炉的站场紧急停运直接炉后，应大风吹扫降低炉膛温度；设置有热媒炉的站场紧急停炉后，热媒泵继续运转，进行循环降温。

⑤ 热油管道二次停输时需考虑首次停输时间，运行时长应至少满足一个半管程加热间距后方可停输，防止管道发生凝管事故；若第二次泄漏属于严重泄漏，抢险时应综合考虑凝管和泄漏双重因素，再进行相应决策。

⑥ 由于输油站未经中控调度同意，擅自进行站内操作导致压力异常波动，中控调度误判断为管道泄漏而造成的紧急停输，将认定为非计划停输。

⑦ 输油管道分输支线发生压力异常下降或疑似泄漏后，可停止分输并截断分输阀门，安排站场巡线并观察静压变化。

5. 调度应急支持资料

调度应急应至少包括以下支持材料：

（1）管道纵断面图（全线和站间）；

（2）输油站和阀室工艺流程图；

（3）输油管道工艺运行规程；

（4）输油管道走向图；

（5）油品物性参数；

（6）油品泄漏量估算表；

（7）中控管道应急处置预案。

6. 沈阳调度压力异常应急决策图

沈阳调度压力异常下降应急决策图如图 7-3 所示。

根据输油站出站(或进站)压力下降的大小,决定是否采取降低输油压力(或停输)操作。

(1) 如果输油站出站(或进站)压力下降值在 $\Delta p \leqslant 0.2$MPa,则继续保持原运行方式不变,待管道巡线人员巡线结束后,根据巡线情况再做相应的处理。

(2) 如果输油站出站(或进站)压力下降值在 0.2MPa$<\Delta p \leqslant 0.3$MPa,沈阳调度在下达巡线命令的同时,要立即对出站压力下降的站间进行降低运行压力的调整。

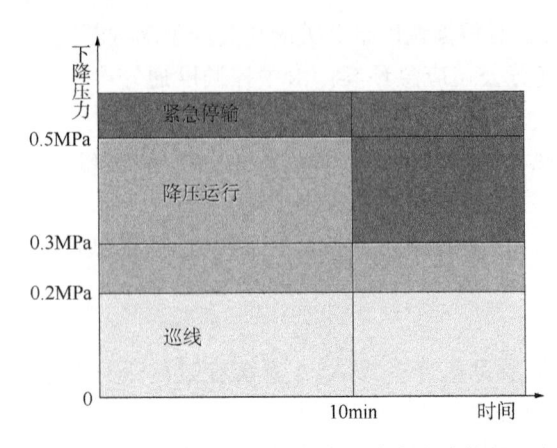

图 7-3 沈阳调度压力异常下降应急决策图

① 出站压力下降的输油站应将该站出站压力降到 1.2MPa 以下。

② 下游站的进站压力尽可能降到最低,若下游站为压力(全)越站输油流程,应及时安排该站启输油泵降低该站进站压力。

③ 如果输油站出站(或进站)压力下降值 0.3MPa$<\Delta p \leqslant 0.5$MPa。则应立即分析原因,10min 内未查出原因且压力未回升,沈阳调度应停运相应站间管线或者全线停输。

④ 如果输油站出站(或进站)压力下降值 $\Delta p>0.5$MPa,则应立即安排全线停输。

⑤ 如果沈阳调度接到输油站调度汇报,在进行站间巡线时发现了管道漏油点,则启动相应管道输油运行突发事件—事一案。

⑥ 如果沈阳调度接到输油站调度汇报,巡线结束后没有发现管道漏油点,全线恢复原运行方式。

(二) 管道清管期间异常情况的判断及处理

1. 清管器进站指示器未报警时处理

(1) 如果接收(转发)清管器站的清管器进站指示器未按预计收清管器时间报警,沈阳调度要再次核算清管器运行时间,确认运行时间无误,通知该站保持接收清管器流程不变。

(2) 如果按照预计接收清管器时间 2h 后清管器进站指示器仍未报警,应用电子定位接收机进行检查,确认清管器是否进站,如清管器仍未进站,站调度应及时汇报沈阳调度(并保持流程不变)。

(3) 如果按照预计接收清管器时间 4h 后清管器进站指示器仍未报警,且用电子定位接收机进行检查,确认清管器还未收到,站调度应及时汇报沈阳调度,沈阳调度则通知其转发一次,转发完毕应倒回接收流程。

(4) 如转发无报警,收清管器站也无收清管器报警,安排收清管器站打开收清管器筒,如果没有清管器,则安排清蜡管段发清管器站打开发清管器筒确认是否发出清管器。

(5) 发清管器站如筒内无清管器,则再发一枚清管器,并安排有关人员利用移动式电子定位接收机对此清管器进行全程跟踪。

(6) 向值班调度长和上级调度汇报。

2. 发生清管器卡阻现象时紧急处理

站间清管过程中,如果发生上游站出站压力持续上升,而下游站进站压力持续下降现象，管线输油量亦相应减少，可以判断出现清管器卡阻，应采取以下应急措施：
(1) 应将清管器运行下游站的进站压力降到最低。
(2) 应逐渐将清管器运行上游站的出站压力升到最高允许运行压力。
(3) 庆油输送管线视进站温度适当提高上站出站温度。
(4) 通知管道巡线人员进行巡线，防止因站间压力升高出现异常。
(5) 向值班调度长和上级调度汇报。

(三) 东北管网自然灾害应急处理预案

东北管网各条输油管线干线以及输油站可能受到如地震、洪涝、火灾等自然灾害侵袭，造成管道破裂、设备及设施损坏，在自然灾害应急处理中，各级调度要迅速反应以尽量减少损失。

1. 东北管网地震灾害应急处理预案

(1) 输油站调度汇报输油管线经过地震区域，有明显震感，未造成站内建筑物及管线破坏。

① 沈阳调度立即通知相关输油站调度启动输油站相关应急预案；
② 沈阳调度立即查看地震区域内所有管线运行参数，若无明显异常，维持现运行方式不变；
③ 通知地震区域内所有输油站站外管线紧急巡线，同时加强站内设备及管线巡检；
④ 巡线反馈未发现站外管线异常，则维持管线现运行方式不变；
⑤ 巡线反馈发现站外管线有异常，沈阳调度立即执行全线紧急停输；
⑥ 向值班调度长及上级调度汇报；
⑦ 将相关情况整理成文字资料。

(2) 输油站调度汇报输油管线经过地震区域，有明显震感，已发生漏油事故。

① 沈阳调度立即通知相关输油站调度启动输油站相关应急预案；
② 沈阳调度立即执行全线紧急停输，关闭所有进出站及分输阀门，关闭所有站间截断阀；
③ 通知地震区域内所有输油站站外管线紧急巡线，立即检查站内设备及管线破坏情况，及时向沈阳调度汇报；
④ 输油站调度及时反馈站外管线破坏情况，确定漏油点；
⑤ 向值班调度长及上级调度汇报；
⑥ 将相关情况整理成文字资料。

2. 东北管网洪涝灾害应急处理预案

(1) 输油管线经过地区洪涝灾害后沈阳调度应急处理(未造成站内建筑物及管线破坏)输油站调度汇报：某时间该站地区因大雨等原因造成洪涝灾害，房屋建筑和站内管线没有遭到破坏。

① 输油站调度启动相关应急预案。
② 沈阳调度立即查看该区域内所有管线运行参数及压力实时趋势图，若无明显变化，维持该区域内所有管线现运行工况不变。
③ 通知该区域内输油站立即进行站内检查发现站内设备及管网异常立即汇报。

④ 安排该区域内所有输油站，进行全线紧急巡线。
⑤ 全线紧急巡线反馈未发现管线异常，则维持该区域内所有管线现运行工况不变。
⑥ 若巡线反馈发现管线有异常，则安排该区域内所有管线均全线停输。
⑦ 向值班调度长和上级调度汇报。
⑧ 将相关情况整理成文字资料。

（2）输油管线经过地区洪涝后沈阳调度应急处理（已经造成站内建筑物及管破坏）输油站调度汇报：某时间该站地区因大雨等原因造成洪涝灾害，房屋建筑和站内管线遭到破坏。
① 输油站调度启动相关应急预案。
② 沈阳调度立即安排该区域内所有管线运行全停输，关闭进出站阀门；关闭所有站间截断阀。
③ 通知该区域内输油站立即进行站内检查，输油站调度将站内设备和管道损坏情况汇报沈阳调度。
④ 安排该区域内所有输油站，进行全线紧急巡线。
⑤ 输油站调度将干线破坏情况汇报沈阳调度。
⑥ 向值班调度长和上级调度汇报。
⑦ 将相关情况整理成文字资料。

3. 东北管网火灾应急处理预案

输油站调度汇报：某时间本站生产区（包括站控室）着火，危及运行安全。
（1）沈阳调度要问清火情大小、着火部位、着火原因、着火时间，并做好记录。
（2）输油站调度启动相关应急预案。
（3）沈阳调度立即安排事发站所在管线停输，关闭进出站阀门；事发站关闭相关阀门。
（4）向值班调度长和上级调度汇报。
（5）沈阳调度要及时与事件现场取得联系，了解事件现场动态并做好记录，配合事件现场处理事件。
（6）将相关情况整理成文字资料。

（四）东北管网自动化通信系统和沈阳调度室突发事件应急处理预案

1. 东北管网各输油站 SCADA 系统故障处理
（1）东北管网各输油站 SCADA 系统主（或备）通信信道中断事件应急处理。
① 沈阳调度接到汇报或发现某站 SCADA 系统主（或备）通信信道中断的故障情况。
② 维持全线运行方式不变。
③ 沈阳调度立即通知通信中断站调度处理。
④ 沈阳调度立即通知通信系统维护人员处理。
⑤ 沈阳调度将以上通知相关人员情况在调度交接班记录上明确记录。
（2）东北管网各输油站 SCADA 系统主、备通信信道均中断事件应急处理。
① 沈阳调度接到汇报或发现输油站 SCADA 系统主、备通信信道均中断的故障情况。
② 维持全线运行方式不变。
③ 沈阳调度立即通知通信中断站调度处理。

④ 沈阳调度立即通知通信系统维护人员处理。
⑤ 沈阳调度立即通知中心仪表自动化专业负责人协调处理。
⑥ 沈阳调度立即汇报值班调度长。
⑦ 沈阳调度汇报上级调度。
⑧ 通知发生通信中断输油站加密巡检、主要设备重点监护。
⑨ 沈阳调度将以上通知相关人员情况在调度交接班记录上明确记录。

2. 东北管网管道泄漏监测定位系统故障处理

（1）沈阳调度接到汇报或发现东北管网管道泄漏检测定位系统的故障情况。
（2）维持全线运行方式不变。
（3）沈阳调度立即通知通信中断站调度处理。
（4）沈阳调度立即通知通信系统维护人员处理。
（5）沈阳调度立即通知中心仪表自动化专业负责人协调处理。
（6）沈阳调度立即汇报值班调度长。
（7）沈阳调度汇报上级调度。
（8）沈阳调度将以上通知相关人员情况在调度交接班记录上明确记录。

3. 东北管网各输油站电话通信中断故障处理

（1）石油专用网电话中断应急处理。
① 沈阳调度接到汇报或发现某输油站石油专用网电话中断的故障情况。
② 通知故障站开通备用电话与沈阳调度联系的地方电话。
③ 立即与通信调度联系，查找通信中断的原因，及时恢复，并记录清楚。
（2）石油专用网和地方中继线路电话同时中断应急处理。
① 中心调度室的石油专用网和地方中继线路电话同时中断的事件应急处理。
a. 接到汇报或发现中心调度室的石油专用网和地方中继线路电话同时中断的故障情况。
b. 立即与通信调度联系，查找通信中断的原因。
c. 短时间不能恢复的，值班调度将手机号码通知各站，进行生产调度指挥。
d. 及时通知值班调度长，并记录清楚。
② 某输油站的石油专用网和地方中继线路电话同时中断的事件应急处理。
a. 沈阳调度接到汇报或发现某输油站的石油专用网和地方中继线路电话同时中断的故障情况。
b. 立即与通信调度联系，查找通信中断的原因。
c. 短时间不能恢复的，故障站主动用手机与沈阳调度联系，进行生产调度指挥。
d. 及时通知值班调度长，并记录清楚。

4. 东北管网各输油站站控系统故障处理

（1）沈阳调度接到汇报或发现某输油站站控系统的故障情况。
（2）保持运行方式不变。
（3）故障站启动泵站的相应应急预案，加密巡检、主要设备重点监护。通知维修单位及时赶到事件现场处理，并做好记录。

5. 沈阳调度中心调度室发生突发事件应急处理

（1）东北管网各输油管线控制中心主机或服务器故障的应急处理。

① 沈阳调度发现单条管线或多条管线监控屏幕 SCADA 系统无数据，各输油站场站控 SCADA 系统正常。

② 维持管线运行方式不变（若故障在 8h 内不能恢复正常，则全线输量降至最大输量 75%以下），停止发生故障的管线一切检修和操作。

③ 沈阳调度立即通知各通信中断站调度处理。

④ 沈阳调度立即通知通信系统维护人员处理。

⑤ 沈阳调度立即通知中心仪表自动化专业负责人协调处理。

⑥ 沈阳调度立即汇报值班调度长。

⑦ 沈阳调度汇报上级调度。

⑧ 沈阳调度通知各输油站技术员轮流在站控室值班。

⑨ 沈阳调度通知各输油站加密巡检，主要设备重点监护。

⑩ 沈阳调度严密监视管道泄漏监测定位系统运行参数。

⑪ 通知各输油站每 2h 汇报一次运行参数。

⑫ 故障恢复正常后，通知各站。

⑬ 沈阳调度将以上通知相关人员情况在调度交接班记录上明确记录。

(2) 火灾事件应急处理。

① 及时拨打 119 电话报警。

② 维持全线运行方式不变。

③ 使用便携式消防器材灭火，控制火势的蔓延。

④ 注意使用惰性气体灭火装置灭火。

⑤ 向值班调度长汇报。

(3) 停电事件应急处理。

① 与机关变电所联系询问失电原因及恢复供电时间。

② 及时通知惠东公司。

(4) 值班人员意外事件应急处理。

① 及时拨打 120 急救电话。

② 向值班调度长汇报。

(5) 调度室"反恐"预案和措施

① 调度室反恐预案。

a. 调度室值班调度通过保安人员通报或监控器发现有疑似恐怖分子时，立即采取如下措施。

b. 调度值班人员立即确认调度室东西两侧大门处于关闭状态。

c. 拨打报警电话 110。

d. 通知值班调度长和保安人员。

e. 配合公安和武警人员进行采取"反恐"措施。

f. 恐怖分子被抓捕或离开东油大门后，预案关闭。

g. 汇报上级调度。

② 调度室"反恐"措施。

a. 调度室所有人员、沈阳调度中心领导和自动化系统指定维护人员凭指纹进入调度室。

b. 调度中心有关人员进入调度室要提前通知调度室值班人员或调度长，调度室值班人员通过监视器确认身份后，再开门。

c. 其他外来人员进入调度室，要提前通知沈阳调度中心领导或调度长，在沈阳调度中心领导或调度长的带领下进入调度室。

d. 外来自动化调试人员在调度大厅和主机房工作期间，第一天要由中心自动化人员陪同。

e. 外来人员进入大门后，要将随身携带物品（包括双肩包）等放到调度会议室或调度长办公室，经调度长允许后携带笔记本电脑等工作用品进入调度大厅和主机房。

f. 调度室与保安人员建立信息通报制度，遇到异常情况立即相互通报。

g. 调度室配备必要的防卫工具。

（五）沈阳调度配合上下游企业进行管道应急处置的应急预案

（1）上游油田发应急抢险通报。

① 沈阳调度接到上游油田应急抢险通报后，如上游油田需停止注入油品，沈阳调度应根据林源、铁岭相应油品库存情况计算东北管网相应管线当前输量下可持续运行时间，是否需要降量运行或停输。

② 汇报值班调度长，汇报上级调度。

③ 沈阳调度接炼厂应急抢险结束通报后，配合油田来油管线恢复正常运行。

（2）下游炼厂发应急抢险通报。

① 沈阳调度接到下游炼厂应急抢险通报后，如炼厂需停止注入油品，沈阳调度立即调整相应管线运行工况，停运其分输管线。

② 沈阳调度应根据林源、铁岭相应油品库存情况计算东北管网相应管线当前输量下可持续运行时间，是否需要上游管线降量运行或停输。

③ 汇报值班调度长，汇报上级调度。

④ 沈阳调度接炼厂应急抢险结束通报后，配合炼厂恢复分输管线正常运行。

第二节　东北原油管网运行异常典型案例

一、XXX 线 429#+800m 焊缝开裂漏油

（一）事件经过

11月10日23:30，XXX 线 429#+800m 发现原油泄漏，23:48 XXX 线开始停输，11日 00:03 XXX 线全线停输。03:00 应急抢险中心到达现场，6:00 各抢修队陆续赶到现场，13:02 开始泄漏点两侧囊式封堵短接焊接，17:00 作业坑开挖完毕开始封堵，12日 02:50 封堵作业完毕，13:51 确认漏点情况，管道泄漏为环形焊缝开裂所致，开裂位置位于环形焊道 6 至 7 点位置。14:57 开始焊接溢流卡具，17:50 封堵卡具焊接完毕，13日 4:46 管道启输。

（二）参数分析

如图 7-4 所示，10 日 14:00 至 16:06 和 16:45 至发现泄漏紧急停输管线之前，梨树出站压力与昌图进站压力均很稳定，无管线运行异常迹象，10 日 16:16 至 16:45，梨树站与昌图站相继启泵，XXX 线全线提量。

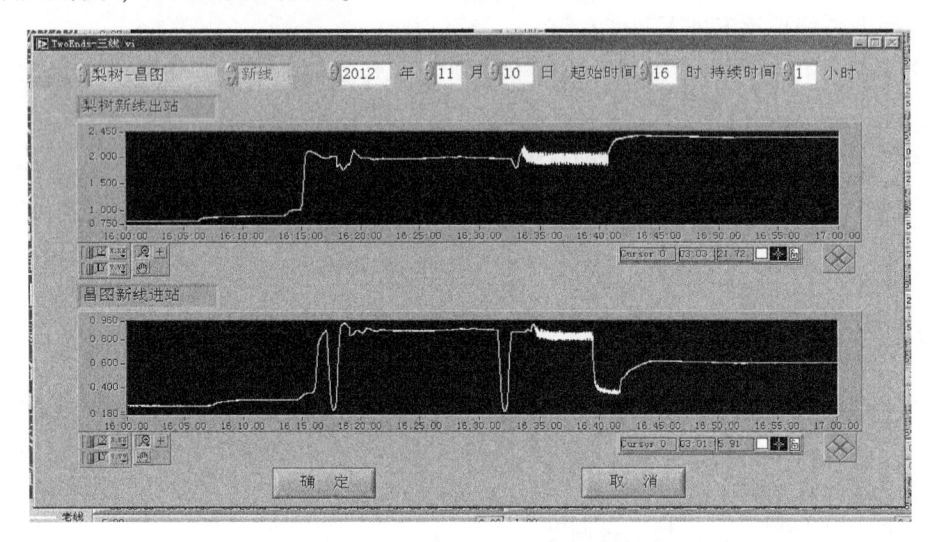

图 7-4　梨树出站与昌图进站压力曲线

如图 7-5 所示，10 日 16:06，梨树站启动 403# 泵，出站压力由 0.8MPa 提高至 1.98MPa，梨树站启泵造成增压波向下游传递。16:08，昌图站启动 403# 泵，泵启动失败，16:22，昌图站再次启泵，同样因泵入口汇管压力低保护触发，泵启动失败。16:30 昌图站启动 401# 泵，启泵成功。

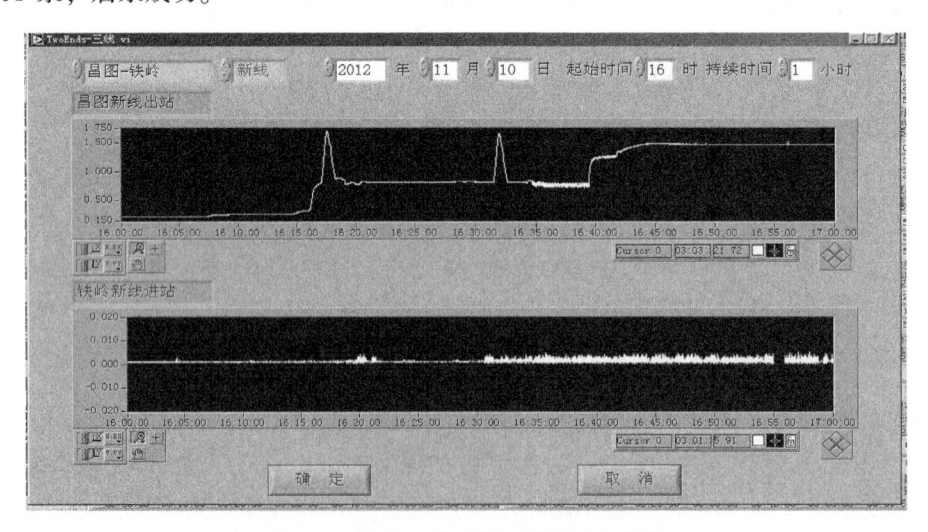

图 7-5　昌图出站和铁岭进站压力曲线

如图 7-6 所示，垂杨站调整分输量造成压力波先影响到梨树站，再影响到昌图站，影响两站的时间间隔与压力波符合压力波传播规律，无法判断泄漏发生。

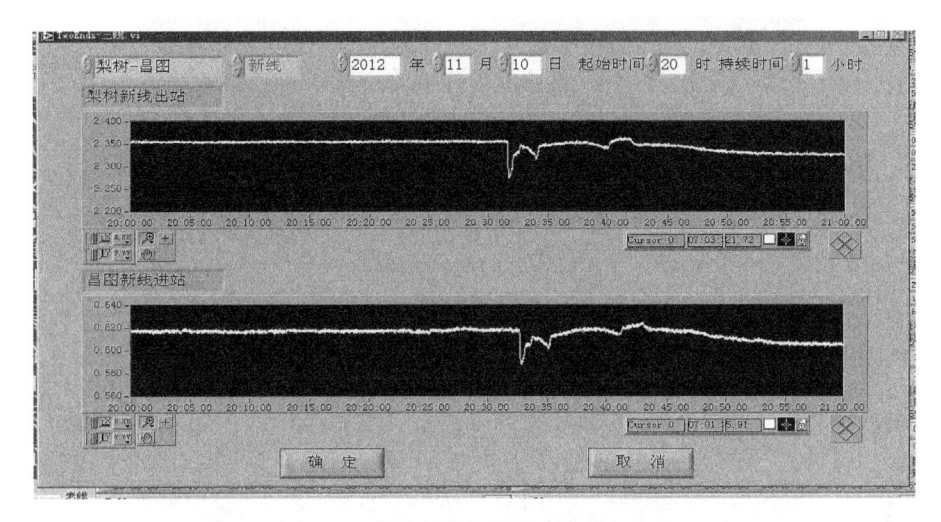

图7-6 梨树出站和昌图进站压力曲线

二、XXX线林源出站33km处管道打孔盗油事件

(一)事件经过

2019年3月19日18:51,沈阳调度中心值班调度监屏发现XXX线林源—太阳升压力开始异常下降,至19:01林源站出站由1.09MPa降至1.06MPa,下降幅值0.03MPa,太阳升进站压力由0.99MPa下降至0.96MPa,下降幅值0.03MPa,泄漏检测系统无自动报警。经分析、排查后沈阳调度立即安排太阳升站对XXX线林源—太阳升管段进行紧急巡线(XXX线已于19日10:00计划性停输,当前处于停输状态),在巡线过程中发现林源出站33km管道处发生打孔盗油事件,具体经过如下。

19:01沈阳调度通过XXX线管道泄漏监测系统手动定位,定位为林源出站36.07km处泄漏。

19:04,沈阳调度电话询问林源站、太阳升站及分输支路是否有操作,两站调度均回复站内无操作。

19:08沈阳调度通知太阳升站对XXX线林源—太阳升站间管道进行紧急巡线。

19:13 XXX线管道泄漏监测系统自动弹出定位报警林源出站40.03km泄漏。

23:05太阳升站调度电话汇报沈阳调度,林源出站33km处管道发现盗油阀,周围为农田,现场未发现原油泄漏。

23:23沈阳调度关闭XXX线3#监控阀室干线阀门。

0:20太阳升站汇报目前输油气分公司已启动应急预案,维修队已到达现场,6:37现场扣帽子焊接完毕。

(二)事件分析

1. 压力曲线

(1) SCADA系统曲线图如图7-7、图7-8所示。

(2) 泄漏检测系统曲线图如图7-9、图7-10所示。

· 233 ·

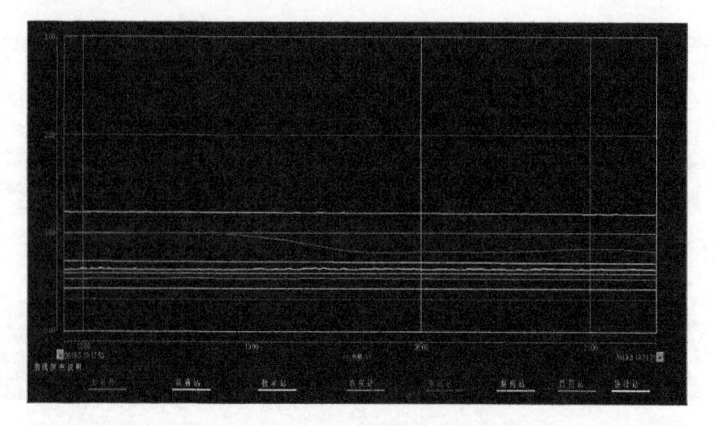

图 7-7　XXX 线进站端压力趋势图

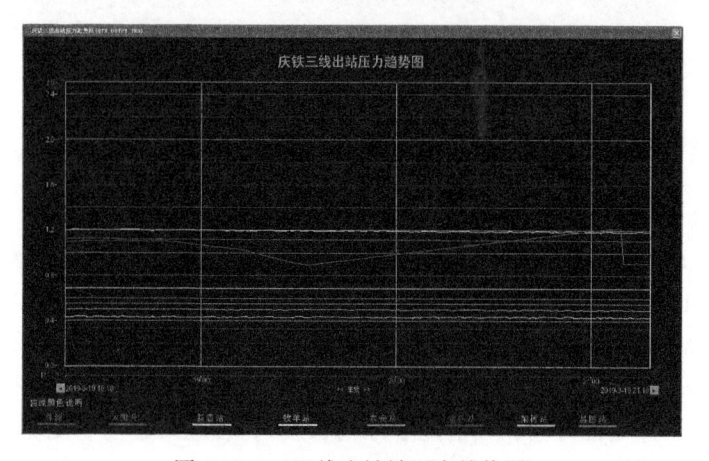

图 7-8　XXX 线出站端压力趋势图

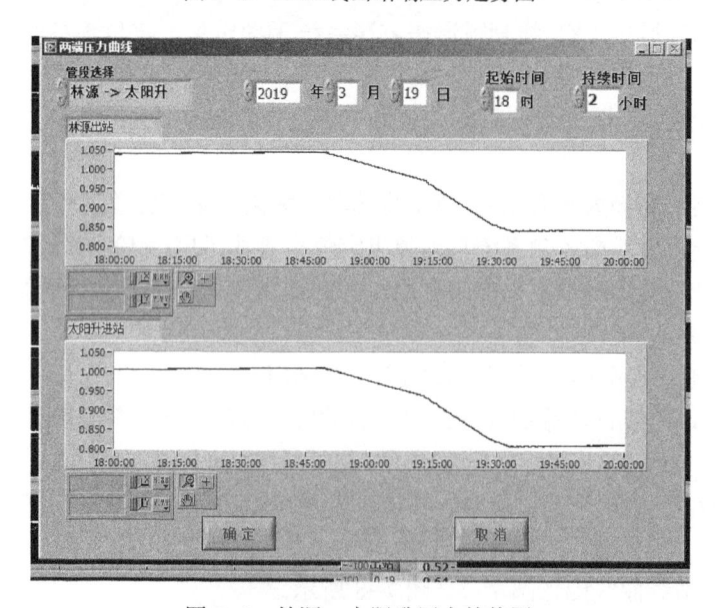

图 7-9　林源—太阳升压力趋势图

第七章　应急管理

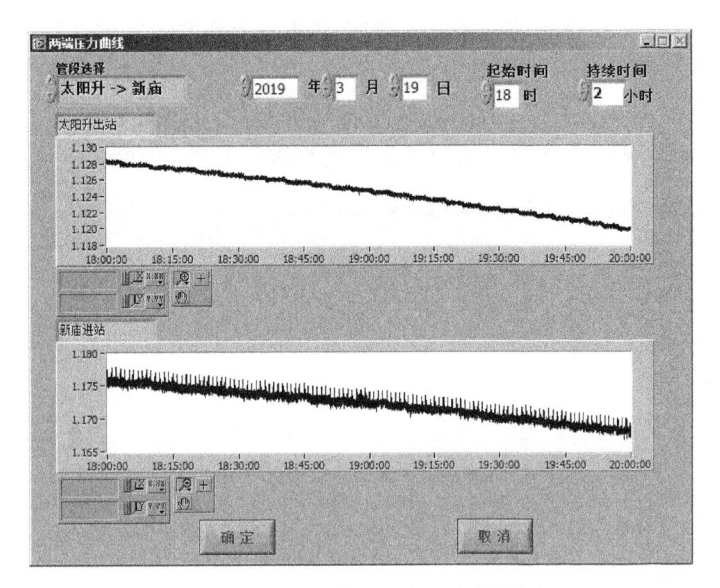

图 7-10　太阳升—新庙压力趋势图

2. 曲线分析

(1) 压力管段的判断。

由图 7-7 至图 7-10SCADA 系统曲线及泄漏检测系统曲线可以看出,太阳升—新庙没有出现明显的压力拐点,林源—太阳升管段曲线 18:49、19:13 出现两处明显的压力下降拐点,初步判断压力异常点处于林源—太阳升管段。

(2) 压力异常波动位置的判断。

通过对林源—太阳升管段两次出现压力下降拐点的时间,对疑似盗油点位置进行判断。

拐点 1 曲线说明：如图 7-11 所示,林源出站 18:49:45 开始出现压力波动,太阳升站

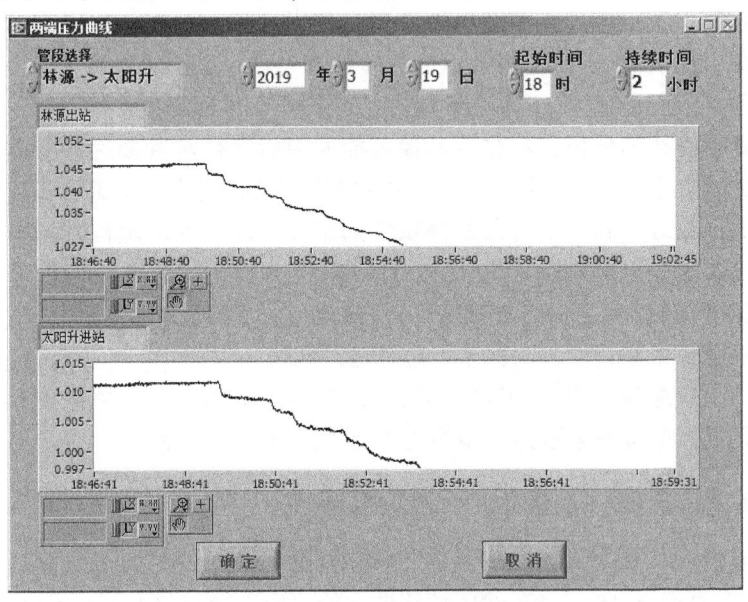

图 7-11　拐点 1 压力曲线

· 235 ·

进站 18:49:25 开始出现压力波动；通过对曲线的进一步放大，发现连续出现压力波动，此种波形为盗油点球型阀门开阀过程中引起。

拐点 2 曲线说明：如图 7-12 所示，林源出站 19:13:18 开始出现压力波动，太阳升站进站 19:12:50 开始出现压力波动；此拐点为现场再次打开阀门引起。

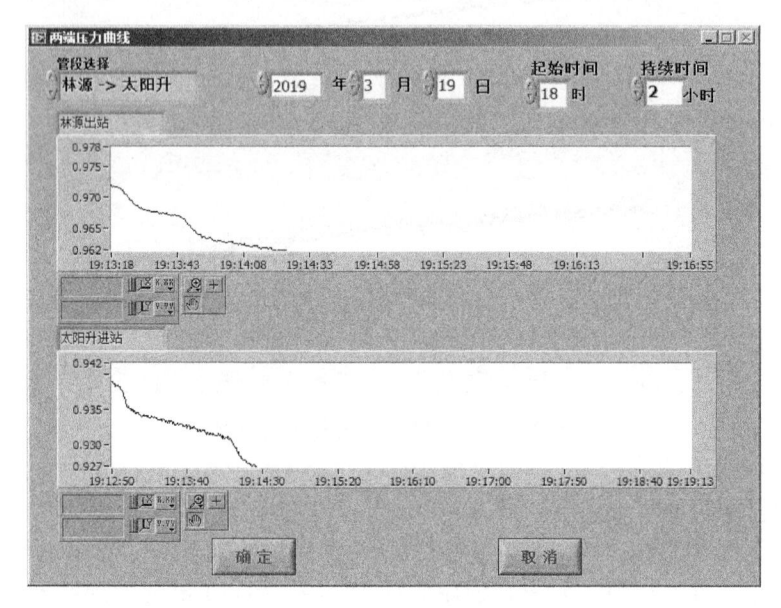

图 7-12　拐点 2 压力曲线

根据两次压力波动出现的时间均为太阳升进站压力早于林源出站压力，说明盗油点更靠近太阳升进站侧，与现场实际位置(林源出站 33km)及调度手动定位结果一致。

(三) 事件总结

(1) 调度在值岗工作中，严格按照中控调度值岗"四条要求"(监屏不放松、报警不放过、异常及时报、越值立即停)，没有因为管线处于停输状态而放松警惕，及时主动发现压力异常波动。

(2) 通过压力曲线的分析，在排除其他可能原因后，初步判断为疑似盗油事件，按照压力异常应急处置程序及 10 分钟原则，及时安排管道站间巡线，避免了事件进一步扩大。

(3) 值班调度很好地利用了泄漏监测系统的定位功能，手动定位结果与实际盗油点仅相差 3km，提高了巡线工作的针对性与时效性。

(4) 沈阳调度按照有关要求，及时对事件的现象、处理经过、现场反馈情况形成书面报告上报至廊坊分控中心调度，确保了信息渠道的畅通。

(5) 现场人员应加强与中控调度的沟通，及时将现场情况、处置进度进行汇报，确保调度根据实际情况及时准确采取进一步措施对事件进行有效控制。

三、XXX 线(垂杨—梨树段)压力异常事件

(一) 事件经过

2017 年 1 月 22 日 4:15，XXX 线中控管道在管线稳定运行状态下，垂杨、梨树两站进、出站压力异常缓慢下降，至同日 6:00 压力趋于平稳。

调度发现压力异常,立即询问垂杨站(分输、长吉线首站)是否有操作。查管道泄漏监测系统,如图7-13至图7-19所示,自动定位报警为垂杨出站方向37.18km,同时利用泄漏监测系统流量法分析和手动定位法分析原因。及时通知梨树站以37.18km为重点进行全线巡线;垂杨进出站方向全线巡线。7:50巡线一直没有反馈信息,调度安排XXX线全线紧急停输。

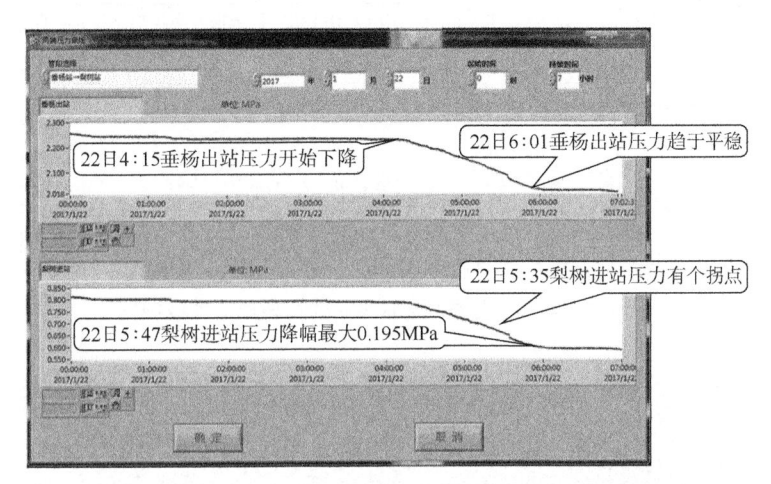

图7-13 垂杨—梨树(22日0—7时)段压力曲线截图

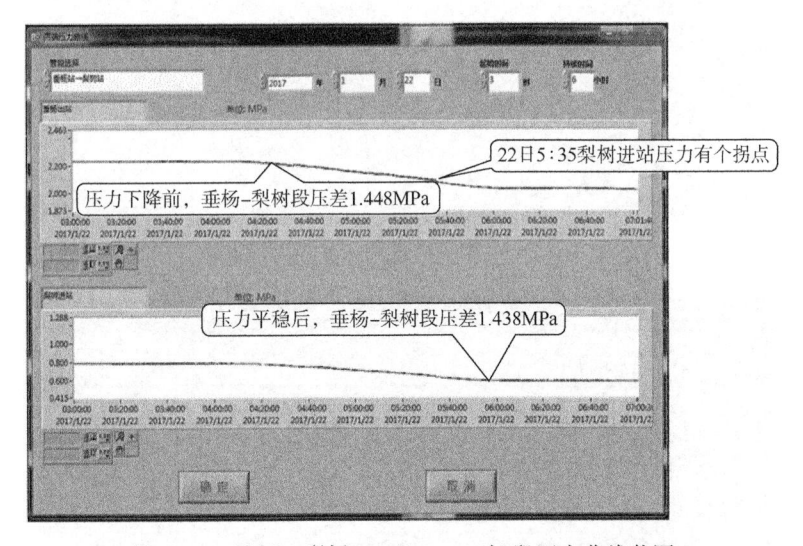

图7-14 垂杨—梨树(22日3—7时)段压力曲线截图

(二) 事件分析

XXX线只有林源、新庙、农安、垂杨(安装在分输管线)、铁岭站安装了超声波流量计。泄漏监测系统农安—铁岭段流量判断因站间距太长,准确度较低只作为调度判断辅助手段。XXX线泄漏监测系统流量曲线如图7-20所示。

通过查询垂杨计量记录,垂杨分输数据见表7-4。

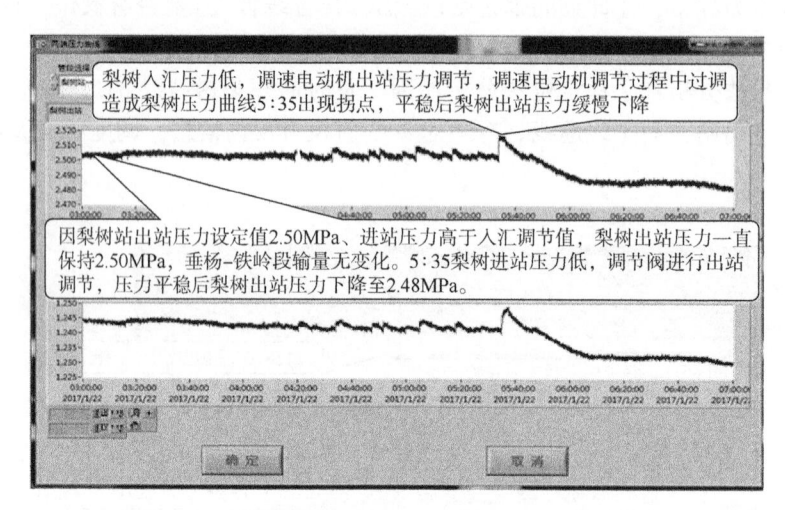

图 7-15　梨树—昌图(22 日 3—7 时)段压力曲线截图

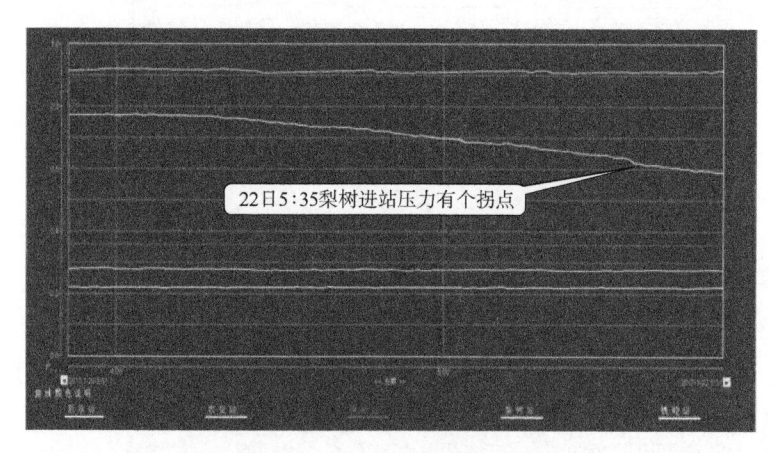

图 7-16　SCADA 系统进站压力曲线截图

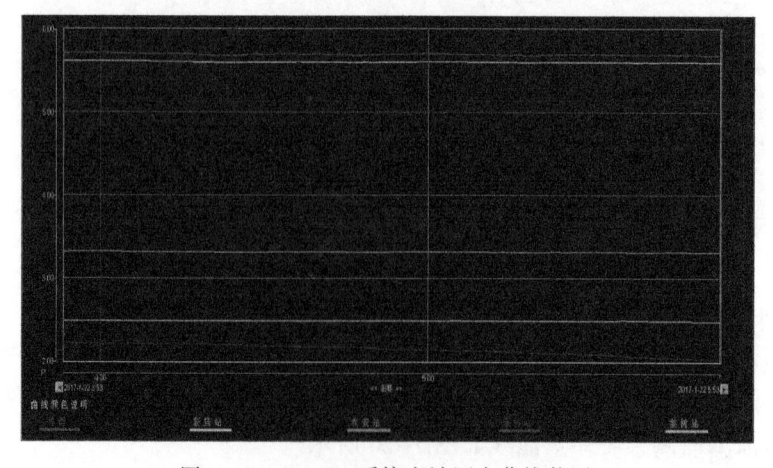

图 7-17　SCADA 系统出站压力曲线截图

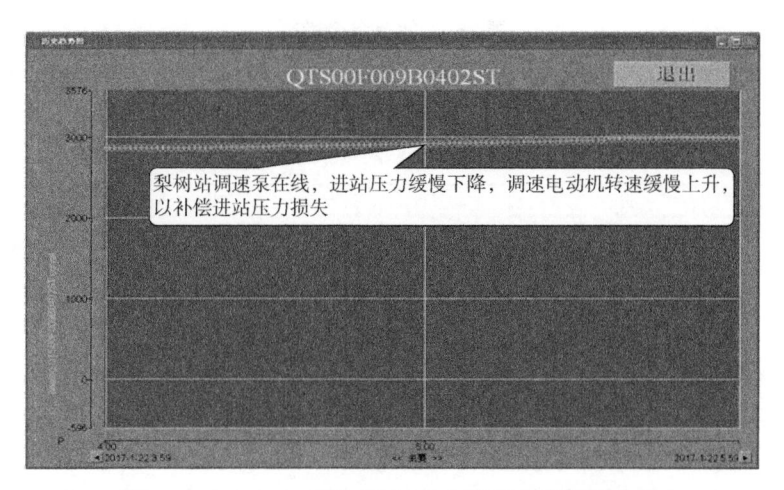

图 7-18　SCADA 系统梨树变频泵出站压力曲线截图

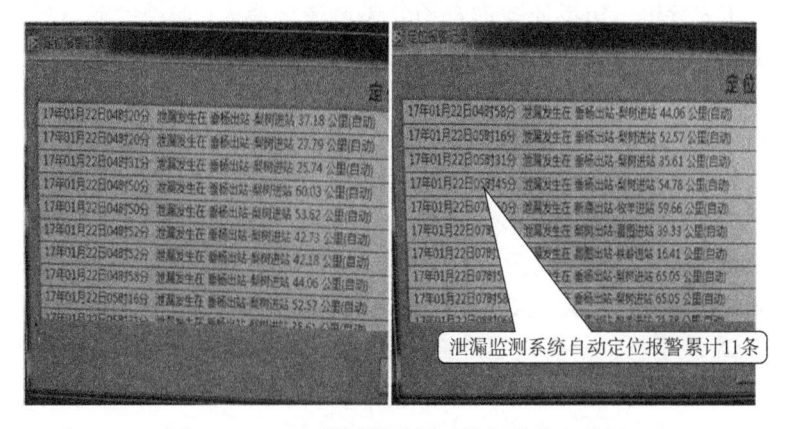

图 7-19　XXX 线泄漏监测系统报警信息截图

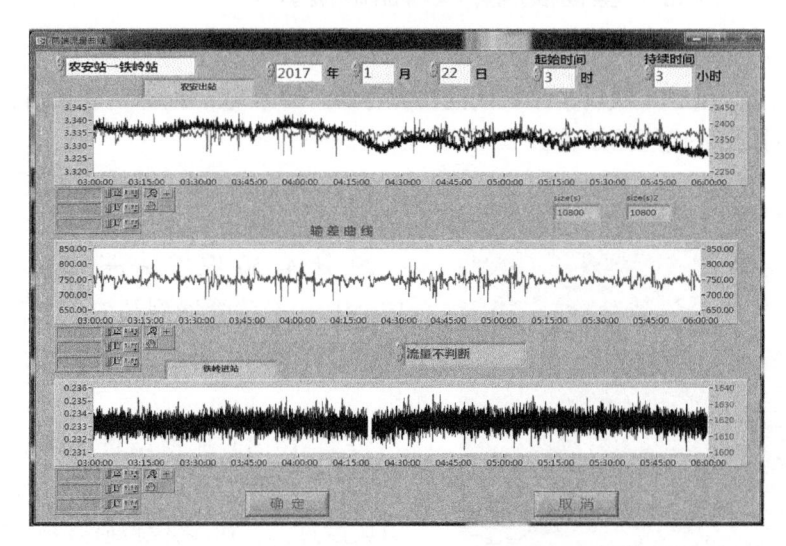

图 7-20　XXX 线泄漏监测系统流量曲线判断截图

表 7-4 垂杨分输数据

时　间	垂杨分输量 (m³/h)	分输流量计进口压力 (MPa)	分输流量计出口压力 (MPa)
22 日 0:00	734	0.23	0.21
22 日 2:00	735	0.23	0.21
22 日 4:00	746	0.23	0.22
22 日 6:00	745	0.23	0.22

从上述 XXX 线泄漏监测系统、SCADA 系统历史压力曲线分析：

(1) 垂杨出站、梨树进站压力开始是光滑缓慢下降后趋于平稳，无明显突降断点；

(2) 压力曲线不属于典型的泄漏曲线波形。

初步判断：是由垂杨俄油分输流量上升，造成 XXX 线(垂杨—梨树段)压力异常下降。

综合流量及压力分析，初步怀疑为垂杨分输量缓慢增大(垂杨分输量增加 11m³/h，垂杨流量计出口下降 0.01MPa，垂杨—梨树段压差下降 0.01MPa)，造成此次垂杨—梨树段压力异常下降。

(三) 经验教训

(1) 在今后的调度运行管理中，应急处置要严格执行应急处突五步法和《东北管网输油运行突发事件沈阳调度应急响应一事一案》。

(2) 加强预案桌面演练和应急反应处置培训，提高调度事前预控能力。

(3) 制订规划，培养调度独立处置突发事件能力和中控操作理念。

(4) 增设 XXX 线垂杨、梨树站超声波流量计。提高 XXX 线泄漏监测系统流量判断准确度。

四、XXX 线新庙—垂杨段泡沫清管器破损事件

(一) 泡沫清管器情况说明

6 月 29 日 18:14 XXX 线垂杨站收到泡沫清管器，30 日取出泡沫清管器后，发现泡沫清管器前端有破损，破损情况如图 7-21 所示。

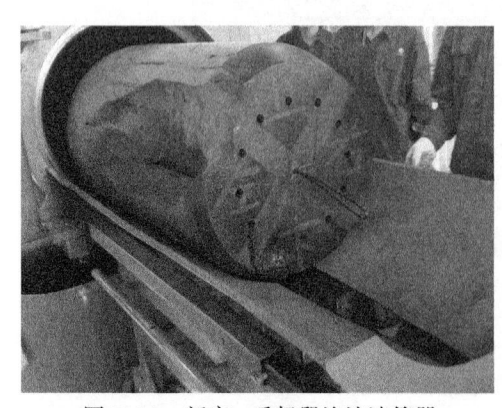

XXX 线新庙—垂杨段泡沫清管器运行期间压力曲线如图 7-22、图 7-23 所示。

29 日 4:50 农安站进站压力上升，升幅 0.035MPa，与清管器到达农安站时间接近，压力上升幅度不大，基本符合接收清管器压力变化范围。

30 日 16:13 垂杨站进站压力上升，升幅 0.25MPa，与清管器到达垂杨站时间接近，压力上升幅度过大，初步怀疑泡沫清管器在垂杨进站附近发生卡阻。

图 7-21 新庙—垂杨段泡沫清管器

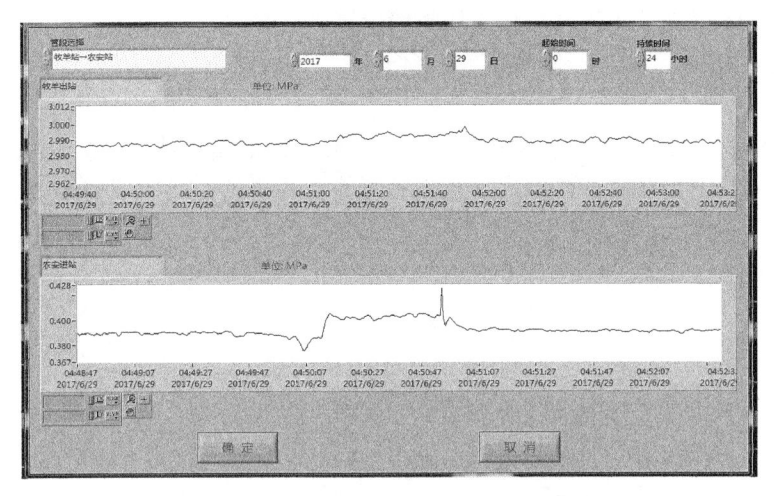

图 7-22　XXX 线牧羊—农安站压力曲线

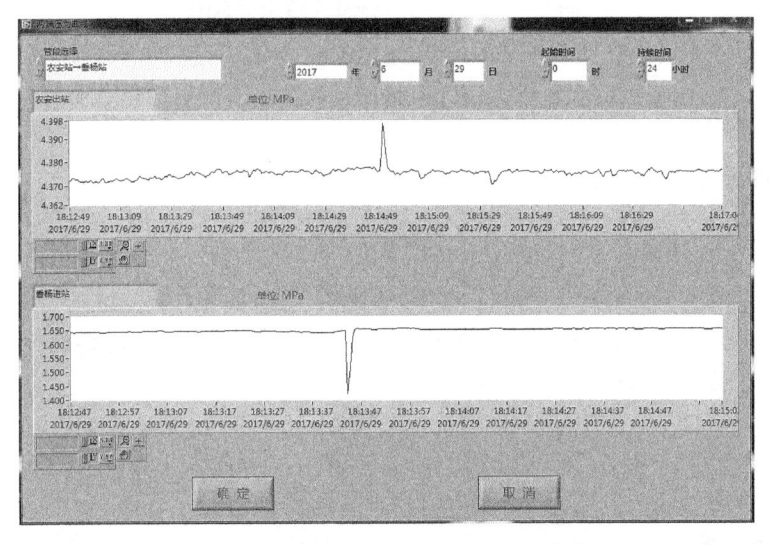

图 7-23　XXX 线农安—垂杨站压力曲线

(二) 原因分析

从泡沫清管器破损位置看，初步分析判断有两种可能，一是阀门没有全开到位对清管器造成损伤。

2014 年 XXX 线林源—垂杨段投产，俄油头前发送油气隔离清管器(皮碗与直板组合型)，垂杨取球后(垂杨借用二线收球筒)，未发现清管器有破损。

从 2014 年 XXX 线林源—垂杨段投产后至今，XXX 线新庙—垂杨段未进行清管作业。期间垂杨站共进行了两次动火：

(1) 2014 年 XXX 线林源—垂杨段投产后垂杨站动火，改为直管段(取消垂杨站)；

(2) 2016 年 08 月 5 日新增垂杨站动火及投产。

垂杨站进站压力下降发生时间 29 日 18:13:45，收球指示器报警时间 18:14:10，时间相差 25 秒，清管器运行速度为 1.76m/s，清管器发生卡阻位置大概距庆铁四线收球桶 45m。

与 2016 年 08 月 5 日新增垂杨站动火高压封堵位置基本相符。

二是管道内有硬质异物对清管器造成损伤(初步怀疑硬质异物为塞式高压封堵弧板位置偏离)。

XXX 线新庙—垂杨段发送泡沫清管器期间，与各输油站确认阀组区阀门状态，基本排除由于阀门没有全开到位对清管器造成损伤的可能。垂杨站 DN300 孔弧板示意图如图 7-24 所示。

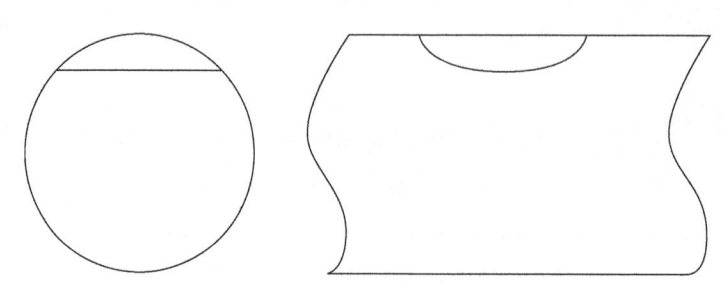

图 7-24　垂杨站 DN300 孔弧板示意图

经现场验证确为动火作业中塞式高压封堵弧板位置偏离造成清管器损伤。

五、XX 站 12-1#阀漏油分析报告

（一）事件经过

2018 年 2 月 6 日，XX 站 12-1#阀门故障。站内人员邀请电动执行机构厂家(抚顺西博斯)于 2 月 7 日进行故障处理，2 月 7 日晚电动执行机构厂家(抚顺西博斯)到达现场后确认电动执行机构无问题，拆除电动执行机构和传动箱，初步判断为阀杆脱离阀板，将 29-1#(1#罐罐根阀)关闭。2 月 8 日生产科与站内人员进一步判断，确定为阀杆断裂。生产科人员联系厂家购置新阀门、动火安装等事宜。

2018 年 2 月 9 日 6:00，沈阳调度接 XX 站值班人员汇报发现 12-1#阀门处漏油，沈阳调度立即通知关闭 28-2#阀，立即启动相应应急预案，处理地面上残油，同时利用已停用的 14#阀对 12-1#进行更换，然后对 14#阀进行法兰盲板封堵。

（二）原因分析

通过查询 SCADA 系统历史事件及 XX 站调节阀后压力历史曲线，分析事件原因如下。

1. XX 站 12-1#阀门检修期间运行管理要求

XX 站 12-1#阀门发生故障后，将 29-1#(1#罐罐根阀)关闭，并规定装车前需将 28-2#阀门关闭，装车后导通进 2#罐流程后再将 28-2#阀门全开。

2. 原因分析及结论

直接原因：2018 年 2 月 9 日 5:12 分 XX 站关闭 12-2#阀门，调节阀后压力立即由 0.21MPa 上升至 0.46MPa，5:12:25 后压力突然下降至 0.05MPa。5:59 逐渐关闭 28-2#阀门，6:24 全关 28-2#阀门。如图 7-25、图 7-26 所示。

从上述现象中可以判断是由于流程切换过程中违反了 12-1#阀门检修期间运行管理要求，造成压力升高导致 12-1#阀门处漏油。

（三）整改措施

针对此次事件中存在的问题，提出以下整改措施：

（1）XX站要加强对值班人员培训工作；

（2）XX站加强人员管理制度，提高值班人员执行力。

（3）XX站工艺操作值期间班干部要到场，做好监督工作。

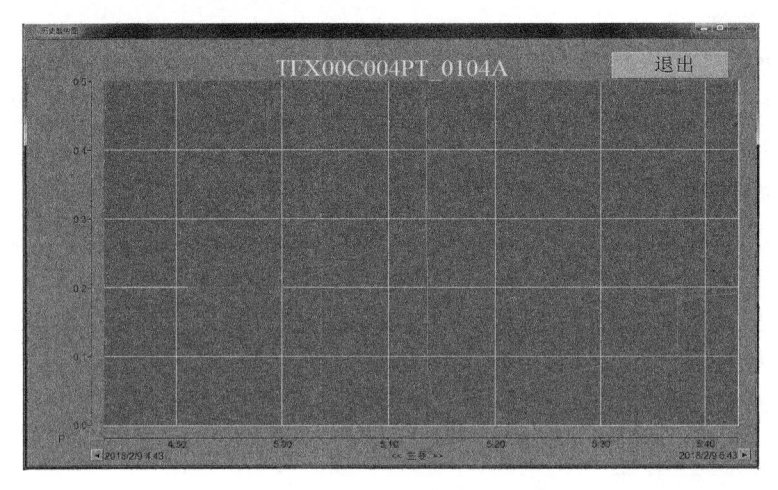

图7-25　XX站调节阀后压力曲线

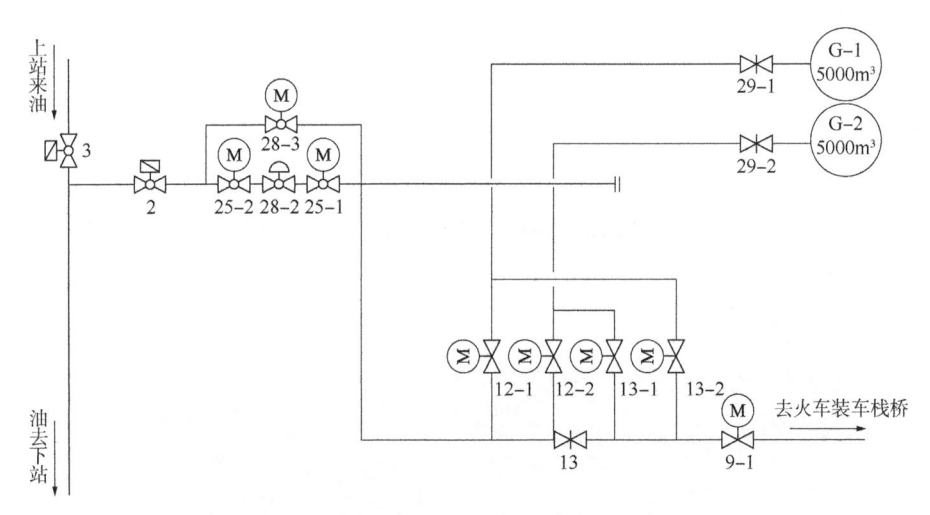

图7-26　XX站流程图

六、XX线异常停输事件

（一）事件经过

12月5日8:10，XX站接到调度令进行发球操作。在由正输流程切发球流程期间，2#阀阀位显示异常，电动无法开阀，经调度同意后由站运行人员现场手动开2#阀，9:23球正常出站；10:20请示调度由发球流程倒正输流程，值班人员现场对9#出站阀进行开阀时，运行人员注意力都集中在2#阀阀位显示异常上，对9#阀阀位没有进行确认，当时阀位未显示全开状态，就手动关2#阀。在2#阀阀位显示92%，2#阀离开全关位20s后，触发水击，XX线甩泵。

（二）原因分析

（1）对运行岗位操作原理培训不到位，运行岗位员工没有认真学习站场相关水击保护触发条件，操作凭经验，没严格按照操作票进行操作。

（2）由于 XX 站运行人员年龄普遍偏大，在发球前进行了 XX 线取球操作，同时 2# 阀门现场手动开阀造成了运行人员注意力不集中，操作步骤失误。

（三）整改措施

（1）加强倒流程监护。各站队要严格按照操作票进行流程操作。运行值班人员每操作完成一步后用对讲机与站控室监视人员进行阀位确认，然后再进行下一步操作，在收发球期间，生产站长要到现场监护操作。

（2）加强操作原理和作业指导书学习。结合 XX 站收发球流程操作的实际情况，加强对 XX 线操作原理的学习，让员工掌握触发水击的条件有哪些，运行值班人员要进行桌面模拟演练，减少员工误操作的发生。

（3）加强安全教育。召开站运行班组大会，通报事故发生的经过，总结多年来站队、输油气分公司发生的事故经验教训，进行经验分享，防微杜渐。切实提高员工安全意识。

（4）加强设备维护保养。对 2# 阀阀位显示状态异常进行处理。

七、XX 线停输事件

（一）事件描述

24 日 5:44 沈阳站 402# 泵自停后，沈阳站进出站压力下降，辽阳站进站压力下降，调度判断运行压力异常，中控执行全线紧急停输程序，同时通知铁岭、沈阳、辽阳三站对所辖管段进行巡线。

（二）事件分析

23 日 10:00，XX 线因 XX 站俄油储罐液位低，造成全线停输。23 日 10:50 全线启输，启输后辽阳—石化末站管段逐步填充，各站压力逐渐上涨。如图 7-27 至图 7-30 所示，全线输量未达到平衡前，调度将鞍山计量站分输阀后压力设定值为 0.3MPa，随着鞍山分输压

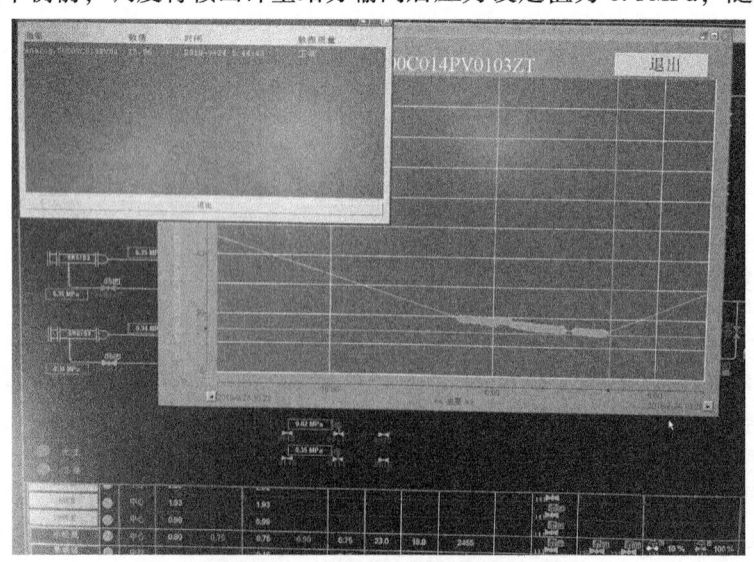

图 7-27 鞍山调节阀阀位历史趋势

力(与辽阳进站压力同步)逐渐上涨,分输调节阀逐渐关闭,截止到24日5:44调节阀阀位开度15.96%,分输阀前压力上涨到2.15MPa,辽阳站进站压力上涨到2.27MPa,沈阳站出站压力上涨到7.83MPa。结合铁岭—辽阳段压力、流量历史曲线分析,可能是由于辽化分输流量计堵塞导致压力逐渐上升。

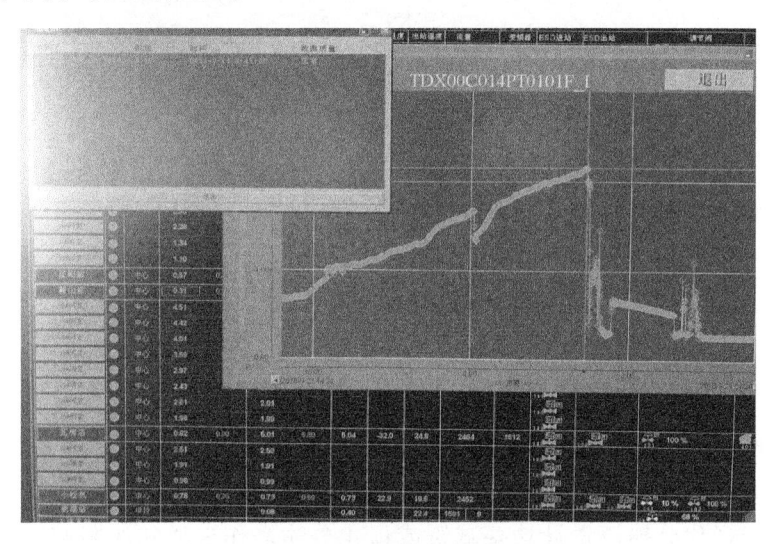

图7-28 鞍山阀前进站压力历史趋势

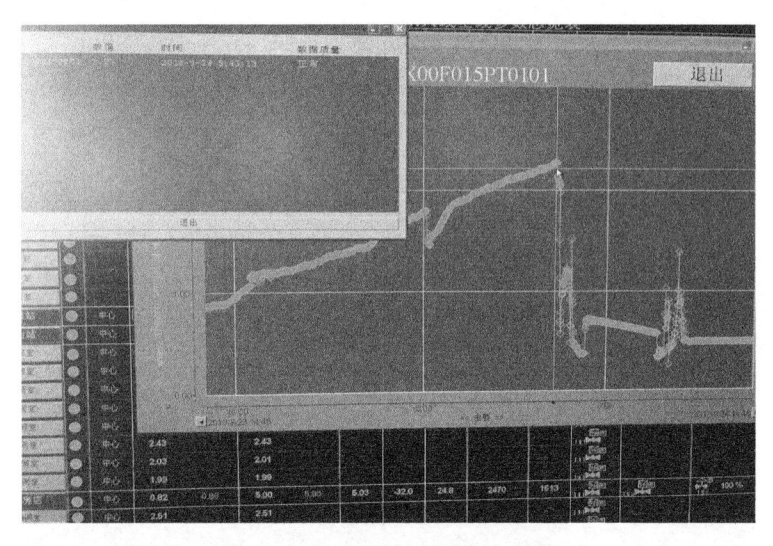

图7-29 辽阳进站压力历史趋势

5:44沈阳站402#泵自停。经查询事件报警,XX线沈阳站出站压力上升报警与沈阳站泵自停是同一时间。如图7-31至图7-33所示,辽阳站进站压力逐渐上涨,导致沈阳站进站压力上升,沈阳站变频出站压力设定值为7.5MPa,当沈阳站变频泵转速低于1800r/min后无法调节压力,出站压力突破设定值7.5MPa,逐渐上升至7.83MPa,经查沈阳站停泵时变频器在线运行,转速为1500~1600r/min之间,调节阀为手动状态。初步怀疑为沈阳站出站压力高导致沈阳站水击减量。

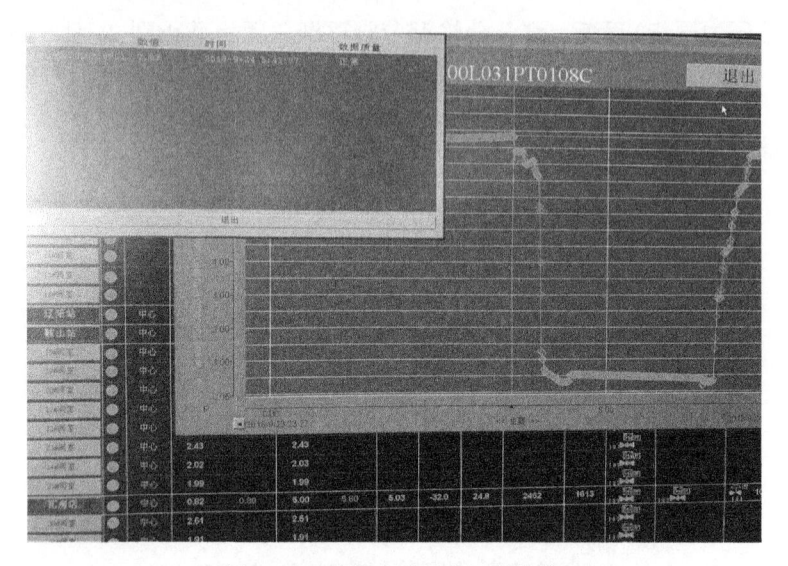

图 7-30　沈阳出站压力历史趋势

沈阳站泵自停后,沈阳站进站压力上涨,符合沈阳站停泵后的全线压力变化趋势。5:53辽阳站进站异常下降,同时辽阳分输流量上升,结合铁岭—辽阳段压力、流量历史曲线分析,可能是由于辽化分输流量计堵塞减缓或辽化分输操作未通知沈阳调度导致压力异常下降。

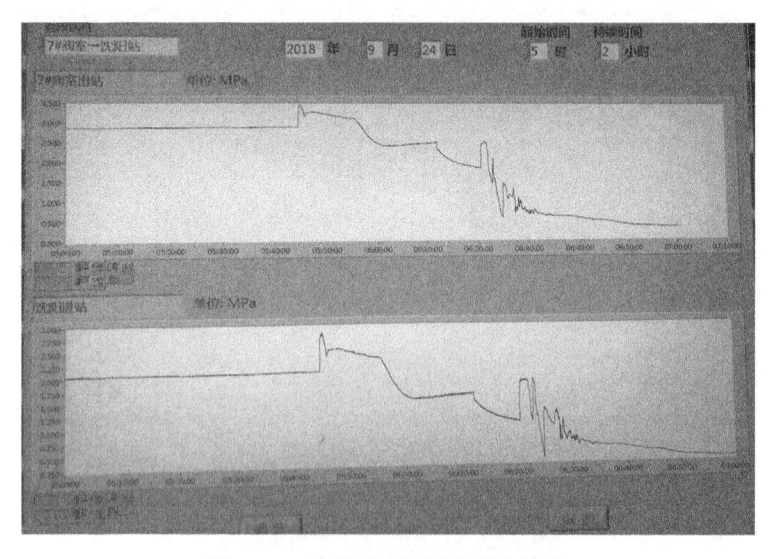

图 7-31　沈阳站进站压力历史趋势

(三) 事件总结

(1) 值班调度要做好 SCADA 及泄漏监测系统监控,实时准确掌握管网运行参数,确保管道运行安全。

(2) 对于压力异常下降应在十分钟内尽快分析下降原因,如不能确定下降是否正常,则启动全线紧急停输程序。

(3) 事件发生后要做好事件原因分析及整改措施,避免同类事件再次发生。

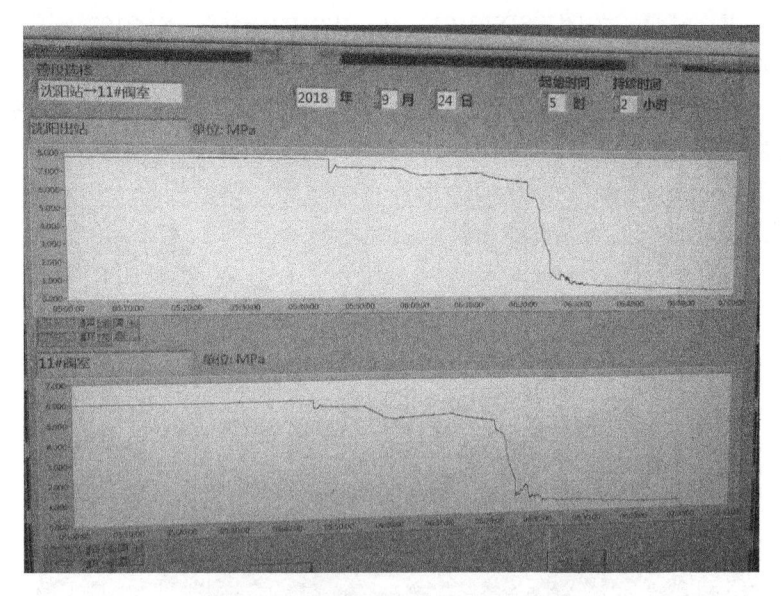

图 7-32　沈阳站出站压力历史趋势

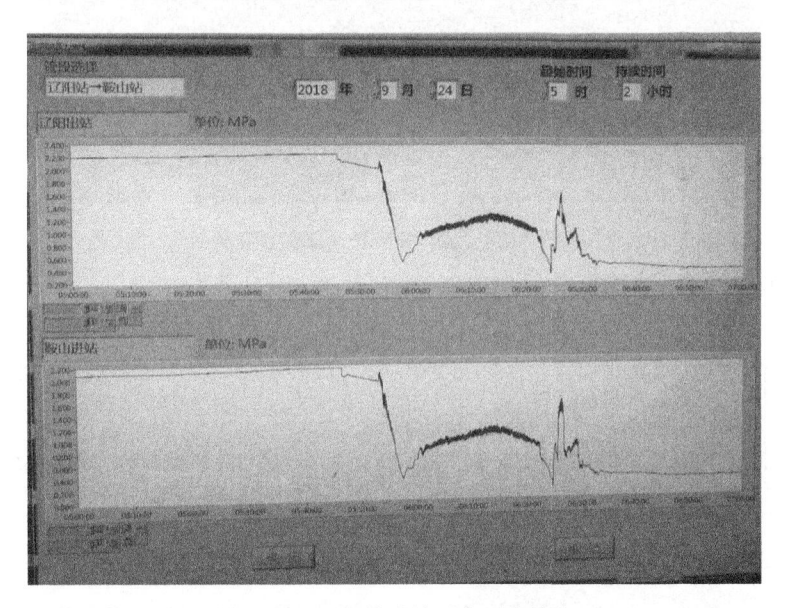

图 7-33　辽阳站进站压力历史趋势

八、XX 站误操作触发站 ESD 事件

(一) 事件经过

2019 年 4 月 2 日 8:35，沈阳调度中心调度电话下达 XX 站导通收球流程调度令，XX 输油站值岗人员接到调度令后将站场工艺流程由发球流程切换为收球流程。8:46 该站运行人员开始进行操作，8:50 进行关闭 XV0102#阀门操作，同时站控机发出阀门关闭正常声音报警，运行人员在进行"警铃消音"时，误点击"站场 ESD 命令"按钮，在未仔细进行二次确认的情况下，点击确认键触发该站 ESD，全线 ESD 紧急停输。XX 站 ESD 紧急停输程序执行

立即泵停运 2#、4#、5#泵，关闭 ESDV0101#、ESDV0102#阀门，XV0107#阀门由于故障原因未自动打开，造成该站进站压力 8:55—9:08 维持在 6.0MPa 以上，对进站管道造成较大冲击。9:15—10:50 该调度安排管道巡线，巡线反馈无异常后，13:00 恢复 XX 线输油。

（二）事件原因分析

通过事件调查，XX 站触发 ESD 停输事件直接原因：典型操作人员注意力不集中、监护人员监控不到位导致的人为误操作事件。

事件间接原因：如图 7-34、图 7-35 所示，ESD 区重要阀门故障（ESDV0102#、XV0107#），导致该站触发站 ESD 后进站压力持续高位运行。

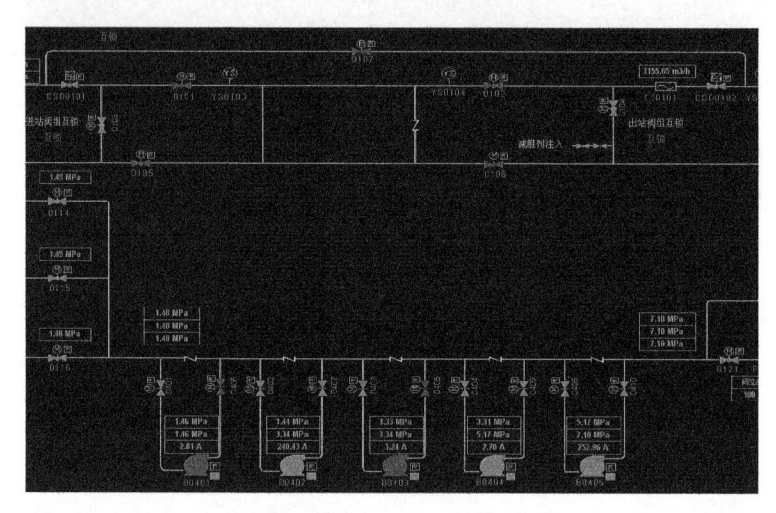

图 7-34　XX 站 ESD 区阀门情况

XX 线水击对策表（站场 ESD 触发时对策表）见表 7-5。

表 7-5　XX 线水击对策表（站场 ESD 触发时对策表）

水击工况	XX 站	备注
XX 站 ESD 按钮	立即停运所有输油泵及污油泵、减阻剂注入系统所有泵；关闭进出站 ESD 阀门（ESDV0101、ESDV0102），打开旁通阀门 XV0107	由水击超前保护程序触发全线紧急停输

图 7-35　XX 站进站压力趋势图

（三）存在问题及整改措施

（1）ESD0101#、ESD0102# 阀门故障：ESDV0101#、ESDV0102#阀门"ESD 动作"状态无法及时消除。中心调度安排 XX 站对 ESDV0101#、ESDV0102#阀门 ESD 锁定解除时长进行了实验。测试结果显示自触发"恢复"按钮后，到阀门完全解除 ESD 锁定状态，共计用时 13min。ESD0101#、ESD0102#阀门在 ESD 锁定状态解除后，需要经过手动断电再次送电的过程，阀门才能正常远程开关。如不经过断送电过程，无法远程进行开关操作。针对上述 ESD0101#、ESD0102#阀门故障问题，分公司组织厂家和专业技术人员着力排查阀门隐患，明确故障原因，尽快组织队伍维修，确保阀门运行可靠。

XV0107#阀门故障：XV0107#阀门防爆开关故障导致阀门无法送电，不能远控开关。在触发站 ESD 后，未自动打开，且现场手动开关阀门困难，无法手动开阀。事后已更换防爆开关，XV0107#阀门恢复正常。

（2）XX 站触发 ESD 停输，由于阀门故障导致该站触发站 ESD 后进站压力持续高位运行。输油气分公司要吸取教训，加强对设备、阀门的日常巡护，对故障高发设备加强监管。提高设备故障的敏感性以及解决故障的紧迫性，提高维检修质量，关键站场重点设备发生故障后要动员整个输油气分公司的力量及时抢修，确保设备可靠运行。

（3）XX 线所有站间截断阀室发生通信故障后，压力参数无法上传：XX 线服务器采用的是施耐德品牌的 PLC，阀室通信存在无法自动主备切换功能，导致阀室通信故障后需要手动刷新运行参数才能正常上传。

（4）XX 线泄漏监测系统进站压力表量程无法满足生产需求：XX 线泄漏监测系统进站压力表量程上限为 4.0MPa，设计压力为 8.0MPa，不能满足生产实际运行需求，应调整压力表量程上限到 8.0MPa。

第八章 原油管道扫线技术及应用

废弃原油管道的扫线封存是防止管道发生泄漏和次生灾害的重要手段。在进行管道扫线时，如果直接采用空气，极易引起闪爆，通常采用氮气吹扫来实现。氮气化学性质稳定，不易发生反应，而且价格低廉。本章第一部分介绍了原油管道扫线技术，主要包括扫线前准备、扫线实施、扫线后处理、扫线注意事项等内容。第二部分介绍了典型的东北管网停运管道扫线案例，包括铁大线（鞍山—小松岚）停运管道扫线、铁秦线停运管道扫线，重点分析了扫线准备工作、扫线技术方案以及扫线过程。原油管道的运行人员通过对本章节原油管道扫线技术及应用案例的学习，可以了解和掌握原油管道扫线的实施过程以及扫线过程中的风险和风险防控知识。

第一节 原油管道扫线技术

一、扫线实施

在进行输油管道扫线时，通常采用氮气吹扫实现。完整的扫线实施过程包括扫线前准备、扫线开始、扫线实施、扫线后处理等步骤。

（一）扫线前准备

扫线前需要准备的资料包括：管道高程、埋深、承压能力、穿跨越情况、结蜡、腐蚀、变形、动火改造和维抢修资料等。需要确定的内容包括：扫线方式（分段扫线或整体扫线）、氮气源类型、氮气用量、氮气注入压力、清管器推进速度和扫出原油的回收方式等。由于扫线过程为高压操作，扫线前需要制订详细的作业计划和应急预案。

氮气源类型包括氮气瓶组、制氮车现场制氮和液态氮汽化三种方式。氮气瓶组便于运输、使用方便，但存储的气量较小，扫线压力小，适用于短距离、小管径，用氮量小的管道扫线；现场制氮车制氮量大，压力小，能够保障大型施工氮气需求的连续性，但设备较大，不易进入现场作业，通常需要有另一台制氮车在现场备用；液态氮通常和汽化器、水套炉配套使用，扫线时氮气压力可以保持较高，在确保氮气用量能满足需求的前提下，适合采取此种办法。

对废弃的输油管道进行扫线前，还需考虑将其与原来的管道运行系统进行隔离。通常采取封堵、动火的方法实现，然后在管道两端安装发球筒和收球筒。如果发现管线结蜡情况较严重，应在准备阶段考虑相应对策，如管道隔离前对该段管道活线运行、加热冲蜡或大排量冲刷等。

（二）扫线实施过程

扫线流程：

（1）确认各项准备工作完毕；

（2）导通下游原油注入管线，开始向发球筒注入氮气；
（3）在氮气压力的推动下，扫线清管器推动原油注入下游管线或站内储油罐内；
（4）沿线各跟踪点汇报扫线清管器行进过程；
（5）清管器进入收球筒，扫线结束。

氮气扫线示意图如图 8-1 所示。

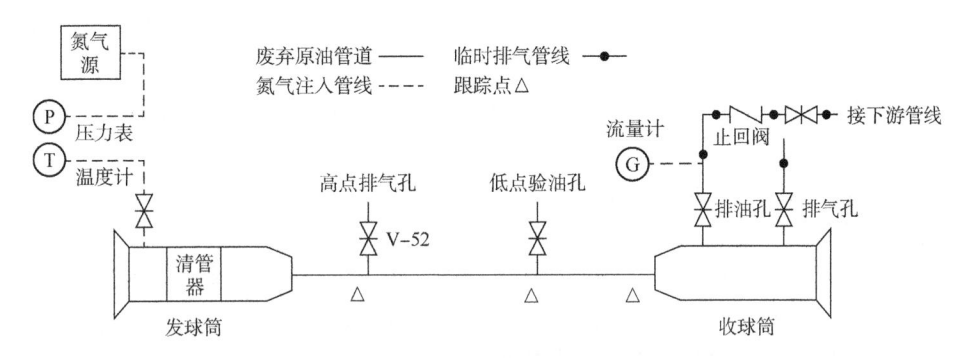

图 8-1 氮气扫线示意图

扫线通气前需要完成施工作业坑的开挖，收/发球筒和管件的试压、动火安装，开各种功能孔（注氮孔、排气孔、低点验油孔、排油孔等），安装原油注入连通管线，氮气设备的运输、注氮装置的安装，发射机和跟踪器的试验等。

在特殊管段（如埋深过深、穿越河流位置、管体存在变形位置）应重点考虑。如扫线监测点的管道埋深大于接收器的接收范围(0~5m)，在监测点管道上方开挖作业坑，直至露出管道；管道穿越河流时，氮气置换原油后易发生漂管，在扫线前应在穿越河流两侧的近岸处分别开挖观察坑和开临时注水孔，备用充足水源，如发生漂管应停止扫线注氮，立即向管道注水，或加固管道上方石笼；对于管道内检测报告中提及的重点腐蚀区域和管体变形较严重的管段，可能影响扫线清管器的正常通过，应在这些区域设置重点监测点。

完成上述准备工作后，开始向发球筒注入氮气，同时导通下游原油管线，在氮气压力的推动下，扫线清管器推动原油注入下游管线或站内储油罐内。扫线过程中，通过氮气注入端的精密压力表、温度计，及时观察氮气注入压力和温度，防止注入压力超高造成原油管道破裂。采用液态氮扫线时，氮气注入温度控制范围应为 10~15℃，防止注入管道内的氮气温度过低，造成管体温度下降，导致金属材料物性改变而发生焊缝冷脆开裂。管道的下游原油注入连通管线上安装超声波流量计，用于计量扫线过程中的原油流量。扫线过程中与各个监测点保持通信联络，及时掌握扫线清管器的运行位置。

扫线清管器推进至管道末端附近时，应根据现场情况降低氮气的注入压力或停止注入氮气，利用管道内的余压推动扫线清管器行进，同时关小连通管线上的截止阀门，控制扫线清管器推进速度，防止其进入收球筒时瞬间冲击压力过大。当末端接收器报警确认扫线清管器进入收球筒后，立即关闭临时连通管线的截止阀，对油品与氮气进行有效切割，防止扫线氮气进入储油罐或油槽车内，对储油罐或油槽车造成冲击破坏。

（三）扫线后处理

扫线结束后，打开排气管排放油气和氮气混合物，排放时应采取防静电接地和高架排气管等措施确保安全。打开事先在管道低点开的验油孔，查看管道内部是否存在油品，评价扫线效果。

当扫线完成后可保持备用线管道中的氮气压力不小于0.04MPa,作为管道的内防腐手段,保证微正压后封存,同时将孤立的干线管段重新纳入阴极保护系统。

(四)备用注氮孔

在扫线距离过长出现气液两相流或蜡堵造成清管球停止前进等意外发生时,需局部提高氮气压力。为了减少提高氮气压力所需的氮气用量,在中间站场出站及部分线路阀室阀门的下游侧设置备用注氮孔。在提高氮气压力前,可就近关闭上游输油站出站阀门或线路阀室内截断阀门,利用备用注氮孔注氮,氮气提高压力上限应不大于现行运行压力。

(五)清管器跟踪方案

配备跟踪车辆与专用工器具各6台,跟踪人员每组3人2台跟踪设备,共计3组;为减少跟踪人员劳动强度,另设3组人,轮流接替跟踪。

每段扫线开始前,按照1处/5km设置固定跟踪点,然后轮流交替监视清管器通过,直到终点。利用3台车和6台设备,6组人24h轮流交替跟踪。

(六)验气要求和防油气冲罐等防护措施

1. 验气要求

验气前需计算出每段验气管道内的存油体积,每次验气均要求排净验气管道内存油后,继续放油一段时间,才能得到准确验气结果。

2. 氮气冻伤、窒息等防护措施

氮气虽然无毒,但有窒息性,并且在液氮汽化及氮气排放时会大量吸热,宜造成冻伤。排放时要远离人员集中的地方,施工时要防止液氮大量外泄,操作时人员着防寒装备并要保证足够安全距离等。

(1)施工现场设警戒线,有明显警戒标志,与施工无关人员严禁入内。

(2)施工作业人员进入现场前,必须进行安全培训、技术和任务交底,并明确各自职责。服从指挥,听从分配,不违章指挥,不违章操作。

(3)在进行氮气置换过程中,置换作业范围10m内,非操作人员不得进入。

(4)液氮为低温液体,接触液氮时应进行有效防护。眼睛防护:接触液氮环境应戴面罩。身体防护:低温工作区应穿防寒服。手防护:低温环境戴棉手套,施工时严禁用手触摸液氮低温管线,严格检漏防止液氮流出冻伤;施工时工作区内严禁人员乱走动,更不允许乱动或敲击工作中的设备、管线等。

(5)保持现场通风,防止液氮大量泄漏造成缺氧窒息;在狭小空间作业或室内作业时,要用轴流风机进行强制性通风,防止缺氧窒息。

(6)检漏时若发现液氮泵或管线有漏点,要等到设备恢复到常温并且现场含氧量达标后方可进行紧固或维修,禁止低温状态下拆卸液氮泵体或管线。

(7)施工完毕拆除注氮设备、管线时,首先要把注氮连接口阀门关闭,设备、管线中的压力(表压)降到零时才能拆除,严禁带压施工。

3. 避免油气冲罐的防护措施

当氮气即将到达各输油站进站前,开始逐步减小输油站阀门开度,控制进站流速,避免油气进站速度过快造成油气冲罐;提前拆除凌海、绥中、秦皇岛输油站油罐的呼吸阀、安全阀等设施，避免造成油罐事故。

4. 氮气排放的降噪措施

如需在站场或人口稠密地区设置氮气排放点，推荐氮气排放管线末端设置消音器，避免噪声扰民。

二、扫线注意事项

（1）氮气用量较大，需提前进行购买。

（2）氮气扫线过程中需控制各输油站进站流速，扫线即将结束时需更进一步控制末端进站速度，避免油气冲罐。各输油站清管球即将到达本站前，需提前停泵，利用余压进行收球，避免氮气进泵造成汽蚀损坏等。

（3）每个低点处布置油槽车到达指定位置准备收油。根据清管器通过情况，可分段进行管线排油工作。

（4）在注氮排油过程中，如发生由于结蜡过多导致清管器无法前进现象时，要在清管器下游10m处开孔排蜡。

第二节　东北原油管网停运管道扫线案例

一、铁大线（鞍山—小松岚）停运管道扫线

（一）扫线概况

2017年9月，铁大线安全改造工程（鞍山—小松岚段）新建铁大复线鞍山至小松岚段管道投产成功后，铁大线（鞍山—小松岚段）停输。为了避免盗油打孔、焊缝开裂等意外带来的直接、间接危害，需对原铁大线（鞍山—小松岚段）管道采用氮气扫线、封存。沈阳调度中心根据公司统一部署，于2017年11月7日至12月6日组织相关部门对该管段进行氮气扫线及干线与站场动火隔离后完成管道封存工作。

铁大线系统流程图如图8-2所示。

1975年9月15日铁大线投产后加热输送大庆原油，全长417km，管径720mm，最高设计压力4.61MPa，起点为铁岭，经沈阳、鞍山、大石桥、熊岳、瓦房店和小松岚站输送至大连七厂。自2001年1月开始，铁大线低输量运行大庆油，并于2001年3月起停止了铁岭—大连新港段的清管作业，致使管道结蜡厚度逐年增加。因长期处于低输量运行不具备实施内检测条件，故未实施内检测。从2007年1月开始，铁大线变更输送工艺，铁岭至鞍山段连续常温输送俄罗斯原油，鞍山至大连石化段间歇常温输送俄罗斯原油。

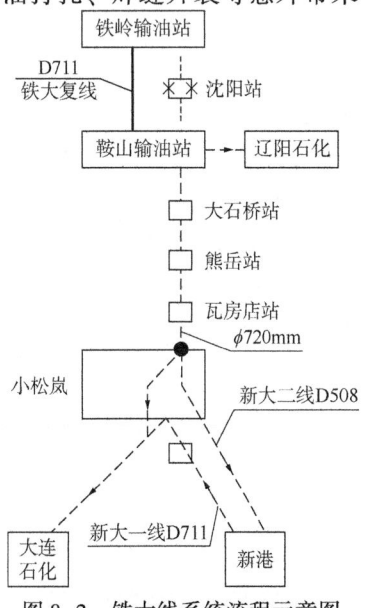

图8-2　铁大线系统流程示意图

2011年1月,漠大线俄罗斯原油正式进入东北管网;铁大线全线输量为960m³/h时(折合年输量为678×10⁴t/a),熊岳输油站出站压力达到2.67MPa,熊岳—瓦房店段运行压力与输油量不匹配,熊岳站出站压力异常偏高。据初步分析,造成出站压力异常偏高的主要原因是2007年1月至2010年12月长期超低输量输送俄罗斯原油,其溶解作用使结蜡层强度逐渐降低,部分结蜡和原油中携带的杂质沉积在管道低洼处,造成局部管段蜡堵。

本次扫线为铁大线鞍山—松岚段管道长度为271.56km。

(二)扫线技术方案

铁大线(鞍山—小松岚)扫线工作自2014年12月28日开始启动,沈阳调度中心为确保已经运行42年之久的管道安全扫线封存,多次组织相关单位召开会议讨论,设计单位更改扫线方案4版次,中心内部讨论十余次,建立了架构清晰、职责明确的扫线组织机构,如图8-3所示,并根据以往各输油站工艺运行参数表,随机抽取了2015年1月的几组稳态数据,对铁大线鞍山—小松岚段的结蜡情况重新进行了核算(表8-1),为扫线工作的顺利进行奠定了坚实的基础。

表8-1 鞍山—小松岚段各站间当量结蜡厚度

管段	鞍山—大石桥	大石桥—熊岳	熊岳—瓦房店	瓦房店—小松岚
当量结蜡厚度(mm)	18	30	62	19

(1)扫线次序与注氮点的选择。铁大线鞍山—小松岚段分为四段扫线,即每两座输油站间为一个扫线区间,吹扫一段时间,启用下游输油站输油泵来降低氮气注入压力,提高扫线过程的安全性。

全线扫线次序如下:

第一步,鞍山—大石桥段干线扫线(鞍山站发球);

第二步,大石桥—熊岳段干线扫线(大石桥站发球);

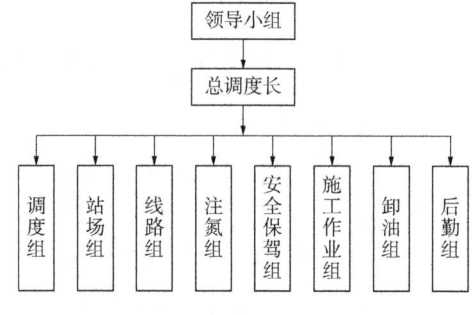

图8-3 扫线组织机构图

第三步,熊岳—瓦房店段干线扫线(瓦房店站发球);

第四步,瓦房店—小松岚段干线扫线(瓦房店站发球)。

根据东北管网扫线工程的经验,注氮点适宜选择在站场或阀室内。本方案选择鞍山输油站、大石桥输油站、熊岳输油站和瓦房店输油站作为四处主要注氮点。注氮点及扫线区间如图8-4所示。

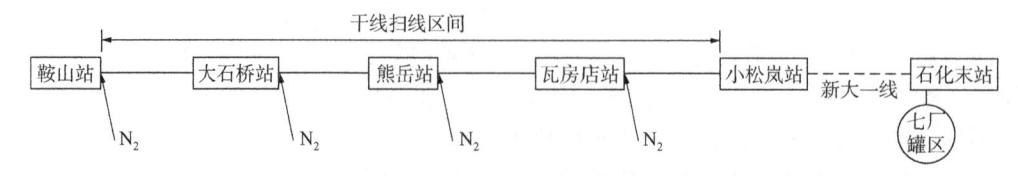

图8-4 注氮点及扫线区间

(2)制订扫线跟踪方案,在河流穿越等重点位置加密设置跟踪点。配备跟踪车辆3台,

第八章 原油管道扫线技术及应用

专用工器具6台，跟踪人员每组3人，共计6组。

每段扫线开始前，按照5km/处设置固定跟踪点，共计3处，然后轮流交替监视清管器通过，直到终点。利用3台车和6台设备，6组人24h轮流交替跟踪。

设置固定跟踪点，用于检测氮气头的位置，并采取相应动作。固定跟踪点位置见表8-2。

表8-2 固定跟踪点位置

序号	位置	桩号	动作	备注
1	鞍山出站60km	211#	鞍山站氮气停止注入	
2	大石桥进站2km		大石桥站作接球准备	与验气相结合
3	大石桥出站52km	277#	大石桥站停止注入氮气	
4	熊岳进站2km		熊岳站作接球准备	与验气相结合
5	复州河南岸阀室	349#	熊岳站停止注入氮气	
6	瓦房店进站2km		瓦房店站作接球准备	与验气相结合
7	瓦房店出站50m	406#	瓦房店站停止注入氮气	
8	小松岚进站2km		小松岚站作接球准备	与验气相结合

（3）完成铁大线鞍山、大石桥、熊岳、瓦房店、小松岚各站站内动火全部预制工作；8个备用注氮点和1个排蜡点预制工作；20个高排气点和低排油点预制工作。高排气点和低排油点位置如图8-5所示。

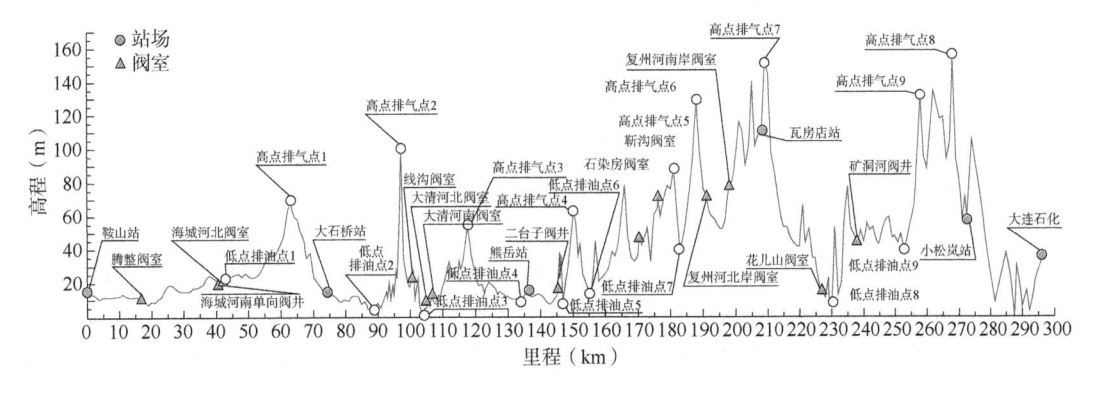

图8-5 高排气点和低排油点位置图

验气前需计算出每段验气管道内的存油体积，每次验气均要求排净验气管道内存油后，继续放油一段时间，才能得到准确验气结果。

在氮气即将达到小松岚站前，应严格控制清管球速。清管球停在指定位置后，通过小松岚站进站端排气口放油、排气，避免油气进入小松岚—大连石化段管线。

在站场或人口稠密地区的氮气排放管线末端设置消声器，避免噪声扰民。

（4）完成鞍山、大石桥、熊岳、瓦房店、小松岚扫线期间各站工艺流程操作票，并审核完毕。

（5）大石桥、熊岳、瓦房店确认泵机组完好备用，扫线期间各站泵机组可连续运行，维抢修队伍保驾落实。

(6) 完成鞍山、大石桥、熊岳、瓦房店、小松岚站内管线扫线方案，并审核完毕。

(7) 瓦房店—松岚发送扫线油气隔离球前，新大一线发球1次。

在铁大线鞍山—小松岚段干线扫线完成后，各输油站站内管道内的油品需排净。铁大线各站内需清扫的内容，主要是原油管道系统。先对站内管线采取高点进氮气补气、低点排油措施排油，最后用氮气进行吹扫，封存。各站管线残油租用油罐车运至附近炼厂。

（三）扫线过程

第一段：鞍山—大石桥段。

在鞍山站出站端发送清管球、注入氮气。由于铁大线鞍山站无发球筒可以利用，因此，需要在鞍山站出站端动火安装临时发球筒，临时发球筒上设注氮口及阀门。

准备工作完成后，鞍山站开始注入压缩氮气，氮气与俄油之间设置清管球，按12t/h注入氮气，当清管球到达鞍山出站60km时，鞍山停止注入氮气，利用管道里的氮气剩余压力顶油至大石桥站。当清管球到达大石桥进站2km时（清管球跟踪结合现场验气方式确认），大石桥站做接球准备，平稳控制清管球进站速度，将清管球停在大石桥站SBV-1阀前。

在吹扫鞍山—大石桥段管线时，大石桥启1台小泵，熊岳启1台大泵，瓦房店启1台小泵，以减小注氮的压力，提高安全性。

第二段：大石桥—熊岳段。

为防止清管器卡在进、出站三通处形成气阻，且各站间结蜡厚度不同，在大石桥站重新发送清管器。

在大石桥站出站侧动火安装临时发球筒阀，装球。准备工作完成后，在大石桥站开始注入压缩氮气（按12t/h氮气量，氮气与俄油之间设置清管球），当清管球到达大石桥出站52km时，大石桥站停止注入氮气，利用管道里氮气剩余压力顶油至熊岳站。当压缩氮气（清管球）到达熊岳站进站2km时（清管球跟踪结合现场验气方式确认），熊岳站作接球准备，平稳控制清管球进站速度，将清管球停在熊岳站SBV-1阀前。

在吹扫鞍山—熊岳段管线时，熊岳需启1台大泵，瓦房店启1台小泵。

第三段：熊岳—瓦房店段。

为防止清管器卡在进、出站三通处而形成的气阻，且各站间结蜡厚度不同，在大石桥站重新发送清管器。

在熊岳站出站注入压缩氮气。由于铁大线熊岳站无发球筒可以利用，因此，需要在熊岳站出站端动火安装临时发球筒，临时发球筒上设注入氮口及阀门。

准备工作完成后，熊岳站开始注入压缩氮气，氮气与俄油之间设置清管球，按12t/h注入氮气，当清管球通过复州河南岸阀室时，熊岳站停止注入氮气，利用管道里氮气剩余压力顶油至瓦房店站。当压缩空气（清管球）到达瓦房店站进站2km时（清管球跟踪结合现场验气方式确认），瓦房店作接球准备，平稳控制清管球进站速度，将清管球停在瓦房店站SBV-1阀前。

在吹扫熊岳—瓦房店段管线时，瓦房店根据进站压力情况适时启1台小泵。

第四段：瓦房店—小松岚段。

为防止清管器卡在进、出站三通处形成气阻，且各站间结蜡厚度不同，在瓦房店站重新发送清管器。

在瓦房店出站端动火安装临时发球筒,装球。准备工作完成后,瓦房店开始注入压缩氮气,氮气与俄油之间设置清管球,按12t/h注入氮气,当清管球到达瓦房店出站50km时,瓦房店站停止注入氮气,利用管道里的氮气剩余压力顶油至小松岚站。当压缩氮气(清管球)到达小松岚站进站2km时(清管球跟踪结合现场验气方式确认),小松岚站作接球准备,平稳控制清管球进站速度,将清管球停在小松岚站站内,全线干线扫线完成。

当清管球即将到达小松岚进站前线路高点时(胜利口),由于管内氮气剩余压力较大,造成扫线速度过快和小松岚进站压力高,可以关闭花儿山线路阀室的线路截断阀,调整小松岚进站阀门开度,同时在高点排气来调整扫线速度。

在大石桥、熊岳、瓦房店和小松岚进站前2km均设置了临时验气点。在清管器即将到达下站前,利用进站前2km的验气点,观察俄油中是否混有氮气:(1)如进站前2km先发现气体时(人工手持清管器跟踪仪与现场验气等手段结合验证),可短时间继续输送,当下站进站围墙内发现清管球通过时,立即停输并关闭进站端干线阀门;(2)如验气管道中始终无气(或当各种判断手段无效或互相干扰而无法准确判断时),当进站围墙内发现清管球通过时,立即停输关阀。在氮气即将进入下站前,应严格控制流量,尤其是清管器达到小松岚站之前,要严格控制清管球速度,避免氮气进入新大一线,进而进入大连石化储罐。

扫线完成后(结合各段具体情况),通过临时排油点排油,排油结束后通过线路排气阀排氮气降至微正压。

2017年11月7日在鞍山召开铁大线(鞍山—小松岚段)扫线工程启动协调会。

8日完成鞍山(出站端断管内侧加封帽、外侧加临时发球筒及注氮气装置,泄压罐入口管线断开、泵入口汇管断开)动火;熊岳(进站端断管,两侧加封帽及DN500跨接线)动火,并对进站端管线进行提前验蜡。

9—15日完成鞍山—大石桥管段干线扫线。

16日完成大石桥站出站端断管内侧加封帽、外侧加临时发球筒及注氮气装置动火;瓦房店站进站端断管,两侧加封帽及DN500跨接线动火,并对进站端管线进行提前验蜡。

16—18日完成大石桥—熊岳管段干线扫线。

18日完成熊岳站出站端断管内侧加封帽、外侧加临时发球筒及注氮气装置动火。

19—20日完成熊岳—石染房阀室管段干线扫线。

20—24日完成石染房阀室—复州河北岸阀室管段干线扫线。

27日完成复州河北岸注氮点(断管上游侧内侧加封帽、外侧加临时发球筒及注氮气装置)动火。

28日—12月1日完成复州河北岸阀室—复州河南岸阀室管段干线扫线。

12月1日完成复州河南岸阀室—瓦房店管段干线扫线。

2日完成瓦房店站出站端断管内侧加封帽、外侧加临时发球筒及注氮气装置动火。

3—4日完成瓦房店—小松岚管段干线扫线。

6日完成小松岚站进站端断管两侧加封帽动火。

铁大线(鞍山—小松岚段)扫线期间重要工作内容见表8-3。

表8-3 铁大线(鞍山—小松岚段)扫线期间重要工作内容

时间	铁大线(鞍山—小松岚段)扫线重要工作内容
11月7日	召开铁大线(鞍山—小松岚段)扫线工程启动协调会
11月8日	鞍山站、熊岳站完成动火作业
11月9—15日	完成鞍山—大石桥管段干线扫线
11月16日	完成大石桥站、瓦房店站动火
11月16—18日	完成大石桥—熊岳管段干线扫线
11月18日	完成熊岳站动火
11月19—20日	完成熊岳—石染房阀室管段干线扫线
11月20—24日	完成石染房阀室—复州河北岸阀室管段干线扫线
11月27日	完成复州河北岸注氮点动火
11月28日—12月1日	完成复州河北岸阀室—复州河南岸阀室管段干线扫线
12月1日	完成复州河南岸阀室—瓦房店管段干线扫线
12月3—4日	完成瓦房店—小松岚管段干线扫线

(四)扫线总结

铁大线(鞍山—小松岚)停运管道扫线从11月7日至12月4日历时28天,扫线里程271.56km,扫出率98.5%。本次扫线风险可控,截至12月6日共完成一级动火8次,发送扫线隔离球5个,扫线方案重大调整5次,优化一级动火2处,调整注氮点为7处,有针对性地预判爆管、蜡堵、气阻等风险,实现了安全扫线。

1. "难点"的准确预判

由于铁大线管线长期未清管,管线结蜡严重造成摩阻增大会导致隔离球在结蜡区"难以前进"大大增加扫线的难度,为此,采取了理论结合实际的方式进行"难点"预判。

(1)判断各站间管段结蜡不均匀。

根据分析管线结蜡规律及计算结蜡区域,判断各站出站侧和进站侧基本无蜡,在扫线期间先安排熊岳、瓦房店站进行进站端断管动火,现场确认无蜡。

(2)预判高结蜡区域。

通过计算分析得出各站间结蜡分布不均匀,均存在高结蜡区段,全线扫线区间高蜡区域一般在上站出站40km后,熊岳至瓦房店段的结蜡厚度最大,当量结蜡厚度达到62mm,长达19km,且沿线高程起伏大,极易造成清管器卡堵,在复州河北岸动火点断管处确认结蜡最厚处高达120mm。各输油站站间管道结蜡厚度见表8-4、表8-5。

表8-4 各输油站站间管道结蜡厚度

序号	站间段	管径(mm×mm)	结蜡厚度(mm)	站间距(km)	理论容积(m^3)	估计站间容积(m^3)	理论总容积(m^3)	估算总容积(m^3)
1	鞍山—大石桥	D720×8/9	18	74.51	28921	26144	105406	87698
2	大石桥—熊岳	D720×8/9	30	62.26	24166	20318		
3	熊岳—瓦房店	D720×8/9	62	68.31	26515	18048		
4	瓦房店—小松岚	D720×8/9	19	66.48	25804	23187		

注:理论计算时,管道容积按388.2m^3/km考虑。

第八章　原油管道扫线技术及应用

表8-5　铁大线各管段结蜡情况理论计算结果

管段	鞍山—大石桥	大石桥—熊岳	熊岳—瓦房店	瓦房店—小松岚
站间距(km)	74.51	62.26	68.31	66.48
站间平均结蜡厚度(mm)	17	27	62	28
析蜡高峰区间(km)	45~64	46~55	43~58	45~56

（3）结蜡状态。

通过分析铁大线输送俄罗斯原油长时间浸泡管道内结蜡层，其溶解作用使结蜡层强度逐渐降低，会变成非常黏稠的液态状，而蜡的凝点较高，会造成排蜡困难。

在排蜡点现场进行排蜡时受低气温影响凝结成蜡块，排蜡速度缓慢易造成排蜡管线堵塞，对装、卸油槽车带来诸多不便。排蜡点现场情况如图8-6所示。

（4）设置排蜡点引球。

根据管道实际结蜡情况对扫线方案进行了5次重要调整，将原方案4个站间段扫线区间改为7个，注氮设备迁移7次，将结蜡最严重的熊岳—瓦房店段分为4个扫线区间。铁大线地处辽南经济发达地区，人口、建筑稠密，现场不利于大型施工设备的交通运输，如小松岚进站侧13km内无地点可供验气、验蜡、排蜡，不利的交通条件给管线排蜡、动火、注氮、跟球等工作，带来了很大困难。

在隔离球运行到各站出站40km后的高结蜡区域段，除了预设的排蜡点外，调度组时刻关注、计算隔离球前后压差，压差达0.2MPa即在球前5km内找交通较便捷的地点提前设置排蜡

图8-6　排蜡点现场进行排蜡时的蜡块

点，全线共设置14处排蜡点进行主动排蜡引球，并在排蜡点前设置验气、验蜡点确认蜡段准确长度及黏稠度。

（5）结蜡对扫线进程影响。

鞍山—大石桥管段扫线期间隔离球运行缓慢时，计算清管器前后压差达0.6MPa，清管器推进速度缓慢，行进30m需要1h，排蜡装运油槽车33车（约750m³蜡），昼夜不停，耗时约98h，在排蜡期间，根据现场情况将方案中排蜡管线DN100mm调整为DN200mm，显著提高了排蜡效果；熊岳—瓦房店管段隔离球前后压差最高处达1.5MPa，蜡段长达4.16km，隔离球步履维艰，但因隔离球在河床内淹没区，无地点可排蜡，12h仅前进80m，扫线历时高达13d。

正因为对管线结蜡情况有清醒的、全面的认识及预判，采取了各种行之有效的措施，才保证了扫线的圆满完成。

2. 精确掌握"重点"

本次扫线重点工作是隔离球的精准定位，隔离球运行位置及速度不仅可供判断管道情

况，同时可为判断氮气是否串到球前提供依据。在跟球点选择时，充分考虑了球速、管线结蜡和周边环境等情况，在出站 30km 内，普通管段跟球点间距设在 5km 左右，过 30km 后，跟球点间距设在 3km 左右。结合沿线交通情况，在河流、公路穿越等重点部位加密，尽量避开电磁信号干扰严重区域，以免误报，并对重点管段、人口稠密区实行加强巡护，巡线人员对带油段河流穿跨越段进行重点看护。

对预设的排蜡点、排气点均设置为跟球点，在各验气点、验蜡点、排蜡点前加设 1 至 3 处临时跟踪点，使用卫星图，精确测量球与排蜡点间距，保证排蜡人员人身安全；在大型河流如复州河河道区域加设临时跟踪点；在球过进站前 2km 后，跟球人员跟着球走，确保站内发现蜡进行流程操作后，能及时确定球的位置。全线共选设固定跟踪点 86 处，临时跟踪点 21 处，无一次跟踪差错，确保了扫线顺利推进。跟球现场情况如图 8-7、图 8-8 所示。

图 8-7　白天跟球现场　　　　图 8-8　夜晚跟球现场

3. 规避"风险点"

氮气的注入压力、温度及气阻、蜡堵是本次扫线最大的风险存在，管线腐蚀严重，承压较低，过高压力会导致爆管，温度过低会影响管道脆变性导致管道开裂。

（1）防爆管。

在临时发球筒上安装压力表、安全阀，控制氮气注入压力不超限。

（2）防开裂。

在临时发球筒上安装温度表，控制氮气注入温度不过低。

（3）防气阻。

本次扫线隔离球选择蝶形皮碗，4 个皮碗，2 个导向板，过盈量 2.2%，密封性好；时刻关注隔离球所在位置，核算氮气是否串到球前；在验气点提前验气，确认有无串气情况发生。

（4）防蜡堵。

设置排蜡点主动排蜡；时刻关注运行参数变化，核算隔离球前后是否出现明显压差；隔离球皮碗硬度选择 80，熊岳以南将导向板由 DN450mm 减为 DN400mm，并对导线板进行切削加工，由直边变为圆边，隔离球通过性加强，有效减少蜡堵的产生。

（5）防蜡沉积到新大一线。

扫线前后加密新大一线清管，避免铁大线扫出蜡沉积在新大一线；瓦房店—小松岚段积极主动排蜡，实现了规避风险安全扫线。扫线隔离球如图8-9所示。

图8-9 扫线隔离球

4. 控制"关键点"

为保证隔离球平稳运行，需要对隔离球"推拉"，启动注氮泵来推球，运行输油泵来拉球。注氮组控制氮气注入压力，调度组根据进站压力及时调整出压、匹配运行方式、控制全线输量。蜡阻时瓦房店进压到0.4MPa以上启运小泵降低背压阻力，有效引球，调度组协调注氮组，紧密配合步调一致，保证扫线隔离球平稳推进。

针对注氮泵每12h需停运检修一次的情况，结合各扫线区间纵断面图，调度组有针对性地选择停运注氮泵时机，避免隔离球在管线低点或河道内时停运注氮大泵，时刻掌控隔离球所在位置。

5. 完善的组织机构

在整个扫线期间，调度组时刻对相关数据进行汇报、分析、整理，关键时刻加密汇报参数，研究氮气压力、温度及扫线输量的变化趋势，及时预测下一跟踪点、核对扫线隔离球理论计算运行距离与实际扫线跟踪球的误差，发布每日工作简报内容，各组人员都能够及时了解扫线进度情况，认真做好准备工作；线路组及时确认跟踪隔离球位置；站场组准确、及时改变工艺流程；注氮组预报注氮设备检修时间，报送注氮压力温度；施工作业组安全完成验气、验蜡、排蜡、动火施工作业；领导小组周密部署、统筹安排，强化风险管控，确保及时调整方案，各组在领导小组带领下圆满完成扫线封存任务。

6. 畅通的信息交流渠道

利用信息共享平台共享扫线信息，投产相关人员在同一个平台里能够第一时间了解氮气注入压力、温度、输量、隔离球位置、验气、排蜡等扫线动态，从而能够及时了解扫线进度情况，及时发现问题、解决问题。

二、铁秦线停运管道扫线

(一) 扫线概况

铁秦线于1973年9月30日建成投产，2015年9月30日停运。首站为铁岭输油站，末站为秦皇岛输油站，管道直径720mm，全长467.86km，全线设7座泵站，设计输量为2000×

10^4t/a。绥中输油站至秦皇岛输油站管段于 2000 年以来长期处于低输量运行，停运前已有 14 年没有进行通球清蜡，按照排量计算，此段管道的当量直径仅为 400mm 左右，结蜡十分严重。

铁秦线示意图如图 8-10 所示。

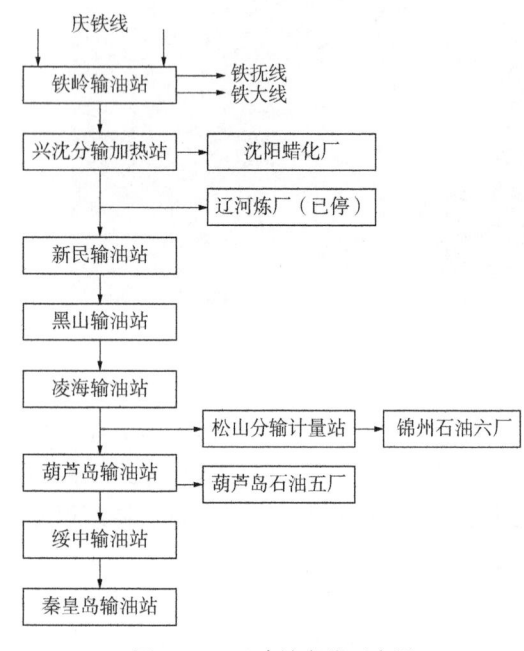

图 8-10 已建铁秦线示意图

铁秦线管道穿（跨）越大、中、小河流 50 处；穿越高速公路为 26 处；穿越主要公路 139 处，其中军用公路 3 处，国道 3 处，省级和市级公路 50 处，县级公路 53 处，乡间公路 30 处；穿越铁路共 26 处。

（二）扫线技术方案

扫线工作主要分三个阶段：第一阶段，为防止庆油凝管，扫线前用热俄油全程置换庆油；第二阶段，用高压氮气置换俄油；第三阶段，管线动火隔离、氮气封存。用高压氮气置换俄油是这次扫线工作的重点，绥中至秦皇岛段不均匀结蜡是这次扫线工作的难点。

第一阶段：铁秦线干线管道俄油置换庆油。

为避免出现较大油温梯度，保证铁秦线的运行安全，置换庆油时的俄油运行温度尽量与庆油相同。根据最新俄油物性参数，俄油最高允许出站温度取 42℃。

当铁秦线扫线（考虑秦京线+石燕线置换所需俄油）时，铁岭输油站需准备俄油 27.75×10^4m³，此部分俄油需提前在油罐内提温至 35℃。因此，需利用铁岭输油站 2 台 10t 蒸汽锅炉加热，需提前约 25d 在罐内加热。

第二阶段：氮气吹扫干线内俄油。

氮气吹扫俄油起点为铁岭输油站，全线注氮点共计五处，分别为铁岭、黑山、凌海、绥中输油站和强流河阀室。全线氮气通球扫线，每个清管球仅负责清扫一个站间，每站重新发送一个清管球。

本次氮气扫线按站分段依次进行，第一段为铁岭—黑山输油站，第二段为黑山—凌海输油站，第三段为凌海—绥中输油站，第四段为绥中—强流河阀室，第五段为强流河阀室—秦皇岛输油站。第四、五段绥中—秦皇岛输油站段，原油管道由于多年未曾通球，结蜡厚度较大，因此，本段扫线用清管球规格较其他段稍小，并且沿途通过分区间扫线来避免蜡堵，保证扫线效果。铁秦线氮气分段吹扫示意图如图 8-11 所示。

第三阶段：管线动火隔离、氮气封存。

扫线完成后，在铁岭输油站出站端，新民、黑山、凌海、葫芦岛、绥中输油站进出站端，秦皇岛输油站进站端的干线通过增设封头方式，与站内隔绝；关闭全部线路阀室内的截断阀门，减少干线跑油污染环境的隐患。

第八章 原油管道扫线技术及应用

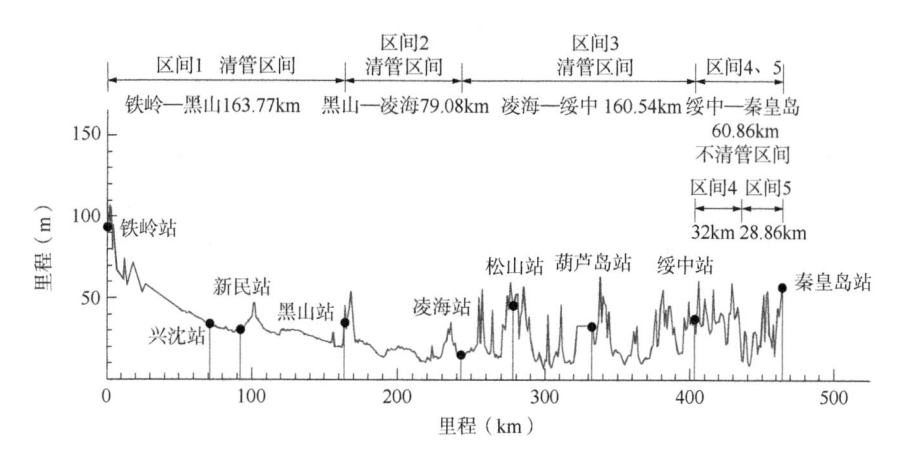

图 8-11 铁秦线氮气分段吹扫示意图

由于氮气的化学性质很稳定，常温下很难跟其他物质发生反应，因此当铁秦线干线与站场隔离后，线路管道保留 0.04MPa 氮气，作为线路管道的内防腐手段，保证微正压后封存。同时，孤立的干线管段重新纳入阴极保护系统。

各站站内管道及干线管道暂不拆除，线路干线保留 0.04MPa 氮气后封存，待统一安排站场、干线拆除工作。

在扫线距离过长出现气液两相流或蜡堵造成清管球停止前进等意外发生时，需局部提高氮气压力。为了减少提高氮气压力所需的氮气用量，在中间站场出站及部分线路阀室阀门的下游侧设置备用注氮孔。在提高氮气压力前，可就近关闭上游输油站出站阀门或线路阀室内截断阀门，利用备用注氮孔注氮，氮气提高压力上限应不大于现行运行压力。

扫线过程清管器跟踪时，配备跟踪车辆与专用工器具各 6 台，跟踪人员每组 3 人 2 台跟踪设备，共计 3 组；为减少跟踪人员劳动强度，另设 3 组人，轮流接替跟踪。

每段扫线开始前，按照 1 处/5km 设置固定跟踪点，然后轮流交替监视清管器通过，直到终点。利用 3 台车和 6 台设备，6 组人 24h 轮流交替跟踪。

铁秦线各站场内需清扫的内容，主要由储油罐、原油管道系统、燃料油管道系统等组成。

铁秦线停输后首先对站内油罐进行清洗；然后对站内管线采取高点进氮气补气、低点排油措施排油，最后用氮气进行吹扫，封存。

各站管线及油罐内残油租用油罐车运至附近炼厂。

铁秦线扫线主要有以下特点。

(1) 管程长，工作量大。铁秦线全长 467.86km，一级动火 27 次，安装临时管线 23 处、安装发球筒 9 个，计划注氮 2274t。

(2) 两种动力源同时配合。由于管程长，按以往用单一高压氮气作为动力源无法完成全线的启动工作，因此，这次扫线除了末端的高压氮气外，中间泵站必须启泵才能满足全线动力的需要，管段内 2 种介质(氮气与俄油)要做好氮气与泵的密切配合，需要精密的计算和调度精心的调整。

(3) 管线老化严重，敏感地区多。葫芦岛出站 3~6km 管段发生过两起漏油事件，尤其是"6.30"漏油点，管线跨过山坡，紧挨高速公路和高速铁路，一旦出现漏油事故，后果不堪设想。凌海出站管线穿越凌海市大市场，人员密集，抢修道路狭窄，也是重大的高风险区。这就要求全线扫线压力远低于正常运行压力，给扫线工作增加了难度。

（4）管线结蜡严重，且不均匀。铁秦线于9月27日完成俄油置换，由于客观原因扫线工作于10月20日才开始启动。热俄油在管内浸泡长达一个月之久，管线的结蜡变软，且很不均匀，0~250mm之间变化，这就给选球造成很大困难，在扫线过程极易造成丢球、蜡堵卡球和高压气冲罐的事故。

(三) 扫线过程

第一阶段：铁岭—黑山站之间扫线。

本段干线长度约163.77km，共计铁岭、新民、黑山三座输油站场。共计发送清管球2个。

1. 铁岭—新民输油站之间扫线

利用铁岭输油站增设的临时注氮阀门及管道注入压缩氮气（压缩氮气与俄油之间采用机械式清管球隔离），利用铁岭输油站的铁秦线现有发球筒，向新民输油站发球。

控制氮气初始注入压力1.26MPa（15t/h），管道内原油初始外输流量951m³/h，控制凌海输油站进站压力 $p \geqslant 0.3\text{MPa}$。

在氮气头到达新民输油站之前，新民、黑山输油站采用越站流程，凌海输油站及以后各站运行外输主泵，为凌海—秦皇岛之间管道内俄油增压；秦皇岛输油站接收的俄油进罐存储。

2. 新民—黑山输油站之间扫线

利用新民输油站进站前2km、进站端处的验气点，观察俄油中是否混有氮气。当清管球到达新民输油站时，铁秦线停输且铁岭输油站停止注入氮气；关闭新民输油站进、出站阀门。新民输油站进站端的验气点验气阀门不单独设置，利用火-1前的干线动火隔离措施中提前实施的排气阀门；验气管道也不单独设置，利用出站端临时发球设施中的临时管线。

在新民输油站出站端重新装入清管球，铁岭输油站重新开始注氮，通过新民输油站进出站氮气临时连通管线，发送清管球到黑山输油站。

在氮气头到达黑山输油站之前，黑山输油站越站，凌海输油站及以后各站运行外输主泵，为凌海—秦皇岛之间管道内俄油增压；秦皇岛输油站接收的俄油进罐存储。

利用黑山输油站进站前2km、进站端处的验气点，观察俄油中是否混有氮气。当清管球到达黑山输油站时，铁秦线停输且铁岭输油站停止注入氮气；关闭黑山输油站进站阀门。黑山输油站进站端的验气点验气阀门不单独设置，利用火-1前的干线动火隔离措施中提前实施的排气阀门；验气管道也不单独设置，利用出站端发球设施中的临时连通管线。本段扫线工作结束。

可通过铁岭—黑山段线路低点的排油阀排氮气降至常压，同时可验证扫线效果。如果管道内残油数量较大，则需增加线路低点个数，保证扫线效果。

3. 黑山—凌海输油站之间扫线

本段干线长度约79.08km，共计黑山、凌海两座输油站场。共计发送清管球1个。

黑山输油站出站端装入清管球，向凌海输油站发送清管球。自本站起，铁岭输油站不

第八章　原油管道扫线技术及应用

再注入氮气，通过黑山输油站进出站氮气临时连通管线，利用铁岭—黑山输油站段管道氮气余压将清管球发送至凌海输油站。在余压不足的情况下，黑山输油站可以作为注氮点，开始注入氮气，将清管球发送至凌海输油站。

在氮气头到达凌海输油站之前，凌海输油站及以后各站运行外输主泵，为凌海—秦皇岛之间管道内俄油增压；秦皇岛输油站接收的俄油进罐存储。

利用凌海输油站进站前2km、进站端处的验气点，观察俄油中是否混有氮气，其判断方法及后续处理措施如下：

凌海输油站进站前2km处发现气体时，开始逐步减小凌海输油站的外输流量，直至停止运行凌海输油站及其后各站输油泵；当在凌海输油站进站端处发现气体时，关闭凌海输油站出站阀门；管道内剩余俄油利用氮气余压，进入凌海输油站500m³泄压罐内；当清管球到达凌海输油站时，关闭凌海输油站进站阀门，黑山—凌海段扫线工作结束。

可通过黑山—凌海段线路低点的排油阀排氮气降至常压，同时可验证扫线效果。如果管道内残油数量较大，则需增加线路低点个数，保证扫线效果。

4. 凌海—绥中输油站之间扫线

本段干线长度为160.54km，凌海、葫芦岛、绥中三座输油站场。共计发送清管球2个。

(1) 凌海—葫芦岛输油站之间扫线。

在凌海输油站发球准备工作完成后，通过本站进出站氮气临时连通管线，利用上站氮气余压重新发球，将清管球发送向葫芦岛输油站。

当凌海输油站前后的氮气压力平衡后，凌海输油站关闭氮气临时连通管线阀门，开始利用增设的临时注氮阀门及管线注入氮气。

控制氮气初始注入压力1.41MPa(15t/h)，管道内原油初始外输流量854m³/h，控制绥中输油站进站压力$p \geqslant 0.3$MPa。

在氮气头到达葫芦岛输油站之前，葫芦岛输油站越站，绥中输油站运行外输主泵，为绥中—秦皇岛之间管道内俄油增压；秦皇岛输油站接收的俄油进罐存储。

(2) 葫芦岛—绥中输油站之间扫线。

利用葫芦岛输油站进站前2km、进站端处的验气点，观察俄油中是否混有氮气。当清管球到达葫芦岛输油站时，铁秦线停输且凌海输油站停止注入氮气；关闭葫芦岛输油站进、出站阀门。葫芦岛输油站进站端的验气点验气阀门不单独设置，利用火-1前的干线动火隔离措施中提前实施的排气阀门；验气管道也不单独设置，利用出站端临时发球设施中的临时管线。

在葫芦岛输油站出站端重新装入清管球，通过进出站氮气临时连通管线，发送清管球到绥中输油站，自本站起凌海输油站不再注氮，通过葫芦岛输油站进出站氮气临时连通管线，利用凌海—葫芦岛输油站段管道氮气余压将清管球发送至绥中输油站。

在氮气头到达绥中输油站之前，绥中输油站运行外输主泵，为绥中—秦皇岛之间管道内俄油增压；秦皇岛输油站接收的俄油进罐存储。

吹扫俄罗斯原油过程中，在氮气即将到达绥中输油站之前，利用绥中输油站进站前2km、进站端处的验气点，观察俄油中是否混有氮气，其判断方法及后续处理措施如下：

· 265 ·

绥中输油站进站前2km处发现气体时,开始逐步减小绥中输油站的外输流量,直至停止运行绥中输油站输油泵;当绥中输油站进站端发现气体时,关闭绥中输油站出站阀门;管道内剩余俄油利用氮气余压,进入绥中输油站500m³泄压罐内;当清管球进入绥中输油站时,关闭绥中输油站进站阀门,凌海—绥中段扫线工作结束。

可通过凌海—绥中段线路的低点排油阀排氮气降至常压,同时可验证扫线效果。如果管道内残油数量较大,则需增加线路低点个数,保证扫线效果。

5. 绥中—秦皇岛输油站之间扫线

本段干线长度约60.86km,共计绥中、秦皇岛两座输油站场。由于本段干线管道内壁结蜡厚度约110~150mm,因此,为减少蜡堵可能性,拟分四个区间分别进行发球吹扫,共计发送清管球4个;注氮点2处。

四个区间设置:第一区间为绥中输油站—石河东岸(干线长度约17km),第二区间为石河东岸—强流河阀室(干线长度约15km),第三区间为强流河阀室—北秋河西岸(干线长度约11.16km),第四区间为北邱河东岸—秦皇岛输油站(干线长度约17.7km),区间之间采用DN500联通线连接。

两个注氮点设置:第一个注氮点为绥中输油站,第二个注氮点在强流河阀室。正常情况下,仅利用绥中输油站的注氮点1;在强流河阀室上游发生蜡堵时,启用注氮点2。

在绥中输油站发球准备工作完成后,利用上站氮气余压重新发球,将清管球发送向秦皇岛输油站。

当氮气压力平衡后,绥中输油站开始注入氮气。

控制氮气初始注入压力为1.23MPa(5t/h),管道内原油初始外输流量为330m³/h,秦皇岛输油站接收的俄油进罐存储。

当压缩氮气(清管球)到达秦皇岛输油站收球筒时,本段管道扫线完成。判断方法如下:在清管球即将到达秦皇岛输油站之前,利用秦皇岛输油站进站端及进站端处的验气点,观察俄油中是否混有氮气:(1)如秦皇岛输油站进站前2km处的验气点先发现气体时,开始控制流速继续输送;如秦皇岛输油站进站端先发现气体时立即开始关小进罐阀门;当清管球到达秦皇岛输油站收球筒时立即停输关闭进罐阀门。(2)如验气管道中始终无气(或当各种判断手段无效或互相干扰而无法准确判断时),则当清管球到达秦皇岛输油站收球筒时立即停输关闭进罐阀门。在氮气即将进入秦皇岛输油站前,需提前关小秦皇岛输油站进罐阀门开度,严格控制流量,避免氮气进罐造成破坏。

通过各区间线路低点的排油阀排氮气降至0.04MPa,同时可验证扫线效果。如果管道内残油数量较大,则需增加线路低点个数,保证扫线效果。

为了做好铁秦线的扫线工作,调度中心专门成立了领导小组,下设工艺调度组、线路跟球组、动火作业组、注氮组、对外协调组、技术支持组和后勤保障组。

9月1日—9月29日,完成了铁秦线扫线工程的现场预制工作,历时28天。

10月15日,完成绥中出站17km处石河断管验蜡和清管器预定工作。

10月18日,在锦州分公司召开铁秦线扫线启动会,明确了"集中指挥、连续注氮、双力推拉、科学选球、分段发球、精确计量、精细计算、精准定位、末端释压"指导原则。

10月19日,完成绥中出站32km处强流河的断管、验蜡、清管器的制订工作。

10月20日，完成铁岭站发球筒安装动火后，铁岭站开始注氮，铁秦线扫线正式开始。

10月20日—10月31日，完成铁岭—绥中之间392km的扫线工作，发送清管器5个，共回收原油151308t，回收率为98.28%。完成一级动火16次。

11月1日，开始铁秦线扫线的第三个阶段（绥中—秦皇岛段），此段全程67.86km，共分4段，第一段，绥中—石河，管长17km，结蜡厚度为0~165mm；第二段，石河—强流河，管长15km，结蜡厚度为69~250mm；第三段，强流河—北邱河，管长11.16km，结蜡厚度为250~170mm；第四段，北邱河—秦皇岛站，管长17.70km，结蜡厚度为170~160mm。

11月2日，完成了第一段的扫线工作，清管器行走了16km，通过检验，管道封存了1km的蜡。

11月4日，开始进行第二段的扫线，清管器运行1.2km后出现蜡堵卡球，注氮压力升到1.6MPa，末端排量只有19m³。分析原因如下：一是第一段清管器为708mm，球前集聚4km的蜡，只甩掉了1km的蜡，有3km的蜡进入第二段，造成管线摩阻增大；二是第二段选用的610mm清管器偏大，第二段发球末端排量从200m³逐渐下降至19m³可以分析出清管器前蜡逐渐增多，从而证明清管器选型偏大。

铁秦线扫线期间重要工作内容见表8-6。

表8-6 铁秦线扫线期间重要工作内容

时　　间	铁秦线扫线重要工作内容
9月1日—9月29日	完成了铁秦线扫线工程的现场预制工作
10月15日	完成绥中出站17km处石河断管验蜡和清管器预定工作
10月18日	在锦州分公司召开铁秦线扫线启动会
10月19日	完成绥中出站32km处强流河的断管、验蜡、清管器的制订工作
10月20日	铁秦线扫线正式开始
10月20日—10月31日	完成铁岭—绥中之间392km的扫线工作
11月1日	开始铁秦线扫线的第三个阶段（绥中—秦皇岛段）
11月2日	完成了第一段的扫线工作，清管器行走了16km
11月4日	开始进行第二段的扫线

（四）扫线总结

1. 铁秦线扫线工作存在的主要风险

（1）管线开裂。铁秦线运行40多年，受当时制管水平和焊接工艺的限制，管线存在很多缺陷，停运前几年，铁秦线连续发生两起漏油事件。铁秦线停运后，为防止凝管同时为扫线赢得时间，全线全程用俄油置换。按照庆铁一二线的经验，当庆油管道地温降到10℃以下时，管道的拉应力和管材的脆性将急速增加，极容易造成焊缝开裂事故。由于受铁抚线投产和扫线工程的制约，铁秦线俄油置换完必须静放20d左右，在此期间，管线开裂的风险很高。

（2）蜡堵。由于铁秦线（绥中—秦皇岛段）结蜡厚度不均匀，且长时间没通球清蜡，很容易在局部形成堆积，造成扫线球无法通过，形成蜡堵。

(3) 高压气团冲罐。扫线使用大量的高压氮气，一旦控制不好或选球不合适很容易造成高压气团进罐，对储油罐造成损毁。

(4) 气阻。当大量的气窜到清管器前时，在地势起伏较频繁的地段极易形成气阻，使清管器无法推进。

(5) 氮气的低温冻伤和管线的低温脆裂。

2. 本次扫线的主要应对措施

(1) 针对管线开裂的风险，一是采取用加热的俄油置换庆油，尽量减缓管线地温场的变化；二是控制注氮压力不超过 1.5MPa，葫芦岛出站不超过 0.95MPa，远低于管线正常运行压力。三是做好布控和应急准备。在扫线过程中，风险点处加密布控，如：重点地段每200m 一人、24h 巡视，确保异常及时发现、及时处置。

(2) 针对蜡堵、高压气团冲罐和气阻的风险，扫线过程中采用"科学选球、分段发球、精准计量、精细计算、精确定位、末端释压"等原则，对降低扫线风险起到十分重要的作用。

科学选球是扫线成功的关键。扫线球与正常的清管器有很大的区别，选球的原则是：通过率高、密封严、推油不推蜡。针对上述要求，本次铁秦线扫线采用了扫线专用清管器，采用4皮碗2直板的结构，皮碗由原来的叠型皮碗改为密封性好、通过率高的球型皮碗，球的支架由正常型改为轻小型结构，大大提高了球的通过率。这次扫线针对不同段管线的特点，采用了不同规格的五种清管器。

分段发球是防止气阻和高压气冲罐的有效手段。为了防止清管器经过站内弯头或三通时发生卡阻或漏气的现象，将每个站间距拟定为一个单元，每个单元发一个球，极大地降低了气阻和高压气团进罐的风险。

精确计量、精细计算和精准定位是有效控制扫线进程的基础。

末端释压是防止高压气团进罐的最后一道屏障。扫线过程中将末端进罐压力保持在 0.3MPa 以下，确保了末站储油罐的安全。

参考文献

[1] 黄泽俊. 石油天然气管道SCADA系统技术[M]. 北京：石油工业出版社，2013.

[2] 侯启军. 通信传输技术[M]. 北京：石油工业出版社，2012.

[3] 杨筱蘅. 输油管道设计与管理[D]. 东营：中国石油大学(华东)，2006.

[4] 蒲欢，梁光川，李维. 含蜡原油常温输送技术的研究与应用[J]. 管道技术与设备2011(3)：8-10，16.

[5] 吕坦. 成品油管道顺序输送混油分析与模拟研究[D]. 西安：西安石油大学，2014.

[6] 袁运栋. 输油管线水击超前保护与ESD系统的应用研究[D]. 西安：西安石油大学，2010.

[7] 罗毅. Controllogix在SCADA系统多介质输油泵控制上的[D]. 西安：西安石油大学，2015.

[8] 高红亮. 利用SolidWorks Flow Simulation分析[J]. 通用机械，2015(10)：62-63，68.

[9] 王雄健. 基于LabVIEW的减压阀测试系统设计[D]. 哈尔滨：哈尔滨理工大学，2009.

[10] 潘艳华. 大庆—锦西原油管道密闭输送水击控制技术研究[D]. 大庆：东北石油大学，2013.

[11] 姬广鹏. 长输成品油管道SCADA系统设计与应用[D]. 长沙：湖南大学，2016.

[12] 霍连风. 顺序输送管道调度计划动态模拟研究[D]. 成都：西南交通大学，2006.

[13] 李保国. 热含蜡原油管道临界石蜡沉积厚度研究[D]. 东营：中国石油大学(华东)，2009.

[14] 张凤桐. 含蜡原油管道流动特性研究[D]. 哈尔滨：哈尔滨工业大学，2007.

[15] 朱新建. 管内含蜡原油温降规律的研究[D]. 东营：中国石油大学(华东)，2009.

[16] 李伟，张劲军. 埋地含蜡原油管道停输温降规律[J]. 油气储运，2004(1)：2，10-14，67.

[17] 吴涛. 花—格线降温输送可行性分析[J]. 青海石油，2008(4)：7-11.

[18] 苑莉钗，高炉，翟建习. 液柱分离对管道的危害及其预防[J]. 油气储运，2003(11)：2，21-22，69.

[19] 张帆. 埋地高凝油管道运行及停输再启动研究[D]. 大庆：东北石油大学，2012.

[20] 魏亚敏. 海底管道的停输温降及再启动计算[J]. 中国海洋平台，2002(1)：33-34，46.

[21] 刘坤. 热油管道数值模拟[D]. 成都：西南石油学院，2004.

[22] 张璐莹. 苏嵯输油管道停输再启动问题研究[D]. 大庆：东北石油大学，2012(02).

[23] 张绍杰. 埋地热油管道运行分析[D]. 成都：西南石油学院，2005.

[24] 段世文. 热油管道凝管风险评价与安全停输时间研究[D]. 东营：中国石油大学（华东），2009.

[25] 张学鹏. 吴延原油管网密闭输油技术改造研究[D]. 东营：中国石油大学（华东），2015.

[26] 林爱涛. 含蜡原油管道结蜡特性研究[D]. 东营：中国石油大学（华东），2008.

[27] 姜鹏，徐春野，郭永华，等. 铁大线蜡沉积厚度及经济清管周期计算[J]. 中国石油和化工标准与质量，2012(10)：171.

[28] 李玉春. 海拉尔油田集输油管道安全运行技术研究[D]. 大庆：东北石油大学，2011.

[29] 闵希华. 含蜡原油管道加剂运行优化研究[D]. 成都：西南石油学院，2004.

[30] 冯星星. 含蜡原油管道优化运行研究来源[D]. 西安：西安石油大学，2014.

[31] 何立新. 东临复线混合输送可行性研究[J]. 中国科技信息，2019(10)：79-81，83.

[32] 王媞. 南阳原油石蜡结晶微观特性研究[D]. 东营：中国石油大学（华东），2009.

[33] 孙远征. 管线结蜡及电加热集输最低进站温度研究[D]. 大庆：东北石油大学，2010.

[34] 王志方. 管内石蜡沉积物的力学响应特性研究[D]. 东营：中国石油大学（华东），2008.

[35] 刘冲. 旋转式动态结蜡装置特性及原油结蜡规律研究[D]. 东营：中国石油大学（华东），2013.

[36] 张敬业. 含蜡原油管道输送系统研究及应用[D]. 北京：北京化工大学，2012.

[37] 李杰，吕秀杰. 石油运输管道清管系统的设计[J]. 电子测试，2008(12)：90-93.

[38] 刘宗秀. 东北输油管道清管实践[J]. 油气管道技术，1981(1)：3-6.

[39] 李增铨. 我国的清管技术及发展方向[J]. 天然气工业，1984(3)：8，69-73.

[40] 缪娟，吴明，郑平，等. 清管作业对低输量原油管道稳定性的影响[J]. 油气储运2008(9)：7，62-65，71.

[41] 宋雨. 输油末站混油处理方案研究[D]. 成都：西南石油大学，2017.

[42] 关博欣，何明敏. 浅析减阻剂在输油管道运行中的减阻节能作用[J]. 科技创新与应用，2014(28)：137.

[43] 茹春，李惠萍，胡子昭，等. α-烯烃减阻剂不同溶剂对性能的影响[J]. 精细石油化工，2015(2)：4.

[44] 张华平. 减阻剂的研究现状及应用[J]. 化学工业与工程技术，2011(5)：32-37.

[45] 李海娜，吴家勇，严佳伟，等. 老旧热油管道的低输量安全运行技术[J]. 管道技术与设备，2016(1)：4.

[46] 王昆. 浅析减阻剂在输油管道运行中的减阻节能与增输作用[J]. 中国科技信息, 2008(24): 26, 30.

[47] 孙云峰, 殷炳纲, 王中良, 等. 阿独原油管道添加康菲减阻剂现场试验研究[J]. 长江大学学报(自科版), 2013(10): 159-162.

[48] 王敏, 赵静, 张廷山, 等. 原油降凝剂及其在我国原油中的应用[J]. 现代化工, 2001, 21(11): 58-61.

[49] 王丽娟. 含蜡原油石蜡沉积过程热力学研究[D]. 大连: 大连理工大学, 2007.

[50] 胡炎兴, 王洋. 原油降凝剂在花格输油管上的应用[J]. 石油天然气学报, 2010(6): 354-357.

[51] 康万利, 马一玫. 原油降凝剂研究进展[J]. 油气储运, 2005(4): 2, 9-13, 67.

[52] 于海莲, 齐邦峰, 曹祖宾, 等. 柴油降凝剂的研究进展[J]. 杭州化工, 2005(1): 4.

[53] 张帆, 李旺, 邹晓波. 加降凝剂输油技术的现状及发展方向[J]. 油气储运, 1999(2): 4, 29-32, 67.

[54] 李嘉诚, 李源源, 刘琦, 等. 含蜡原油的降凝剂研究[J]. 管道技术与设备, 2010(1): 1-3.

[55] 刘祁, 黄金萍. 东北管网新管线优化运行研究[J]. 油气储运, 2017(5): 18.

[56] 李海娜, 吴家勇, 袁瑞娟, 等. 输油管道非计划停输故障原因及改进措施[J]. 油气储运, 2018, 37(10): 1196-1200.

[57] 常大海, 蒋连生, 肖尉, 等. 输油管道事故统计与分析[J]. 油气储运, 1995, 14(6): 48-51.

[58] 苏建峰, 张建军, 李智勇, 等. 基于状态评价的电气设备完整性管理[J]. 油气储运, 2012, 31(5): 397-399, 407.

[59] MAGDA J J, ELGENDY H, OH K, et al. Time-dependent rheology of a model waxy crude oil with relevance to gelled pipeline restart[J]. Energy & Fuels, 2009, 23(23): 1311-1315.